伊洛河流域综合规划环境影响研究

黄玉芳　何智娟　张效艳　李家东　张　娜　等著

黄河水利出版社
·郑州·

内 容 提 要

本书在《伊洛河流域综合规划环境影响报告书》及相关专题成果的基础上，从宏观角度分析研究了规划实施后伊洛河流域环境的总体效益和可能存在的不利影响，并针对可能引起的环境不利影响，提出应采取的预防和减缓措施。同时，审视了规划方案的环境可行性和合理性，提出规划方案优化调整建议，协调流域社会经济发展和资源环境保护之间的矛盾，保障流域水资源的可持续利用，促进伊洛河流域经济、社会和环境全面协调可持续发展。

本书可供从事流域规划环境影响研究等相关科研及专业技术人员阅读参考。

图书在版编目（CIP）数据

伊洛河流域综合规划环境影响研究/黄玉芳等著. —郑州：黄河水利出版社，2019. 12

ISBN 978 - 7 - 5509 - 2565 - 6

Ⅰ. ①伊… Ⅱ. ①黄… Ⅲ. ①黄河流域 - 流域规划 - 环境影响 Ⅳ. ①TV212.4②X820.3

中国版本图书馆 CIP 数据核字（2019）第 285834 号

组稿编辑：王路平 电话：0371 - 66022212 E-mail：hhslwlp@126.com

出 版 社：黄河水利出版社 网址：www.yrcp.com

地址：河南省郑州市顺河路黄委会综合楼 14 层 邮政编码：450003

发行单位：黄河水利出版社

发行部电话：0371 - 66026940、66020550、66028024、66022620（传真）

E-mail：hhslcbs@126.com

承印单位：虎彩印艺股份有限公司

开本：890 mm×1 240 mm 1/16

印张：13.5

字数：310 千字

版次：2019 年 12 月第 1 版 印次：2019 年 12 月第 1 次印刷

定价：70.00 元

前 言

伊洛河是黄河重要的一级支流,也是黄河下游洪水的主要来源之一,流经陕西、河南两省,在河南省巩义市神堤村注入黄河,流域面积18 881 km^2,干流洛河河长446.9 km,支流伊河河长264.8 km。伊洛河作为黄河的重要支流,在黄河下游防洪体系、流域水资源配置及水沙调控体系中具有重要的战略地位,而且随着流域经济社会的快速发展,各地区、各部门对水资源开发利用、防洪保障体系、生态环境建设等提出了新的更高的要求。加之伊洛河流域在治理开发中仍面临一系列问题,突出表现在防洪形势依然严峻、水资源开发利用难度大、局部城市河段水污染严重、水生态系统日趋恶化、流域水土流失治理度不高及水电开发缺少统一规划等,从而制约了流域经济社会的发展和生态环境的良性维护。

因此,黄河水利委员会组织开展了《伊洛河流域综合规划》的编制工作,以解决伊洛河流域治理开发现状存在的问题,协调伊洛河治理开发与区域经济社会发展和资源环境保护及黄河治理开发的关系。在规划编制的同时,伊洛河流域综合规划环境影响评价工作同步开展,并编制完成了《伊洛河流域综合规划环境影响报告书》。

本书在《伊洛河流域综合规划环境影响报告书》及相关专题成果的基础上,对规划的环境影响、规划方案的环境合理性等进行分析、预测和研究,并提出了避免、减缓水生态、水环境等不利环境影响的措施,旨在从源头预防重大环境影响,协调伊洛河流域治理开发与区域经济社会发展和资源环境保护之间的关系,为伊洛河流域规划和环境管理提供决策依据。

本书共分为10章。第1章介绍了伊洛河流域综合规划的背景、规划总体布局及规划主要内容等。第2章对流域自然概况和社会经济概况进行了简介,对流域水文水资源、水环境、陆生生态、水生生态和环境敏感区进行了调查评价。第3章为规划分析及评价指标体系构建,对规划与相关法规、政策及相关规划的协调性进行了分析,对规划的环境影响进行了识别和筛选,确定了规划应达到的环境目标并构建了相应的评价指标。第4章系统地回顾了伊洛河流域已有治理开发取得的环境效益和不利环境影响。第5章分析了规划对伊洛河流域水文水资源及水环境的影响。第6章研究了规划实施对水生生态和陆生生态的影响。第7章对规划布局的环境合理性与规划规模的环境合理性进行了分析论证,分析了环境保护目标的可达性,并从环境保护角度提出了规划方案优化调整建议。第8章提出了水资源、水环境及水生生态环境保护对策措施。第9章介绍了本次规划环境影响评价的公众参与情况。第10章提出了研究结论及建议。

在课题研究和本书编写过程中,黄河水资源保护科学研究院的潘铁敏教授给予了悉心的指导和帮助,也对编写工作提供了大力支持。本课题前后历时6年,在此过程中,课题组全体成员克服种种困难,付出了辛勤的劳动。在此表示诚挚的感谢!

同时,感谢黄河水利委员会规划计划局、黄河勘测规划设计研究院有限公司、河南省水利厅、陕西省水利厅等单位给予的帮助和技术支持。

由于时间及研究水平有限,书中难免存在一些不足和错误之处,敬请专家及读者批评指正。

作　者

2019年10月

目　录

第 1 章　规划概况

1.1　规划背景

伊洛河是黄河重要的一级支流,也是黄河下游洪水的主要来源之一,流经陕西、河南两省,在河南省巩义市神堤村注入黄河,流域面积 18 881 km^2。干流洛河发源于陕西省蓝田县灞源乡,流经陕西省的洛南县和河南省的卢氏、洛宁、宜阳、洛阳、偃师、巩义等县(市),河长 446.9 km;支流伊河发源于河南省栾川县陶湾乡,流经嵩县、伊川县,在偃师市顾县乡杨村注入洛河,河长 264.8 km。伊洛河流域多年平均水资源总量 32.31 亿 m^3,平均含沙量 4.4 kg/m^3,是水资源相对丰富、含沙量较少的支流之一。

伊洛河作为黄河的重要支流,在黄河下游防洪体系、流域水资源配置及水沙调控体系中具有重要的战略地位,而且随着流域经济社会的快速发展,各地区、各部门对水资源开发利用、防洪保障体系、生态环境建设等提出了新的更高的要求。根据《全国主体功能区规划》(国发〔2010〕46 号),伊洛河流域属国家层面的重点开发区域——中原经济区的一部分,该规划明确提出了要提升洛阳区域副中心的地位,重点建设洛阳新区。此外,洛河灵口以上有关陕西省所属的县区均属国务院批复的《关中—天水经济区发展规划》的范围。该经济区地处亚欧大陆桥中心,处于承东启西、连接南北的战略要地,是我国西部地区经济基础好、发展潜力较大的地区。

中华人民共和国成立以来,国家和河南、陕西两省十分重视伊洛河流域的治理开发。1986 年,洛阳水利勘测设计院结合黄河主要支流开发治理规划,编制了《伊洛河流域开发治理规划》;2008 年 8 月国务院批复的《黄河流域防洪规划》、2010 年 10 月国务院批复的《黄河流域水资源综合规划》及 2013 年 3 月国务院批复的《黄河流域综合规划》等成果均有涉及伊洛河流域的治理和开发问题。在这些规划的指导下,伊洛河流域治理开发取得了很大的成绩,在减免洪水灾害、综合开发利用水资源、防治水土流失等方面,取得了显著的经济效益和社会效益,促进了流域经济发展和社会进步。但是,在治理开发中仍面临着一系列问题,突出表现在防洪形势依然严峻、水资源开发利用难度大、局部城市河段水污染严重、水生态系统日趋恶化、流域水土流失治理度不高及水电开发缺少统一规划等,从而制约了流域经济社会的发展和生态环境的良性维护。

在上述背景下,黄河水利委员会组织开展了《伊洛河流域综合规划》的编制工作,以解决伊洛河流域治理开发现状存在的问题,协调伊洛河治理开发与区域经济社会发展和资源环境保护及黄河治理开发的关系。

1.2 规划指导思想与规划任务

1.2.1 规划的指导思想

以科学发展观为统领，紧紧围绕2011年中央一号文件《中共中央 国务院关于加快水利改革发展的决定》中的重大决策，深入贯彻落实党的十八大精神，以生态文明建设为引领，与全国主体功能区划相协调，坚持人水和谐相处的理念，把推动民生水利新发展放在首要位置，全面规划、统筹兼顾、标本兼治、综合治理。

针对伊洛河流域治理开发与保护存在的防洪形势依然严峻、水资源开发利用难度大、水环境恶化、水土流失治理度不高、水电开发缺少统一规划等主要问题和经济社会发展新要求，以防洪减灾为核心，加强城市段防洪薄弱环节，协调好伊洛河流域防洪与黄河下游防洪、水资源利用与保护、河流开发与水生态保护的关系，合理布局防洪、水资源节约和开发、水资源和水生态保护、水土保持、水力资源开发的主要措施，完善流域管理体制和机制，实现人水和谐的科学发展观要求，以有限的水资源保障流域经济社会可持续发展，维持伊洛河健康生命。

1.2.2 治理开发与保护的主要任务

协调好本流域防洪与黄河下游防洪的关系，巩固和完善防洪保安体系，提高流域整体防洪能力和水平，保障流域防洪安全；加大节水力度，提高水资源利用效率，适当开发水资源，保证人饮安全，保障经济社会发展用水；严格控制污染物入河总量，加强水功能区监督管理，实施水环境综合整治，实现水功能区水质目标；严格控制河流开发对河道生态的影响，严格执行自然保护区和水生态保护区的相关规定，遏制水生态恶化的趋势；加强水土流失区综合治理，改善生态环境和群众的生产生活条件；严格水能资源的管理，合理开发利用水力资源；完善非工程措施，提高流域综合管理能力。实现维持河流健康生命，支持流域经济社会可持续发展的目的。

1.3 规划目标、范围和水平年

规划范围是伊洛河流域，流域面积18 881 km^2，涉及河南、陕西两省的21个县(市、区)。

规划以2013年为现状水平年，规划水平年近期为2020年，远期为2030年。

规划目标见表1-1。

表 1-1　伊洛河流域综合规划目标

规划名称	规划目标(2020 年)	规划目标(2030 年)
防洪规划	建设完善城市及重要保护区等重点河段的防洪工程,在协调好本流域防洪与黄河下游防洪关系的基础上,使重点防洪治理河段防洪标准达到国家规定要求,实施病险水库除险加固,完成山洪灾害重点防治区治理	基本建成防洪体系,有效控制和科学管理洪水,建设完善干流及主要支流的防洪工程,在协调好本流域防洪与黄河下游防洪关系的基础上,使重点防洪治理河段防洪标准达到国家规定要求,实施病险水库除险加固,完成山洪灾害治理
水资源利用及灌溉规划	解决农村饮水安全问题,加大现有灌区的节水力度,使灌区的节水面积由现状的 37.6% 达到 68.8%,灌溉水利用系数由现状的 0.55 提高到 0.60,工业用水重复利用率由现状的 68.8% 左右提高到 85% 左右;合理安排生活、生产和生态用水,供水保证率有所提高,新发展灌溉面积 78.1 万亩❶	解决农村饮水安全问题,加大现有灌区的节水力度,使灌区的节水面积由现状的 37.6% 达到 90.8%,灌溉水利用系数由现状的 0.55 提高到 0.64,工业用水重复利用率由现状的 68.8% 左右提高到 92% 左右;合理安排生活、生产和生态用水,供水保证率有所提高,新发展灌溉面积 153.1 万亩
水资源保护规划	主要城市河段水质明显改善,伊洛河干流水功能区水质达标率河南达到 86%、陕西达到 100%,基本保障城镇饮用水水源地水质安全,初步建成水资源保护监督管理体系	主要城市河段水质明显改善,伊洛河干流水功能区水质达标率河南达到 93%、陕西达到 100%,全面保障城镇饮用水水源地水质安全,建立完善水资源保护监督管理体系
水生态保护规划	河流基本生态水量得到初步保证,河流重要涉水生境得到基本保护,适时开展水生态修复工作	河流基本生态水量得到初步保证,河流重要涉水生境得到基本保护,水电站下泄生态水量得到基本保证,河流重要湿地得到基本保护
水土保持规划	开展坡面治理和生态修复工作,加大沟道治理工作力度,实现 25°以上陡坡地退耕,水土流失治理率 20% 以上,有效减少入河泥沙,新增人为水土流失得到基本控制	开展坡面治理和生态修复工作,加大沟道治理工作力度,新增水土流失治理率 17.61%,林草覆盖率 39.49%,有效减少入河泥沙,新增人为水土流失得到全面遏制
水力发电规划	合理开发流域水能资源,适时建设干流和主要支流上的水电站	合理开发流域水能资源,适时建设干流和主要支流上的水电站
流域综合管理	基本建立有效的流域管理机制	形成完善的流域综合管理机制

❶ 1 亩 = 1/15 hm^2 ≈666.67 hm^2,全书同。

1.4　规划总体布局

1.4.1　防洪

伊洛河防洪工程体系主要由伊河陆浑水库、洛河故县水库和堤防、护岸等河道治理工程组成。根据流域地形情况及洪水特点，伊洛河干支流上不具备建设较大规模水库调蓄洪水的条件。因此，伊洛河流域干流防洪依然延续由伊河陆浑水库、洛河故县水库及堤防、护岸等河道治理工程组成的上游拦蓄、中下游排洪入黄的模式。

伊洛河流域洪水是黄河三门峡—花园口区间洪水的主要组成部分，其防洪布局要符合黄河下游防洪的总体安排，兼顾本区域重点河段的防洪需求。伊河龙门镇以下和洛河延秋以下是伊洛河防洪规划的重点河段，在防洪工程总体布局中占有重要的地位。目前，伊洛河防洪工程体系主要由伊河陆浑水库、洛河故县水库及堤防、护岸等河道治理工程组成。两水库有效地拦蓄了进入下游的超标准洪水，形成的“上拦”工程体系是伊洛河防洪体系的组成部分。

中下游标准内洪水，依靠堤防和护岸约束，排洪入黄。伊洛河防洪布局既要兼顾该区域内防洪需求，更应考虑黄河下游防洪体系的总体布局。一是陆浑和故县水库是黄河下游防洪工程体系的重要组成部分，要服从黄河水利委员会的统一调度。二是夹滩地区滞洪对黄河下游洪水有重要的削减作用，需要按照将绿地让给河道的原则，合理规划布置城市（镇、农村）居民区和重要设施区，在居民区和重要设施区洪水进水部位布置堤防，按国家防洪标准确定堤防设计流量和等级，保护人民群众生命财产和重要设施安全；在河槽两岸的塌岸部位布设护岸，减少城市（镇）的绿地和乡村农田坍塌损失。城市（镇）的绿地和乡村农田，仍是河道组成部分，对漫滩洪水起滞洪削峰作用。

突出抓好病险水库除险加固、中小河流治理、山洪灾害防治等防洪薄弱环节，消除威胁人民群众生命财产安全的防洪隐患。实施重点病险水库除险加固；对具有山洪灾害防治任务的沟道，布设一些必要的工程措施；对防治重点区域采取非工程措施实行定期监测预报，必要时可实行避让搬迁；完善通信网络、预警预报、防汛抢险等非工程措施。

1.4.2　水资源利用

按照国家关于中部崛起及中原经济区建设的战略布局，伊洛河流域属国家层面的重点开发区域中的一部分，尤其洛阳市将提升区域副中心的地位。重点建设洛阳新区；建设郑汴洛（郑州、开封、洛阳）工业走廊和沿京广、南太行、伏牛东产业带；加强粮油等农产品生产和加工基地建设，发展城郊农业和高效生态农业，建设现代化农产品物流枢纽。根据伊洛河流域经济社会发展布局，按照资源节约、环境友好的节水型社会建设的要求，伊洛河水资源开发利用的基本思路是：节流开源并举，节流优先，适度开源，强化管理。

建立水资源合理配置和高效利用体系，是实现伊洛河水资源可持续利用，保障供水安全，支撑流域及相关地区经济社会可持续发展的关键。一是要全面推行节水措施，建设节水型社会。以陆浑水库灌区、龙脖灌区和新安提黄灌区等续建配套及节水改造为重点，建设节水型农业，建设节水型工业和城市。二是实行最严格的水资源管理制度，提高用水效率。加强用水定额管理，转变用水模式，促进经济结构调整和经济增长方式的转变。三是要多渠道开源，增加供水能力。加强必要的水资源开发利用工程建设，与已建的骨干水库联合运用，增强水资源的调节和配置能力，通过水资源的合理配置和优化调度，提高供水保证率，协调好生活、生产和生态用水；逐步实施鸡湾水库、大石涧水库、佛湾水库、小浪底南岸灌区、故县水库灌区、三门峡市洛河—窄口水库调水等工程，加大非常规水源的利用，发展丘陵区灌溉，新增流域粮食生产能力，有效缓解流域内及流域邻近地区水资源供需矛盾。

1.4.3　水资源保护

伊洛河流域上游以水源涵养、陆面植被保护和自然生态修复、保护为主。伊河干流陆浑水库以上区间、洛河干流灵口以上区间及其他上游支流进一步加强水源涵养。伊河上游加强下泄水量监控，故县、陆浑水库保证下泄水量满足水体自净需求。落实水资源保护的工程和非工程措施，保障流域上游持续稳定来水水源和良好水质。

伊洛河流域中下游采取综合措施进行污染治理和修复。进一步加强伊河、洛河、涧河洛阳市河段的水资源保护和水环境综合治理措施，重点开展新安、义马、渑池、洛阳的水资源综合利用；以伊河、洛河、涧河沿河洛南、伊川、巩义、洛阳等为重点，强化城市污水处理设施建设，提高污水处理率和中水回用率；以渑池、义马及洛阳所辖县（市）为重点，加大工业污染源深度处理；以洛阳市建成区为重点，加强工业园区废污水的集中处理、回用、排放监管和控制；以城镇河段为重点，进行涧河、伊河、洛河的水污染生态修复，采取多种措施强化入河排污口的综合管理和污染水域的水生态修复；进行入河排污口截留改造；推进工业企业污染深度治理。保障伊洛河入黄断面水质达标。

伊洛河流域全面强化流域水功能区水质监测能力，加强入河排污口监督性监测；保障饮用水水源地供水安全；以《重金属污染综合防治规划（2010—2015年）》中的重金属污染重点防控区、重点防控企业为主，从沿河堆存的矿渣固废和尾矿库入手，严格污染源监督，实施综合防治。

1.4.4　水生态保护

水生态保护以洛河及伊河干流为主线，以鱼类、主要湿地和保护区为重点保护对象，以维持河流廊道生态功能为重点，严格管理小水电的开发运行，加强水资源统一管理和合理配置，保证河流廊道水流连续性及河流生态环境流量；加强干支流源头区及上游河道自然生境保护，逐步建立水生态监测与管理体系。其中，洛河灵口以上及源头区，以维护河道自然生境为重点，限制水电等开发活动，保证水生态安全，加强天然林资源、湿地资源保护和生物多样性保护；洛河和伊河上游地区，以维持河流基本生态功能为重点，规范水电开发，保证生态下泄流量，维护河流水流连续性；洛河和伊河中下游地区，控制水电开发及景观引用水量，保证河道水流连续性，维持河道正常生态功能。

1.4.5 水土保持生态建设

重点预防区主要分布在伊洛河干流和伊河上中游的秦岭山区、伏牛山区。该区水土保持以保护现有植被、预防水土流失为主,采取的措施以生态修复为主,布置适量坡面林草地植被建设和坡耕地整治工程。在重点预防区,根据"预防为主"的方针,按照"谁经营,谁保护"和"开发建设与预防保护相结合"的原则,制定地方法规制度,建立执法队伍,依法保护现有各项水土保持设施,使设施效益得到有效发挥。对有潜在侵蚀危险的地区,积极开展封山育林、封坡育草,坚决制止毁林毁草、乱砍滥伐、过度放牧和陡坡开荒,防止产生新的水土流失。

重点治理区遍布伊洛河全流域,主要集中分布在中游地区,包括伊川、洛宁、宜阳、嵩县、洛阳等县(市)。该区是水土保持的重点区域,建设以骨干坝为主,中小型淤地坝相配套的沟道坝系工程,结合坡面林草植被建设和坡耕地整治,坡沟兼治,综合治理,有效拦蓄泥沙。在重点治理区,以治理水土流失,改善生态环境和群众生产生活条件,减少入河泥沙为目标,将水土流失较为严重的丘陵区作为治理重点,结合当地水土保持治理经验,采取工程措施、生物措施和耕作措施相配合,使梁、峁、塬、坡面和沟道建成完整的防护体系。

1.4.6 水电开发

合理有序地开发利用水力资源,为经济社会发展提供清洁可再生能源。对伊洛河流域进行全面、系统、有序的开发,充分利用河流水力资源。开发与管理并举,充分发挥水电效益,改善农村能源结构,促进人口、资源、环境协调发展。在开发过程中,要统一规划,加强监管,保证河道内生态环境用水需求,禁止在国家规定的禁止开发区域内修建电站。

洛河干流,陕西省境内河段分布有洛河洛南源头水保护区、陕西省洛南大鲵省级自然保护区、洛南洛河湿地等重要生态保护目标,该河段属于自然保留河段,未进行梯级布局;河南省境内洛河干流长,水力资源量主要集中于甘水河汇入口以上(距入黄口 87.8 km)的河段,此段河道比降和河川径流量都比较大,可考虑布局建设低壅水或径流电站。

伊河干流陶湾镇以上河段划为伊河栾川源头水保护区,该区域应以水源涵养为重点,以生态保护为主,尽量避免人为开发对自然生态的不利影响,禁止水电开发;陶湾镇至陆浑水库河段可考虑布局建设低壅水或径流电站。

1.5 防洪规划

1.5.1 伊洛河干流治理

1.5.1.1 治理思路

中上游治理河段多为山区型河道,比降大,洪水淹没范围小,规划以城镇为重点保护区,根据城镇建成情况,并留有一定发展空间,建设堤防及护岸工程;对于河道较窄、洪水灾害主要是塌岸、保护对象多为河谷川地及沿岸村镇的山区峡谷型河段,原则上以修建护岸工程为主;对河道两岸人口相对密集、耕地较多的地区,工矿企业所在地及重要设施所在河段进行防护。严格控制新建堤防,避免与水争地,保持行洪通畅。

下游治理河段为平原河道,比降小,部分河段已经形成了地上河,且该地区也是流域经济中心,城镇较多,人口密集,经济发达,是中原城市群的重要组成部分,洪水一旦致灾,损失大,影响深远,是流域防洪的重点防护河段。通过水库调节,在现状堤防工程基础上,通过新建、加固,形成连续防洪工程,局部易冲河段辅以险工工程,形成以水库调节及堤防防护为主的防洪工程体系,确保下游地区特别是城市河段防洪安全。夹滩地区治理,既要兼顾本区域经济发展要求,更要考虑黄河下游防洪的总体布局。

1.5.1.2　工程措施

1.堤防及护岸工程

伊洛河堤防堤顶超高按《堤防工程设计规范》(GB 50286—2013)有关规定,洛阳市区防洪标准为100年一遇洪水,堤防等级为1级,计算堤防超高为1.58 m,取1.60 m;偃师、巩义、宜阳县城段防洪标准为50年一遇洪水,堤防等级为2级,计算堤防超高为1.39 m,取1.40 m;洛南、卢氏、洛宁、栾川、嵩县、伊川县城段防洪标准为30年一遇,堤防等级为3级,堤防超高取1.2 m;其他河段堤防超高采用1.0 m。中下游河段堤防防护,尤其是城市河段防护极其重要,结合工程现状,规划堤防防护采用浆砌石护坡及混凝土预制块等防护,根据不同河段具体分析。

伊洛河上游河道比降陡,洪水流速大,易对堤岸造成淘刷,为保护岸边避免洪水冲刷,防止岸坡坍塌,保证汛期行洪岸坡的稳定,堤岸防护的结构有坡式护岸、坝式护岸、墙式护岸及其他护岸形式,根据工程区地质、地形条件,结合当地已建工程情况,本次规划采用砌石护坡为代表性结构。

规划安排防护工程333.0 km,其中堤防301.5 km(新建堤防82.2 km、加固堤防219.3 km),护岸31.5 km。

2.险工工程

本次规划主要选择险情较重、已严重危及堤防安全性的险工堤段进行防护,规划治理险工30处,长35.85 km。

3.卡口河段治理

伊洛河流域目前存在伊河渡槽、白马寺、黑石关等卡口河段,卡口河段长期存在,对防洪造成了一定影响,本次规划按以下原则确定治理方案:在治理时,尽量不影响原有河势或尽可能小地影响河势,维持河势稳定;充分利用现有堤防等防护工程;尽量避免搬迁、移民占压等;尽量减小对现有其他工程影响。本次规划只对卡口河段初步定性确定治理方案,下一阶段应进一步进行多方案比较、论证,具体确定治理方案。

1.5.2　其他支流治理

1.5.2.1　治理思路

伊洛河流域主要支流包括涧河、瀍河、县河、明白河、白降河等19条河流,干流总长918 km。规划治理目标主要为防护城市、乡村、工业园区、基础设施、耕地等安全。通过对重要保护区城市河段进行全河段重点治理、对一般保护区乡村等的河段采取局部河段治理,提高防洪能力,减轻洪水威胁,减少洪水灾害,使防洪保护区防洪标准达到国家标准要求。结合全国重点地区中小河流治理实施方案安排情况,确定规划河段及工程安排。其中,对城市河段采用堤防防护形式,乡村河段采用以护岸防护形式为主的工程措施。

1.5.2.2 工程形式

支流治理工程布置原则与干流治理工程布置原则相同。支流多为山区型河道,河道摆幅不大,河势相对稳定。根据流域地形、地质情况,从安全经济方面考虑,结合当地已建工程结构,防护工程采用坡式护岸形式。堤顶超高根据计算采用1.5 m、1.2 m、1.0 m不等。

1.5.2.3 工程规模

主要支流规划河段长225.2 km,规划安排治理工程长度322.0 km,其中堤防加固及新建63.7 km,护岸加固及新建258.26 km。

1.5.3 病险水库除险加固

据统计,流域现有2座大型水库、12座中型水库及318座小型水库。根据《全国病险水库除险加固专项规划》及陕西、河南两省有关专项规划,通过除险加固项目的实施,2015年前完成全部病险水库除险加固,使病险水库达到安全运行,确保在设防标准内下游群众的生命财产安全。根据各县(市)提供的相关病险水库资料,流域内目前共有病险水库27座,其中陕西省10座,河南省17座。小(1)型水库2座,其余为小(2)型水库。陶花店水库(中型)初步设计已报水利部待批,本次规划不再安排。

针对现有病险水库存在的主要问题,采取的主要除险加固措施为:

(1)对于防洪标准低的,采取加高大坝,增建溢洪道、泄洪洞、排沙洞等工程措施,以提高泄洪及排沙能力。

(2)对于坝体、坝基裂缝引起水库渗漏问题,采用帷幕灌浆、防渗墙等加固措施;对坝肩失稳库岸进行岸坡稳定加固。

(3)对于溢洪道、泄洪洞等泄水建筑物裂缝问题,采用灌浆、预应力锚索等措施进行补强加固;对破损部分进行修复,进一步完善消能设施;对于长期运行老化失修的闸门及启闭设备进行更新改造。

同时,从满足防汛管理需要角度出发,结合除险加固,对管理房屋、防汛公路、交通工具等安排必要的新建(增)、改建或补充,同时补充必要的监测设施设备。

1.5.4 山洪灾害防治

1.5.4.1 山洪灾害防治措施

规划以配套工程措施为主,对山洪威胁的城镇、工矿企业及基础设施,在实施非工程措施的基础上,主要通过以下工程措施防治:对于危险区或警戒区内的县城、乡镇、工矿企业、基础设施等受山洪严重威胁的区域,采用防洪堤、护岸工程加以保护;对于受山洪威胁的城镇、工矿企业和乡村,通过修建排洪渠,将山洪引入计划的承泄区,以减少洪水对城镇及基础设施的威胁;对山洪沟道内阻碍行洪的淤积泥沙、乱石、杂物和人为卡口等河段河道进行疏浚。

1.5.4.2　山洪灾害防治工程规模

根据《陕西省山洪灾害防治规划》《河南省黄河流域山洪灾害防治规划》，结合本次规划收集地方提供的山洪灾害资料，按照轻重缓急、重点集中治理的原则，确定山洪沟道治理140条、滑坡治理2处。各项工程治理规模为防洪堤、护岸699.8 km，河道疏浚304.7 km，排洪渠108.9 km。

1.6　水资源利用规划

1.6.1　需水量

伊洛河流域基准年需水总量16.43亿 m^3，2020年、2030年需水总量将分别达到21.51亿 m^3、24.64亿 m^3。

1.6.2　可供水量预测

伊洛河流域基准年总供水量为16.88亿 m^3，2020年、2030年分别达到21.95亿 m^3、24.99亿 m^3，见表1-2。

表1-2　伊洛河流域各规划水平年供水量　（单位：亿 m^3）

水平年	流域内供水							流域外供水	合计
	地表水源	地下水源	其他水源			引黄水量	小计		
			污水回用	矿井水利用	雨水利用				
基准年	8.03	7.35	0.12	0.17	0.01	0.70	16.38	0.50	16.88
2020年	10.44	7.38	1.03	0.17	0.02	2.14	21.18	0.77	21.95
2030年	12.24	7.41	1.78	0.17	0.02	2.16	23.78	1.21	24.99

1.6.3　水资源供需分析

1.6.3.1　多年平均供需分析

1.基准年供需平衡结果

基准年伊洛河流域需水量16.43亿 m^3，多年平均供水量16.38亿 m^3，其中引黄水量0.70亿 m^3，主要通过槐扒引黄工程、新安引黄工程从黄河调水。流域缺水量0.05亿 m^3，均为农业缺水，缺水率0.3%。多年平均向流域外供水量0.50亿 m^3，地表水总消耗量6.74亿 m^3，多年平均入黄水量22.73亿 m^3。

2.2020年水平供需平衡结果

2020年水平伊洛河流域需水量21.51亿 m^3，流域多年平均供水量21.18亿 m^3，其中引黄水量2.14亿 m^3，主要是通过槐扒引黄工程、新安引黄工程和小浪底南岸灌区从黄河调水。流域缺水量0.33亿 m^3，均为农业缺水，缺水率达1.6%；缺水地区主要集中在洛河故县水库—白马寺、伊河陆浑水库—龙门镇两个区间，缺水量0.23亿 m^3，占全流域缺水量的69.7%。伊洛河流域地表水总消耗量多年平均为9.40亿m^3，其中向流域外供水量0.77亿m^3，多年平均入黄水量20.07亿m^3。

3.2030年水平供需平衡结果

2030年水平伊洛河流域需水量24.64亿m^3，流域内各种水源多年平均总供水量23.78亿m^3，其中引黄水量2.16亿m^3，主要是通过槐扒引黄工程、新安引黄工程和小浪底南岸灌区工程从黄河调水。流域总缺水量0.86亿m^3，缺水地区主要集中在洛河故县水库—白马寺区间，缺水量0.64亿m^3，占全流域缺水量的74.4%。除故县水库—白马寺区间工业缺水0.15亿m^3外，其他缺水均为农业缺水，流域缺水率为3.5%。多年平均向流域外供水量1.21亿m^3，地表水总消耗量11.57亿m^3，多年平均入黄水量17.90亿m^3。

1.6.3.2 中等枯水年供需分析

来水频率75%的中等枯水年份，伊洛河流域地表水径流量为19.99亿m^3，较多年平均偏少9.48亿m^3。基准年和2030年各方案需水量较正常来水年份分别增加0.03亿m^3和0.09亿m^3，各方案缺水较正常来水年份分别增加0.02亿m^3和0.75亿m^3，各方案入黄水量较正常来水年份分别减少9.50亿m^3和8.88亿m^3。

1.6.3.3 特枯水年供需分析

来水频率95%的特殊枯水年份，伊洛河流域地表水径流量为13.33亿m^3，较多年平均偏少16.14亿m^3。基准年和2030年各方案需水量较正常来水年份分别增加2.26亿m^3和3.26亿m^3，各方案缺水较正常来水年份分别增加0.44亿m^3和4.78亿m^3，各方案入黄水量较正常来水年份分别减少17.56亿m^3和14.71亿m^3。

1.6.4 水资源配置方案

伊洛河总耗水指标为15.5亿m^3，其中陕西省0.63亿m^3、河南省14.87亿m^3。按0.933打折后，总耗水指标为14.46亿m^3，其中陕西省0.59亿m^3、河南省13.87亿m^3。

1.6.4.1 基准年水资源配置

统筹考虑伊洛河流域河道内外用水需求，配置河道外供水量16.38亿m^3，其中地表水8.73亿m^3、地下水7.35亿m^3、中水回用等非常规水源0.30亿m^3；多年平均从外流域引水量0.70亿m^3，其中槐扒引黄工程0.35亿m^3、新安引黄工程0.35亿m^3。配置地表水耗水量6.74亿m^3，其中流域内耗水6.24亿m^3（陕西、河南两省分别为0.42亿m^3和5.82亿m^3），通过陆浑水库向外流域供水0.50亿m^3。配置入黄水量22.73亿m^3，洛河干流灵口站、白马寺站、伊河干流龙门镇站和伊洛河干流黑石关站下泄水量分别为6.19亿m^3、14.67亿m^3、7.14亿m^3和22.73亿m^3。基准年伊洛河流域地表水资源开发利用率为30.1%，水资源总量开发利用率为50.9%。

1.6.4.2 规划年水资源配置

以2020年为配置水平年，统筹考虑流域河道内外需求，配置河道外总供水量21.18亿m^3，其中地表水10.44亿m^3、地下水7.38亿m^3、中水回用等非常规水源1.22亿m^3；多年平均从外流域引水量2.14亿m^3，其中槐扒引黄工程0.35亿m^3、新安引黄工程0.67亿m^3、小浪底南岸灌区引黄工程1.12亿m^3。配置地表水耗水量9.40亿m^3，其中流域内耗水8.63亿m^3(陕西、河南两省分别为0.52亿m^3和8.11亿m^3),通过陆浑水库向外流域供水0.77亿m^3。入黄水量20.07亿m^3,洛河干流灵口站、白马寺站、伊河干流龙门镇站和伊洛河干流黑石关站下泄水量分别为6.09亿m^3、13.16亿m^3、6.41亿m^3和20.07亿m^3。2020年,伊洛河流域地表水资源开发利用率为38.0%,水资源总量开发利用率为57.5%。

2030年水平年,统筹考虑流域河道内外需求,配置河道外总供水量23.78亿m^3,其中地表水12.24亿m^3、地下水7.41亿m^3、中水回用等非常规水源1.97亿m^3;多年平均从外流域引水量2.16亿m^3,其中槐扒引黄工程0.35亿m^3、新安引黄工程0.67亿m^3、小浪底南岸灌区引黄工程1.14亿m^3。配置地表水耗水量11.57亿m^3,其中流域内耗水10.36亿m^3(陕西、河南两省分别为0.59亿m^3和9.77亿m^3),通过陆浑水库向外流域供水0.96亿m^3,三门峡市洛河—三门峡市区调水工程补水0.25亿m^3。入黄水量17.90亿m^3,洛河干流灵口站、白马寺站、伊河干流龙门镇站和伊洛河干流黑石关站下泄水量分别为6.02亿m^3、11.85亿m^3、6.15亿m^3和17.90亿m^3。2030年,伊洛河流域地表水资源开发利用率为47.5%,水资源总量开发利用率为66.9%。

1.6.5 水资源配置成果

伊洛河流域规划新建供水工程,包括蓄水工程、引水工程、提水工程和调水工程。在伊洛河干流兴建鸡湾水库,在伊洛河一级支流兴建大石涧水库和佛湾水库。此外,还在一些主要干支流,新建区域及地方性的中小型水库工程。流域主要新建水库工程基本情况见表1-3(不含小型水库)。续建、新建主要引提水工程包括新安提(引)黄工程、小浪底南岸灌区及故县水库灌区等。跨流域调水工程包括三门峡市洛河—三门峡市区调水工程。

表1-3 伊洛河流域主要新建水库工程基本情况

序号	水库名称	所在地区	建设地点	建设时间	建设性质	总库容(万m^3)	兴利库容(万m^3)	设计灌溉面积(万亩)	工业生活供水量(万m^3)	前期工作情况
1	鸡湾水库	卢氏县	洛河干流	2015~2020年	新建	9 800	3 700	1.5		已列入《黄河流域(片)"十二五"中型水库建设规划》
2	大石涧水库	陕县	渡洋河	2015~2020年	新建	3 282	2 081	10.0		已列入《黄河流域(片)"十二五"中型水库建设规划》

续表 1-3

序号	水库名称	所在地区	建设地点	建设时间	建设性质	总库容(万 m^3)	兴利库容(万 m^3)	设计灌溉面积(万亩)	工业生活供水量(万 m^3)	前期工作情况
3	佛湾水库	巩义	后寺河	2015～2020年	新建	1 017	752		500	已列入《全国中型水库建设“十二五”规划》
4	阳光寺水库	宜阳	韩城河	2021～2030年	新建	1 600	800			
5	东坡水库	洛龙区	甘水河	2021～2030年	新建	1 300	600			
	合计					16 999	7 933	11.5	500	

由于三门峡水库降低水位运行,造成沿黄地区地下水位迅速下降,三门峡市的生活用水、工业用水、农业用水受库区水位影响的地区降低了取水保证率或无水可取。为了解决沿黄地区因三门峡水库降低水位运行而带来的水源紧缺问题,在充分考虑当地节水和水资源保护的基础上,初步规划实施三门峡市洛河—窄口水库补水工程,规划从洛河干流徐家湾乡境内取水,沿北偏东方向打隧洞 32 km,自流输水至灵宝市朱阳镇南 2 km 处,进入宏农涧河,然后顺河入窄口水库,设计引水流量 5 m^3/s,年引水量 1.5 亿 m^3左右。由于该工程前期工作基础较差,本次规划按 2030 年生效考虑,根据河南省人民政府关于批转河南省黄河取水许可总量控制指标细化方案的通知,三门峡市伊洛河取水许可耗水指标1.5 亿 m^3,按 0.933 打折,从伊洛河取水的耗水指标按 1.40 亿 m^3控制,2030 年流域内地表耗水量 1.15 亿 m^3,2030 年仅剩余 0.25 亿 m^3耗水指标,据此确定 2030 年三门峡市洛河—窄口水库补水工程补水量为 0.25 亿 m^3。

1.6.6 农村饮水安全

规划年全部解决现状 170.77 万人的饮水安全问题。根据伊洛河流域农村饮水安全的特点,按照供水方式,主要安排有集中供水工程、分散供水工程两大类型,在人口稠密地区,尽量发展小规模集中供水工程;在地广人稀的牧区、边远地区,采用分散供水工程;存在水质不达标问题的地区,在集中或分散供水工程中配备水质处理设备。规划实施工程 1 845 处,其中地表水集中供水工程 725 处,受益人口 68.01 万人;地下水集中供水工程 669 处,受益人口 79.00 万人;分散供水工程受益人口 23.77 万人,其中集雨工程 451 处,受益人口 19.58 万人,见表 1-4。

表 1-4 伊洛河流域农村饮水安全工程规划成果 (单位:万人)

分区/省区		集中式供水					分散式供水			投资(亿元)
		受益人口	地表水		地下水		受益人口	其中集雨工程		
			处数	受益人口	处数	受益人口		处数	受益人口	
伊河	陆浑水库以上	19.59	165	12.36	37	7.23				0.98
	陆浑水库—龙门镇	9.75	19	2.19	61	7.56	19.38	195	19.38	0.49
	小计	29.34	184	14.55	98	14.79	19.38	195	19.38	1.47
洛河	灵口(省界)以上	19.82	160	19.82			0.47			1.15
	灵口(省界)—故县水库	9.29	112	8.32	13	0.97	3.93	256	0.20	0.67
	故县水库—白马寺	63.40	209	20.72	434	42.68				3.09
	龙门镇、白马寺—入黄口	25.15	60	4.60	124	20.55				1.03
	小计	117.66	541	53.46	571	64.20	4.40	256	0.20	5.94
合计	陕西	19.82	160	19.82			0.47			1.15
	河南	127.18	565	48.19	669	79.00	23.30	451	19.58	6.26
	伊洛河流域	147.00	725	68.01	669	79.00	23.77	451	19.58	7.41

1.7 灌溉规划

1.7.1 灌区节水改造工程措施

目前,伊洛河流域农田节水灌溉面积为 79.92 万亩,占农田灌溉面积的 37.6%,灌区节水潜力较大。为缓解流域水资源供需矛盾,进一步提高灌区水资源利用效率和效益,考虑到灌区节水改造的实际情况,规划到 2020 年,农田灌溉水利用系数提高到 0.55,节灌率达到 68.8%;规划到 2030 年,农田灌溉水利用系数提高到 0.64,节灌率达到 90.8%。

节水工程措施主要包括渠系工程配套与渠系防渗、低压管道输水、喷灌和微灌节水措施。考虑到伊洛河流域灌区现状以地面灌为主和经济发展水平不高,大部分灌区主要采取容易实施和管理的渠系防渗与配套工程措施,以及技术相对简单的低压管道输水措施,以提高渠系水利用系数;在经济作物种植区采取喷灌、微灌等节水措施。

规划 2020 年新增工程节水灌溉面积 114.5 万亩,工程节水面积达到 194.4 万亩,占有效灌溉面积的 68.8%。其中渠道防渗节水达到 84.3 万亩,占节水面积的 43.3%;低压管道输水达到 75.1 万亩,占 38.6%;喷灌节水面积达到 18.8 万亩,占 9.7%;微灌节水面积达到 16.3 万亩,占 8.4%。与现状年相比,2020 年流域可节约灌溉用水量 0.39 亿 m^3。

2020 ~ 2030 年规划新增工程节水灌溉面积 126.4 万亩,2030 年工程节水面积达到 320.8 万亩,占有效灌溉面积的 90.8%。其中渠道防渗节水 155.2 万亩,占节水面积的

48.4%；低压管道输水面积109.2万亩，占34.0%；喷灌节水面积31.6万亩，占9.9%；微灌节水面积24.8万亩，占7.7%。与现状年相比，2030年全流域每年可节约灌溉用水量0.65亿m^3。

1.7.2 灌溉发展规模

灌区续建配套与节水改造发展灌溉面积主要考虑陆浑灌区、新安提黄灌区、龙脖灌区、卢氏县洛北灌区、洛惠渠灌区等大中型灌区。新建灌区发展灌溉面积主要集中在小浪底南岸灌区和故县水库灌区，结合中小型水库建设，逐步开发张坪水库灌区、卢氏鸡湾水库灌区和陕县大石涧水库灌区（含山口河灌区）。根据县（区）农田水利规划，利用小型水库塘坝、提灌站、井灌等发展零星灌溉面积。伊洛河流域主要新建、续建灌溉工程见表1-5。

表1-5 伊洛河流域主要新建、续建灌溉工程 （单位：万亩）

项目名称	设计灌溉面积	已有灌溉面积	2020年水平			2030年水平			说明
			净增		达到	净增		达到	
			农田	林果		农田	林果		
陆浑水库灌区续建配套及节水改造	88.94	44.11	22.03	4.30	70.44	18.50		88.94	陆浑水库灌区设计灌溉面积134.24万亩，已建有效灌溉面积62.7万亩
龙脖灌区续建配套与改造	8.5（自流6.5，提灌2.0）	4.51	3.99		8.50				
新安提黄灌区续建配套及节水改造	16.46	5.21	10.25	1.00	16.46				
卢氏洛北渠续建配套及改造、幸福渠灌区续建等			2.33			1.50			
洛南洛惠渠等灌区续建配套及节水改造	5.30	2.28	1.50						
宜阳伊洛南渠、寻村灌区续建配套与改造			1.17						
故县水库灌区	132.00	44				34.67	2.50	81.17	
小浪底南岸灌区	39.08	23.20	13.88	1.00	38.08		1.00	39.08	小浪底南岸灌区设计灌溉面积61.77万亩，在伊洛河流域面积为39.08万亩

续表 1-5

项目名称	设计灌溉面积	已有灌溉面积	2020 年水平			2030 年水平			说明
			净增		达到	净增		达到	
			农田	林果		农田	林果		
卢氏鸡湾水库灌区						1.50			
陕县大石涧水库灌区	10.00					5.00			
张坪水库灌区	2.50		250						
县(区)农田水利规划			12.51	1.66		9.43	0.90		小型水库塘坝、提灌站、井灌等发展零星灌溉面积
合计			276.39	7.96		70.60	4.40		

注:农田水利规划发展灌溉面积主要指小型水库塘坝、提灌站、井灌等发展零星灌溉面积。

预测2020年、2030年水平伊洛河流域总有效灌溉面积分别达到300.4万亩、375.4万亩,分别比现状年新增灌溉面积78.1万亩、153.1万亩,其中农田有效灌溉面积分别比基准年增加70.2万亩、140.7万亩,林果灌溉面积分别比基准年增加7.9万亩、12.4万亩。

1.8 水资源保护规划

1.8.1 规划年水域纳污能力及污染物入河总量控制方案

1.8.1.1 规划年水域纳污能力

根据规划年伊洛河流域水资源配置方案,灵口、龙门镇、白马寺、黑石关等断面纳污能力设计流量较现状年基本保持不变,因此规划年纳污能力保持现状年水平,见表1-6。

表 1-6 伊洛河流域现状年纳污能力计算成果汇总

水资源分区	河流	省区	纳污能力(t/a)	
			COD	氨氮
陆浑水库以上	伊河	河南	1 634.3	45.0
陆浑水库—龙门镇	伊河	河南	1 376.4	65.2
灵口(省界)以上	洛河	陕西	4 292.3	244.0
灵口(省界)—故县水库	洛河	河南	325.6	9.7
故县水库—白马寺	洛河	河南	5 445.7	209.9
	涧河	河南	776.3	28.5
龙门镇、白马寺—入黄口	伊河	河南	816.9	30.2
	洛河	河南	8 723.4	378.1

续表 1-6

水资源分区	河流	省区	纳污能力(t/a)	
			COD	氨氮
合计	陕西		4 292.3	244.0
	河南		19 098.6	766.6
	伊洛河流域		23 390.9	1 010.6

1.8.1.2 规划年污染物入河总量控制方案

1. 规划年水质目标

2020 年,规划范围内伊洛河流域水功能区水质达标率达到 80%,其中河南 77% 水功能区实现水质目标、陕西 100% 水功能区实现水质目标。伊洛河重要水功能区水质达标率达到 88% 以上,其中河南达到 86%、陕西达到 100%。

规划范围内伊洛河流域水功能区水质达标率达到 94%,其中河南 93% 水功能区实现水质目标、陕西 100% 水功能区实现水质目标。伊洛河重要水功能区水质达标率达到 92% 以上,其中河南达到 91%、陕西达到 100%。

2. 污染物入河总量控制方案

1)控制原则

2020 年,实现水质目标的水功能区,若现状年污染物入河量小于纳污能力,则污染物入河控制量小于或等于现状污染物入河量,若现状年污染物入河量大于纳污能力,则污染物入河控制量等于纳污能力;对不要求实现水质目标的水功能区,根据所在区域的水污染治理水平、经济发展状况等综合制订污染物入河控制方案,但应保证 2030 年达到水功能区水质目标。

2030 年,实现水质目标的水功能区,若现状年污染物入河量小于纳污能力,则污染物入河控制量为现状入河量,若现状年污染物入河量大于纳污能力,则污染物入河控制量等于纳污能力。对 2030 年后实现水质目标的水功能区,根据当地水污染治理水平和经济发展水平等综合制订污染物入河控制方案。

2)控制方案

2020 年伊洛河流域 COD、氨氮入河控制量分别为 2.86 万 t、3 393 t,比现状年入河量减少 40% 和 50%;2030 年 COD、氨氮入河控制量分别为 1.87 万 t、1 055 t,比现状年入河量减少 63% 和 85%。入河控制量主要集中在洛阳、巩义、偃师、新安、渑池、义马等城市,其污染物控制量占流域入河控制总量的 80% 左右。

2030 年伊洛河流域 COD、氨氮入河控制量分别为 1.87 万 t、1 055 t,比现状年入河量减少 63% 和 85%。入河控制量主要集中在洛阳、巩义、偃师、新安、渑池、义马等城市,其污染物控制量占流域入河控制总量的 80% 左右。伊洛河流域规划年主要污染物入河控制量见表 1-7。

表1-7 伊洛河流域污染物入河控制量 （单位:t）

河流	水资源分区	省区/地级区	2020年		2030年	
			COD	氨氮	COD	氨氮
伊河	陆浑水库以上	河南省	1 344.96	106.11	820.15	36.79
	陆浑水库—龙门镇	河南省	2 193.29	95.32	2 193.30	95.32
	小计		3 538.25	201.43	3 013.45	132.11
洛河	灵口(省界)以上	陕西省	358.50	43.41	358.50	43.41
	灵口(省界)—故县水库	河南省	277.93	7.06	277.93	7.06
	故县水库—白马寺	河南省	8 203.67	1 311.52	5 445.71	209.86
	龙门镇、白马寺—入黄口	河南省	6 014.38	442.85	5 347.56	350.72
	小计		14 854.48	1 804.84	11 429.70	611.05
涧河	故县水库—白马寺	河南省	6 478.68	1 052.55	704.31	22.82
其他支流	灵口(省界)—故县水库	陕西省	2 185.10	241.33	2 164.70	241.12
	陆浑水库—龙门镇	河南省	911.00	23.46	911.00	23.46
	龙门镇、白马寺—入黄口	河南省	636.00	69.70	487.00	24.00
	小计		3 732.10	334.49	3 562.70	288.58
地级市合计		商洛市	486.50	56.63	486.50	56.63
		渭南市	2 057.10	228.11	2 036.70	227.91
		洛阳市	18 380.49	2 192.83	12 317.77	555.21
		三门峡市	3 453.14	576.84	459.44	13.75
		郑州市	4 226.28	338.90	3 409.74	201.06
伊洛河流域合计			28 603.51	3 393.31	18 710.15	1 054.56

总体来看,污染物COD、氨氮现状年入河量较2030年入河控制量需分别削减63%和85%左右,2030年流域若达到生活废水全部集中处理、工业污水全部达标排放等国家基本要求,污染物入河量可以较现状年削减28%左右;再进一步提高流域中水回用率至50%以上,污染物入河量可以继续削减19%左右;流域继续采取转变生产方式、调整产业结构、推进清洁生产,实施入河排污口综合整治、河道生态修复等综合治理措施,基本可以达到入河污染物控制总量和重要水功能区水质目标的要求。

1.8.2 城镇饮用水水源地安全保障

通过实施地表水环境综合整治措施,改善涧河等地表水补给来源水质,实施地下水源地保护工程措施,全面加强饮用水水源地保护区保护和环境综合整治,保障地下水源地水质。规划对6个水库型水源地和17个地下水源地井群,分别采取相应的工程措施,主要包括隔离防护工程、污染综合整治、生态保护与修复措施。

对地表水源地实施物理隔离防护工程 6 处、总工程量 157 km，实施生物隔离工程 6 处、总工程量 100 km^2，实施人口搬迁 900 人，搬迁入河排污口 1 个，以及农田径流污染控制、农村河道综合治理、农村生活污染治理、生活垃圾整治、警示牌、清淤、前置库建设等。对地下水源地实施物理隔离防护 36 km，实施生物隔离工程 19.34 km^2，实施人口搬迁 80 人，以及建设警示牌、农田径流污染控制等。

1.8.3　水资源保护对策措施

为缓解流域经济社会的快速发展给水环境带来的巨大压力，伊洛河流域应围绕《国务院关于实行最严格水资源管理制度的意见》，实施流域区域分级管理，进一步强化水资源保护监督管理，完善流域水质监测系统，实施流域水环境综合整治，加强特征污染物的防控及风险防范能力建设，严格控制入河污染物总量，以保障伊洛河入黄水质目标实现，保障黄河下游供水安全。

1.9　水生生态保护规划

1.9.1　水生生态保护总体意见

1.9.1.1　洛河

洛河上游源头至豫陕省界之间河段为洛河的源头区和重要的水生保护动物栖息地，以维持河道廊道功能、保护河道生境为主，禁止和限制开发，修复受损珍稀濒危水生生物栖息地。

洛河上游省界至长水河段分布有水生生物的产卵场和栖息地，以保护河道连通性、水流连续性和修复河道生境为主，禁止不合理开发。强化水电开发及运行管理，保障生态流量，维持梯级开发集中河段河流基本生态功能。

伊河口至入黄口之间河段为黄河特有土著鱼类黄河鲤的重要栖息地和产卵场，以保护为主，严格限制水电开发，维持河流连通性，保护河流及河漫滩湿地。

1.9.1.2　伊河

伊河分布有我国著名经济鱼类和伊河特有土著鱼类伊鲂的栖息地，水生生态保护以栖息地保护和河流基本生态功能维持为重点，保证生态流量、改善水质、维持河道基本生态功能。

其中，伊河上游源头至栾川段以水源涵养功能和河流廊道生态功能为重点，禁止进行破坏水生态的开发活动；伊河源头栾川至陆浑水库河段规划以保护土著鱼类栖息地和产卵场为主，协调河流开发与生态保护关系，保证河流基本流量，维持河流水流连续性，规范水电开发和运行管理；伊河中下游河段为适度开发河段，在确保防洪安全的前提下，加强保护与修复，维持河流廊道生态功能，改善水质，保护河流生境。

1.9.2 河流生态需水及保障措施

1.9.2.1 重要断面生态需水量

规划在伊洛河主要断面天然径流量与实测径流量分析基础上，选择流域尚未大规模开发的1956～1975年的天然流量作为基准，以Tennant法为基础，根据各河段保护目标分布，选择4～6月平均流量的30%～50%作为该期生态流量初值、7～10月平均流量的40%～60%作为该期生态流量初值、非汛期11月至次年3月平均流量的20%～30%作为该期生态流量初值。在此基础上，分析流量与流速、水深、水面宽等之间的关系，以需水对象繁殖期和生长期对水深、流速、水面宽等要求，选择满足保护目标生境需求的流量范围，考虑水资源配置实现的可能性，综合提出伊洛河重要控制断面的生态需水量，见表1-8。

表1-8 伊洛河主要断面生态需水（单位：流量，m^3/s；水量，亿m^3）

河流	河段	代表断面	需水对象	时段	生态基流		生态需水量			水质要求
					流量	水量	流量	水量	流量过程	
伊洛河	源头至灵口	灵口	土著鱼类 河谷植被	4～6月	4.9	1.78	6.0	2.27	维持河流自然流量过程	Ⅱ
				7～10月	10.7		14.5			
				11月至次年3月	2.0		2.0			
	灵口至杨村	白马寺	土著鱼类 植被需水 生态基流 自净需水 景观需水	4～6月	11.7	5.83	16.6	7.52	4～6月有淹及岸边的流量过程；其他时段保证河道生态基流	Ⅲ
				7～10月	34.0		48.3			
				11月至次年3月	10.0		8.2			
伊河	源头至杨村	龙门镇	土著鱼类 植被需水 生态基流 自净需水 景观需水	4～6月	7.3	3.15	10.3	4.22	4～6月有淹及岸边的流量过程	Ⅲ
				7～10月	19.6		27.4			
				11月至次年3月	3.8		3.8			
洛河	杨村至入黄口	黑石关	土著鱼类 植被需水 生态基流 自净需水	4～6月	19.7	9.26	28.0	12.89	4～6月有淹及岸边的流量过程	Ⅲ
				7～10月	55.4		80.5			
				11月至次年3月	14.0		14.9			

1.9.2.2 不同河段生态需水量

小水电大规模开发、橡胶坝的密集布设造成的河道减流和脱流是目前伊洛河河道生态存在的主要问题之一。规划根据伊洛河河流生态系统保护要求，考虑水生态保护目标分布与水电站布局之间的位置关系、水电站和橡胶坝脱流情况，结合重要控制断面生态水量要求,对生态基流的相关规定及水电站坝址处多年平均流量,以 Tennant 为基础,综合确定了各河段最小下泄生态水量,见表 1-9。

表 1-9　伊洛河不同河段下泄生态水量

<table>
<tr><th>河流</th><th colspan="2">河段</th><th>下泄生态流量(m^3/s)</th><th>保障措施</th></tr>
<tr><td rowspan="6">洛河</td><td colspan="2">源头至灵口</td><td>维持自然状态</td><td>禁止开发河段,维持天然流量及其过程</td></tr>
<tr><td rowspan="3">灵口至长水</td><td>灵口至故县水库</td><td>4~6月:4~6
11月至次年3月:2~3</td><td>1. 挡水坝上设置泄水洞或建设基流管道或取水口建设基流墩,确保下泄流量。
2. 安装下泄流量在线监控装置,确保下泄流量</td></tr>
<tr><td>故县水库</td><td>4~6月:6.0
11月至次年3月:4.0</td><td rowspan="2">故县及崇阳河、禹门河水库等坝式水利设施应利用泄水洞等措施保证枯水期生态流量</td></tr>
<tr><td>故县水库至长水</td><td>4~6月:6.0
11月至次年3月:4.0</td></tr>
<tr><td rowspan="2">长水至杨村</td><td>长水至宜阳</td><td>4~6月:8.0
11月至次年3月:4.0</td><td>1. 在挡水坝上设置泄水洞或建设基流管道或取水口建设基流墩,确保下泄流量。
2. 在引水渠渠首加设控制闸,在河道流量小于规定下泄流量时,适时关闭、降低阀门,减少引流量,直至满足下泄流量</td></tr>
<tr><td>宜阳以下</td><td>4~6月:11~16
11月至次年3月:8~12</td><td>在引水渠渠首加设控制闸,在河道流量小于规定下泄流量时,适时关闭、降低阀门,减少引流量,直至满足下泄流量</td></tr>
<tr><td rowspan="3">伊河</td><td colspan="2">源头至陆浑水库</td><td>4~6月:1.6
11月至次年3月:0.8</td><td>1. 挡水坝上设置泄水洞或建设基流管道或取水口建设基流墩,确保下泄流量。
2. 安装下泄流量在线监控装置,确保下泄流量。
3. 位于伊河特有鱼类国家级水产种质资源保护区核心区,规划建议上述工程进行水产种质资源保护区影响评价,并实施具体的补偿措施</td></tr>
<tr><td colspan="2">陆浑水库</td><td>4~6月:7
11月至次年3月:4</td><td>陆浑水库水利枢纽应利用泄水洞等措施保证枯水期生态流量下泄</td></tr>
<tr><td colspan="2">陆浑水库至杨村</td><td>4~6月:7~10
11月至次年3月:4~6</td><td>开展铺沟电站回顾性评价,明确并落实生态水量保护措施的设计、建设、运行与调度等</td></tr>
<tr><td>伊洛河</td><td colspan="2">杨村至入黄口</td><td>4~6月:18~26
11月至次年3月:12~18</td><td>对位于种质资源保护区核心区与缓冲区的电站进行环境合理性论证</td></tr>
</table>

1.9.2.3 河流重要断面生态水量保障措施

以河道内生态用水量为控制指标,确定伊洛河水资源开发利用红线,严格实行用水总量控制,控制流域供需水在用水指标之内,确立用水效率红线,提高流域农业、工业节水技术水平,限制新增灌区面积,提高用水效率,以陕西省及河南省黄河取水许可总量控制指标为约束,科学论证流域外调水规模;加强伊洛河流域水资源的统一调度与管理,将河道内生态环境用水及过程纳入流域水资源统一配置,确保不同规划水平年伊洛河水生态保护重点河段生态水量、过程,以及伊洛河入黄水量需求。

1.9.2.4 水电站下泄生态水量保障措施

制订基于生态环境保护的水电站运行调度方案,将水电站下泄生态水量纳入水电站日常运行管理中,优化水电站的运行方式,确保水电站下泄生态流量;整顿伊洛河水电站群建设,对不符合生态环境保护要求的小水电站按照相关法律法规规定处理,保持重点河段河道水流自然连续性;对于协调开发与保护关系河段,因地制宜采取引水口建立基流墩、挡水建筑物设置泄水装置、建设基流管道、安装下泄生态流量在线监控和远程传输装置等措施,确保水电站下泄生态流量;枯水年份,当实际来水量小于下泄生态流量时,电调服从水调,禁止水电站引水发电,来水全部下泄。

1.10 水土保持规划

1.10.1 水土保持分区及总体布局

1.10.1.1 水土流失防治区划分及防治要求

1. 重点预防区

重点预防区主要分布在伊洛河和伊河上中游的秦岭山区、伏牛山区,保护区总面积为7 482.00 km^2,其中,河南省4 419.00 km^2、陕西省3 036.00 km^2。

该区地貌类型为深山区和中山区,年平均降水量800 mm,平均气温12 ℃左右。土壤类型以山地棕壤为主,土壤抗蚀性较强。由于自然条件适合植物生长,加之人口密度小,人类对区域环境破坏小,植被覆盖率高,水土流失较小。

水土保持以保护现有植被、预防水土流失为主,对植被遭到破坏、有明显水土流失的局部地区进行治理,采取的措施以生态修复为主,布置适量坡面林草地植被建设和坡耕地整治工程。

2. 重点治理区

重点治理区遍布伊洛河全流域,主要集中分布在中游地区,包括伊川、洛宁、宜阳、嵩县、洛阳等县(市),总面积为11 399.00 km^2,全部位于河南省。

该区内沟壑纵横,沟深坡陡,岭窄峁尖。年平均降水量为500~650 mm,平均气温14 ℃。由于该区地形破碎,气候干旱且多暴雨,土壤抗侵蚀强度差,加之人类对区域植被破坏较大,是伊洛河流域水土流失较为严重的区域,少部分地区侵蚀模数高达4 000~6 500 t/(km^2·a)。

该区是水土保持的重点区域,建设以骨干坝为主,中小型淤地坝相配套的沟道坝系工程,结合坡面林草植被建设和坡耕地整治,坡沟兼治,综合治理,有效拦蓄泥沙。

1.10.1.2 水土保持区划

根据《全国水土保持区划(试行)》,水土保持区划采用三级分区体系,一级区为总体格局区,二级区为区域协调区,三级区为基本功能区。

伊洛河流域涉及3个一级区,3个二级区、4个三级区,分别为秦岭北麓渭河中低山阶地保土蓄水区(Ⅳ-3-3tx)、丹江口水库周边山地丘陵水质维护保土区(Ⅵ-1-1st)、豫西黄土丘陵保土蓄水区(Ⅲ-6-1tx)和伏牛山山地丘陵保土水源涵养区(Ⅲ-6-2th)。

1.10.1.3 水土保持措施布局

1. 秦岭北麓山地区

在解决农牧民生产生活基本条件的前提下,以保护天然林、次生林为主,采取封山育林、封坡禁牧等措施,依法保护森林和水土资源;对已有的水土保持成果,搞好管理、维护、巩固和提高,使之充分发挥效益。坡面治理以植物措施为主,在山坡上土层较厚的地方修水平梯田;沟边修边埂或沟头防护工程,在V字形沟道内修建谷坊、淤地坝等工程;在U字形沟道内,修建淤地坝等骨干工程,建设高产基本农田,同时营造沟底防冲林。从上游到下游、从坡面到沟底层层设防、节节拦蓄,形成工程措施与植物措施相结合的防护体系。

2. 豫西南山地丘陵区

豫西南山地丘陵区在伊洛河流域内占主导地位,地形涉及土石山区、丘陵区和冲积平原区,在丘陵区,兴建基本农田,积极营造各种防护林体系,绿化荒山荒坡。农地布置在梁峁缓坡地上,以距村庄较近、土壤侵蚀较轻、地面坡度小于25°的现有耕地实施坡改梯;对大于25°的坡耕地实施退耕还林,在退耕陡坡地或梁顶荒地以水平沟整地方式发展水土保持林;在村庄周围、交通方便的平缓退耕坡地上发展经济林;沟道措施的布置宜尽可能拦截洪水、泥沙,充分利用水沙资源,在沟道布设淤地坝工程;有条件的地方修建水窖、涝池等小型蓄水保土工程。在平原区,水土保持治理以植物措施为主,在基本农田内营造农田防护林带,在道路、村庄、水利工程周围等栽树,提高植被覆盖率,逐步实现农田林网化。

1.10.2 综合防治规划

1.10.2.1 预防保护

按照"预防为主,保护优先"的原则,加强对伊洛河流域的水土流失预防保护力度。加大现有植被保护力度,严格限制森林砍伐,禁止毁林毁草开荒,禁止在25°以上的坡地开垦种植农作物;在水源涵养地、森林、天然林区、草原(场)、植被覆盖率在40%以上且面积大于20 km^{2}和治理程度达70%以上的小流域,严格进行开发建设活动。

以伊洛河上游生态脆弱地区为重点,伊洛河干流河道范围内,陆浑、故县水库库区周边,开展重点预防保护,推行退耕还林、生态移民等;在重点区域设立预防保护的禁止和限制标志、围栏;每年开展一次水土流失预防保护巡查;对毁林毁草、过度放牧、陡坡开荒等人为破坏植被现象进行查处。

预防保护措施主要包括以下几项:

(1)建立健全管护组织机构。各县要成立由分管县长任组长,水保、林业主管领导任副组长的领导小组,主要负责组织协调和解决预防保护区内发生的重大问题。县、乡监督管理机构要有专人负责预防保护工作，依法保护和管理现有林草植被及水土保持设施。

(2)减少对林草植被的破坏，进行围栏封育、轮封轮牧，坚决制止毁林毁草、乱砍滥伐、过度放牧和陡坡开荒，保护林草植被；对具有潜在侵蚀危险的地区实行预防保护，防止破坏，促进林草植被的恢复。

(3)禁止在25°以上陡坡地开垦种植农作物，在25°以上陡坡地种植经济林的，应当科学选择树种，合理确定规模，采取水土保持措施，防止造成水土流失。

(4)生产建设项目选址、选线应当避让水土流失重点预防保护区和重点治理区，无法避让的，应当提高防治标准，优化施工工艺，减少地表扰动和植被损坏范围，有效控制可能造成的水土流失。

伊洛河流域自然条件较好，降水充沛，植被自然生长条件良好，适宜开展生态修复建设。本次规划对立地条件较差、土层较薄、植被稀疏、坡面较陡、不适宜营造水土保持林的荒山荒坡进行封禁治理；对疏幼林地进行封禁治理，依靠自然能力自我修复；对稀疏林地实施补植补种。同时，结合布设网围栏、封禁标志牌等措施，设置专职管护人员，以提高林草覆盖率，达到保持水土的目的。

在《黄河流域综合规划》基础上，结合项目区实际情况，通过封育保护进行水土流失重点预防。规划安排的范围主要包括秦岭山脉和熊耳山的部分地区，主要涉及陕西省的洛南县，河南省的卢氏、栾川等国家级水土流失重点预防县。近期规划新增封育保护面积739.87 km^2，其中，河南省面积为612.63 km^2、陕西省面积为127.24 km^2；远期规划新增封育保护面积1 109.82 km^2，其中，河南省面积为918.95 km^2、陕西省面积为190.87 km^2。

1.10.2.2　综合治理

综合治理主要包括坡改梯工程、侵蚀沟道治理工程、小流域综合治理工程等。根据典型小流域设计、关键治理措施及优化治理模式进行各项措施配置。规划开展水土流失治理面积3 367.76 km^2，其中河南省2 857.43 km^2、陕西省510.33 km^2，见表1-10。

表1-10　伊洛河流域分省规划治理面积

省区	现状水土流失面积(km^2)	近期治理总面积(km^2)	远期治理总面积(km^2)	规划期末治理总面积(km^2)
河南	5 451.18	1 279.38	1 714.46	2 857.43
陕西	871.73	223.81	306.20	510.33
合计	6 322.91	1 503.19	2 020.66	3 367.76

安排骨干坝186座、中小型淤地坝465座、小型水保工程24 439座(处、眼)；安排建设坡改梯733.01 km^2、水保林1 103.89 km^2、经果林286.47 km^2，封禁治理1 244.38 km^2。其中，近期安排骨干坝82座、中小型淤地坝180座、小型水保工程9 774座(处、眼)；安排建设坡改梯329.86 km^2、水保林484.45 km^2、经果林128.91 km^2，封禁治理559.97 km^2。

1.11 水力发电开发意见

1.11.1 梯级发电工程开发意见

伊洛河水电站开发始于20世纪六七十年代,目前影响水电开发的许多法规和条例当时还未出台,又加上管理不到位,许多电站只为发电开发,对其可能造成的不利影响或以后可能出现的问题,考虑很少或未考虑。本次规划从流域的经济社会全局考虑,根据洛河干流和支流伊河干流的具体情况,以《中华人民共和国自然保护区条例》、《建设项目环境保护管理条例》(国务院令253号,1998年11月通过)、《中华人民共和国野生动物保护法》、农业部《水产种质资源保护区管理办法》(农业部令〔2011〕1号,简称"农业部2011年管理办法"),以及《全国主体功能区规划》、《全国重要江河湖泊水功能区划》、陕西和河南省的主体功能区划等有关要求为依据,以"2003年复查成果""2008年调查评价成果"中的洛河干流和支流伊河干流成果及以后两省又做的调整,作为本次梯级布局的基础。在进行布局时,充分利用有利的河道地质地形条件,并与水生态保护、水资源保护和环境影响评价的要求保持一致。在确保上下游无制约性因素、水生态及环境影响允许的基础上,充分利用水能资源,进行本次流域梯级发电工程的规划布局。

1.11.1.1 **洛河干流水电工程**

目前,河南省有关地方单位在境内洛河干流自上而下布置的水电站梯级有37座,其中已建、在建水电站34座。依据本河段敏感保护目标范围,在本河段已建、在建的34座水电站中,3座已建电站处于国家级水产种质资源保护区的核心区,18座电站(其中已建15座、在建3座)处于国家级水产种质资源保护区的实验区。

按照已建、在建电站审批文件情况和《建设项目环境保护管理条例》颁布时间1998年为时间节点,将已建、在建电站分为如下四类:

(1)设计文件与环境影响评价(简称环评)文件均未取得的电站1座;

(2)1998年前建成的电站9座;

(3)1998年后建设具备设计审批文件但未取得环评的电站21座;

(4)1998年后建设同时具备设计与环评审批文件的电站3座。

依据本河段水电开发条件、敏感环境保护目标和相关法律、法规及规定,对洛河干流电站分类提出如下意见:

(1)对设计文件与环评文件均未取得的灵山水电站,应补办电站设计文件及环境影响评价报告书,同时补充电站对水产种质资源保护区的影响专题论证报告,上报有关部门审批。

(2)对1998年《建设项目环境保护管理条例》颁布以前建成的9座电站,以及1998年颁布后建设同时具备设计与环评审批文件的3座电站,由当地政府委托有关机构开展环境影响回顾性评价工作，包括调查和评估各水电站的服役期限、运行方式及环境影响等，并提出各水电站应保障的下泄生态流量和鱼类影响减缓措施。同时，对其中 1 座位于水产种质资源保护区的电站——河下水电站，应同时开展水电站对水产种质资源保护区的影响专题评估，论证电站建设对鱼类及其生境的影响，并提出有效措施保护鱼类生境。

（3）对 1998 年《建设项目环境保护管理条例》颁布后建设具备设计审批文件但未取得环评的 21 座电站，应补办环境影响评价报告书，履行相关审批手续。同时，对其中 20 座位于水产种质资源保护区内的电站，应补充水电站对水产种质资源保护区的影响专题论证报告，并将其纳入环境影响评价报告书中，论证电站建设对生态环境、水生态的影响以及电站运用方式的合理性，对于不符合生态环境保护要求的电站，应研究提出恢复和保护水生态的有关措施，并上报有关部门。

（4）对该河段未建的 3 座电站——鸭鸠河、黄河（右岸）和磨头电站，以"2003 年复查成果""2008 年调查评价成果"及地方规划意见为依据来源，综合省区意见，同时考虑到其布局位置上下游无制约因素、对水生态和环境保护无重大影响，本次规划暂保留其布局位置，但在现有已建、在建电站手续补齐、整改完成之前，未建电站不予建设。

综上所述，本次在洛河全干流河段自上而下初步规划布局的水电站梯级有 37 座，总装机容量 168.41 MW，年发电量 6.47 亿 kW · h，其中，已建、在建水电站 34 座，总装机容量 162.01 MW，年发电量 6.18 亿 kW · h。已建、在建水电站中，除故县水电站、崇阳河水电站和禹门河水电站为坝式电站外，其他均为引水式电站。未建的 3 座电站均为引水式电站。洛河干流河段已建、在建、规划电站布局情况及本次规划处理意见见表 1-11。

1.11.1.2　支流伊河干流河段

目前，支流伊河干流河段布置了 16 座水电站，其中已建、在建水电站 12 座。已建、在建电站中，栗子坪、新城 2 座已建电站位于伊河鲂鱼水产种质资源保护区的核心区，陆浑水库位于伊河鲂鱼水产种质资源保护区的实验区，最上端的黄石砭水电站位于伊河栾川源头水保护区。

按照已建、在建电站审批文件情况和《建设项目环境保护管理条例》颁布时间 1998 年为时间节点，将已建、在建电站分类。同时，根据《建设项目环境保护管理条例》第二十四条、第二十五条，《中华人民共和国环境影响评价法》第二十五条、第三十一条等和"农业部 2011 年管理办法"的有关规定，对支流伊河干流电站分类情况提出如下意见：

（1）黄石砭电站位于伊河栾川源头水保护区，考虑到其建设年代较远、装机容量小（仅 0.1 MW），且目前已经不运行，建议当地部门严格按照源头水保护区相关要求，尽快对该电站进行整改或清除。

（2）对 1998 年《建设项目环境保护管理条例》颁布前建成的 8 座电站、1998 年颁布后建设同时具备设计与环评审批文件的 1 座电站，由当地政府委托有关机构开展环境影响回顾性评价工作，包括调查和评估各水电站的服役期限、运行方式以及环境影响等，并提

表 1-11　洛河干流河段已建、在建、规划电站布局情况及本次规划处理意见

序号	电站名称	建设地点	装机容量（MW）	年发电量（万 kW·h）	开发状况	建成时间（年-月）	是否在敏感环境保护区	已有的批复文件情况		本次规划处理意见
								设计文件批复情况（项目建议书，或可研、初设，或项目立项）	环境影响文件批复情况（报告书，或报告表，或环保局的竣工验收意见）	
1	石墙根	河南卢氏县	4.8	2 300	已建	1991-11	否	√		进行环境影响回顾性评价，根据评价结果整改或调整
2	曲里村	河南卢氏县	5	1 430	已建	1988-10		√		
3	鸭鸠河	河南卢氏县	4.8	2 297	规划					
4	火炎	河南卢氏县	4.1	1 820	已建	1972-11		√		进行环境影响回顾性评价，根据评价结果整改或调整
5	故县	河南洛宁县	60	17 600	已建	1992		√	√	
6	崇阳河	河南洛宁县	13	3 630	在建			√	√	
7	黄河（左岸）	河南洛宁县	9	3 290	已建	2010-01		√	√	
8	黄河（右岸）	河南洛宁县	1	400	规划					
9	禹门河	河南洛宁县	10.5	4 668	已建	2003-05		√	√	进行环境影响回顾性评价，根据评价结果整改或调整
10	长水	河南洛宁县	1.3	878	已建	1980		√*		
11	磨头	河南洛宁县	0.6	240	规划					
12	张村	河南洛宁县	8	4 256	已建	1975-11		√*		进行环境影响回顾性评价，根据评价结果整改或调整
13	富民	河南洛宁县	0.66	264	已建	1998		√		
14	崛山	河南洛宁县	16.5	8 046	已建	1995-02		√		
15	温庄	河南洛宁县	1.6	489	已建	2004-11		√		会同地方政府提出明确、严格的处理处置意见

注：表中“*”指的是该电站为 20 世纪 70 年代末项目，机构不完整，属地方政府行为，边施工边建设，无批复文件。

续表 1-11

序号	电站名称	建设地点	装机容量(MW)	年发电量(万 kW·h)	开发状况	建成时间(年-月)	是否在敏感环境保护区	已有的批复文件情况		本次规划的处理意见
								设计文件批复情况(项目建议书,或可研、初设,或项目立项)	环境影响文件批复情况(报告书,或报告表,或环保局的竣工验收意见)	
16	金海湾	河南宜阳县	1.2	850	已建	2006-11	洛河鲤鱼国家级水产种质资源保护区实验区	√		会同地方政府提出明确、严格的处理处置意见
17	龙泉	河南宜阳县	1	500	已建	2005-03		√		
18	龙腾	河南宜阳县	1	500	已建	2005-09		√		
19	乘祥	河南宜阳县	1	480	已建	2005-09		√		
20	辉煌	河南宜阳县	1	480	已建	2005-10		√		
21	宜发	河南宜阳县	1.28	620	已建	2005-07		√		
22	洪发	河南宜阳县	1.25	500	已建	2005-07		√		
23	龙祥	河南宜阳县	0.8	320	已建	2004-03		√		
24	鑫水源	河南宜阳县	1.5	460	已建	2006-06		√		
25	忠诚	河南宜阳县	2	700	已建	2007-07		√		
26	兴宜	河南宜阳县	0.8	387	已建	2003-12		√		
27	乘龙	河南宜阳县	1	400	已建	2004-09		√		
28	灵山	河南宜阳县	1.5	600	在建					
29	高峰	河南宜阳县	0.75	450	已建	2006-04		√		
30	锦山	河南宜阳县	1.2	581	已建	2005-10		√		
31	河下	河南宜阳县	1	484	已建	1977-09		√		进行环境影响回顾性评价,根据评价结果整改或调整
32	龙祥李营(上)	河南宜阳县	1.5	600	已建	2006-03		√		会同地方政府提出明确、严格的处理处置意见
33	龙祥李营(下)	河南宜阳县	1.5	600	已建	2006-03		√		
34	亚能	河南宜阳县	0.32	160	已建	2002-12		√		
35	龙源	河南宜阳县	0.75	360	已建	2006-04		√		
36	金水堰	河南宜阳县	4	2 500	已建	2006-06		√		
37	五龙	河南巩义市	1.2	564	已建	2007-12	黄河鲤鱼种质资源保护区核心区	√		

合计:洛河干流电站 37 座,装机容量 168.41 MW,年发电量 6.47 亿 kW·h,其中,已建、在建水电站 34 座,总装机容量 162.01 MW,年发电量 6.18 亿 kW·h

出各水电站应保障的下泄生态流量和鱼类影响减缓措施。

(3)1998 年《建设项目环境保护管理条例》颁布后建设具备设计审批文件但未取得环评的 2 座电站,应补办环境影响评价报告书,履行相关审批手续。

(4)对该河段未建的 4 座电站——九龙山、任岭、山峡和芦头电站,以"2003 年复查成果""2008 年调查评价成果"及地方规划意见为依据来源,综合省区意见,同时考虑到其布局位置上下游无制约因素、对水生态和环境保护无重大影响,本次规划暂保留其布局位置,在现有已建、在建电站手续补齐、整改完成之前,未建电站不予建设。

因此,本次在支流伊河干流自上而下初步规划的水电站梯级有 16 座,总装机容量 44.77 MW,年发电量 1.78 亿 kW · h,其中,已建、在建水电站 12 座,总装机容量 32.87 MW,年发电量 1.26 亿 kW · h。已建、在建水电站中,除金牛岭水电站和陆浑水库电站为坝式电站外,其他均为引水式电站;4 座未建电站均为引水式电站。支流伊河干流河段已建、在建、规划电站布局情况及本次规划处理意见见表 1-12。

1.11.2　拟建水电站开发管理意见

对未建的 7 座电站,以"2003 年复查成果""2008 年调查评价成果"及地方规划意见为依据来源,基于以往成果和省区意见,同时考虑到其布局位置在上下游无制约因素、对水生态和环境保护不造成重大影响,本次规划暂保留其布局位置。根据环境影响评价分析,建议远期在完成已建、在建电站开展环境影响回顾性评价工作,制定水生态保护相关措施,基本解决已建、在建水电站开发对水生态影响后,规划的 7 座电站方可进入下阶段程序。

同时,考虑到目前洛河干流和支流伊河干流的已建、在建电站在进行开发建设时,其设计和审批都在基层部门进行,水电站运行中存在一定问题,建议在开展未建电站的下阶段工作时,应注重生态保护的要求,严格按照《环境影响评价法》和《规划环境影响评价条例》开展环境影响评价,做好水资源论证等前期工作,规范审查审批手续。从事水电开发的单位、企业和个人,必须先到相关的水行政主管部门办理有关手续,得到批复许可后方可进行开发建设。

建议下一步开展伊洛河流域水电开发专项规划编制及水电开发规划环境影响评价工作,规范伊洛河的水电开发。伊洛河流域水电梯级布局及新的水电开发项目,应以正式批复的流域水电开发专项规划及规划环评为准。

表 1-12　支流伊河干流河段已建、在建、规划电站布局情况及本次规划处理意见

序号	电站名称	建设地点	装机容量（MW）	年发电量（万 kW·h）	开发状况	建成时间（年-月）	是否在敏感环境保护区	已有的批复文件情况		本次规划的处理意见
								设计文件批复情况（项目建议书，或可研、初设，或项目立项）	环境影响文件批复情况（报告书，或报告表，或环保局的竣工验收意见）	
1	黄石砭	河南栾川县	0.1	30	已建	1966-11	伊河栾川源头水保护区	建设年代较远、电站已不运行		建议当地部门严格按照源头水保护区相关要求和电站实际情况，尽快对该电站进行整改或清除
2	金牛岭	河南栾川县	3.2	1 295	在建		否	√	√	进行环境影响回顾性评价，根据评价结果整改或调整
3	龙王庄	河南栾川县	1.5	610	已建	1992-09		√		
4	松树岭	河南栾川县	0.5	170	已建	2004-09		√		会同地方政府提出明确、严格的处理处置意见
5	月亮湾	河南栾川县	1.5	863	已建	1979-10		√		进行环境影响回顾性评价，根据评价结果整改或调整
6	马路湾	河南栾川县	2.5	1 047	已建	1996-10		√		
7	拨云岭	河南栾川县	6.4	2 468	已建	2000-06		√		会同地方政府提出明确、严格的处理处置意见
8	九龙山	河南栾川县	3.1	1 329	规划					
9	前河	河南嵩县	3	1 355	已建	1997-12		√		进行环境影响回顾性评价，根据评价结果整改或调整
10	任岭	河南嵩县	2	750	规划					
11	山峡	河南嵩县	4.8	2 259	规划					

续表 1-12

序号	电站名称	建设地点	装机容量(MW)	年发电量(万 kW · h)	开发状况	建成时间(年-月)	是否在敏感环境保护区	已有的批复文件情况		本次规划的处理意见
								设计文件批复情况(项目建议书,或可研、初设,或项目立项)	环境影响文件批复情况(报告书,或报告表,或环保局的竣工验收意见)	
12	栗子坪	河南嵩县	1.6	700	已建	1975	伊河特有鱼类国家级水产种质资源保护区核心区	√		进行环境影响回顾性评价和水电开发对水产种质保护区影响专题论证
13	新城	河南嵩县	0.32	120	已建	1976		√		
14	陆浑	河南嵩县	10.65	3 482	已建	1965	伊河特有鱼类国家级水产种质资源保护区实验区	√		
15	铺沟	河南嵩县	1.6	414	已建	1983-05	否	√		进行环境影响回顾性评价,根据评价结果整改或调整
16	芦头	河南嵩县	2	879	规划					

合计:伊河干流初步规划布局电站 16 座,装机容量 44.77 MW,年发电量 1.78 亿 kW · h,其中,已建、在建水电站 12 座,总装机容量 32.87 MW,年发电量 1.26 亿 kW · h

第 2 章　环境现状调查与评价研究

2.1　自然环境概况

2.1.1　地理位置

伊洛河流域位于黄河流域中游的三门峡—花园口区间，东经 109°17′～113°10′、北纬 33°39′～34°54′，流域面积 18 881 km^2，占黄河流域面积的 2.37%。流域西北面为秦岭支脉崤山、邙山；西南面为秦岭山脉、伏牛山脉、外方山脉，与丹江流域、唐白河流域、沙颍河流域接壤。伊洛河流域在黄河流域的位置见附图 1。

2.1.2　河流水系

伊洛河是黄河重要的一级支流，也是黄河三门峡以下最大的支流。伊洛河主要由伊河、洛河两大河流水系构成，其中，洛河为干流，伊河为洛河第一大支流，由于其流域面积占洛河的 1/3，又相对自成流域和水系，因此常把伊河、洛河两条河流并称为伊洛河。

2.1.2.1　洛河水系

1. 洛河干流

洛河发源于陕西省蓝田县灞源乡，流经陕西省的蓝田县、洛南县、华县、丹凤县 4 县和河南省的卢氏、灵宝、栾川、陕州、渑池、偃师、洛阳、巩义等 17 个县（市、区），在河南省巩义市神堤村注入黄河，干流全长 446.9 km（陕西境内 111.4 km、河南境内 335.5 km）。根据自然地形、河床形态、行洪情况，洛河干流划分为上游、中游、下游三个河段，见表 2-1。

表 2-1　洛河分段情况

河段	区间范围	河道长度(km)		流域面积(km^2)	
		区间	累计	区间	累计
上游	河源—洛宁县长水	252	252	6 244	6 244
中游	长水—偃师市杨村	159.6	411.6	5 827	12 071
下游	杨村—入黄口	35.3	446.9	781	12 852

注：流域面积不含伊河流域。

2. 洛河支流

洛河支流有 300 余条，长度在 3 km 以上的有 272 条，其中陕西境内 108 条、河南境内 164 条；其流域面积在 200 km^2以上的有 10 条，其中陕西境内 5 条（文峪河、西麻坪河、石门河、石坡河、东沙河）、河南境内 5 条（寻峪河、渡洋河、连昌河、韩城河、涧河）。

洛河水系上中游河段支流较多，下游河段支流较少；左右岸支流数量大致相等，一般北岸支流较长,但是水量较小,南岸反之,支流短而流量大。

2.1.2.2 伊河水系

1. 伊河干流

伊河全部位于河南省境内,发源于栾川县陶湾乡三合村的闷墩岭,流经栾川、嵩县、伊川、洛阳市郊,在偃师顾县乡杨村与洛河汇合,全长264.8 km,流域面积6 029 km²。根据自然地形、河床形态、行洪情况,洛河干流划分为上游、中游、下游三个河段,见表2-2。

表2-2　伊河分段情况

河段	区间范围	河道长度(km)		流域面积(km²)	
		区间	累计	区间	累计
上游	河源—嵩县陆浑	169.5	169.5	3 492	3 492
中游	陆浑—洛阳龙门镇	54.4	223.9	1 826	5 318
下游	龙门镇—偃师杨村	40.9	264.8	711	6 029

2. 伊河支流

伊河长度在3 km以上的支流有76条,流域面积在200 km²以上的有5条,即小河、明白河、德亭河、白降河、浏涧河。

2.1.3 水文气象

2.1.3.1 气温

伊洛河流域属暖温带山地季风气候,冬季寒冷干燥,夏季炎热多雨。伊洛河谷地和附近丘陵年均气温为12～15 ℃,最冷1月为0 ℃左右,最热7月为25～27 ℃,山区气温垂直变化明显。

2.1.3.2 降水

流域内年降水量为600～1 000 mm,随地形高度的增加而递增,山地为多雨区,河谷及附近丘陵为少雨区,又由于山地对东南、西南暖湿气流的屏障作用,年降水量自东南向西北减少。流域内降水量年际、年内分布不均,7～9月降水量占全年的50%以上,年最大降水量为年最小降水量的2.2～4.9倍。

2.1.3.3 蒸发

流域年水面蒸发量为800～1 000 mm。上游山区蒸发量最小,约800 mm;中游丘陵区次之,蒸发量约900 mm;下游平原区年蒸发量大,约1 000 mm。

2.1.3.4 径流

径流深自东南向西北及由山区向平川递减。南部伏牛山区径流最丰富,东部和洛河以北径流深较小,白马寺以下为本流域径流最少的区域。

河川径流年内分配直接受降水的季节变化影响,7～10月为汛期,占全年来水量的60%;1～3月为枯水期,占全年来水量的10%。最大月径流量伊河在8月、洛河在7月,最小月径流量均在2月。

2.1.3.5 暴雨洪水

伊洛河流域暴雨次数较为频繁,具有集中、量大、面广及历时长的特点,暴雨一般出现在 6 ~ 10 月,较大暴雨多发生在 7、8 月,暴雨日降水量一般在 100 mm 以上,大的可达 400 ~ 600 mm,出现的地区以西部山区为多。

伊洛河的洪水主要由伊河龙门镇以上和洛河白马寺以上来水组成。两条河流的洪水经常遭遇,形成伊洛河的大洪水。伊洛河流域洪水是黄河三门峡—花园口区间洪水的重要组成部分,其洪水主要由夏季降雨所形成,年最大洪峰流量发生时间一般为 6 ~ 10 月,大洪水和特大洪水主要集中在 7、8 月两个月。其特点是洪峰高、洪量大、陡涨陡落,有单峰型洪水和多峰型洪水两种类型,一次洪水历时约 5 天,连续洪水历时可达 12 天之久。

2.1.4　地质

本流域地处华北地区的西南隅,吕梁运动使本流域发生了强烈的褶皱和上升,构成了流域的基底,形成了秦岭古陆和嵩山、鲁山两个隆起。震旦系后期西部下沉迅速,海水较深,东部处于滨海状态,形成了渑池、新安一带的石英岩等沉积矿床。

震旦系末期海水退出本区,到寒武纪早期海水又自西北侵入,到寒武世末期全区上升,海水退出,遭受剥蚀。中石炭世又遭海浸,形成不好的煤层,末期海水全部退出上升为陆,分割成许多内陆湖,形成了含铁铝质和发育巨厚的稳定煤层。以后由于喜马拉雅山运动的影响,西部以断陷为主,东部接受沉积形成煤层,第三纪末又一次上升。

第四纪开始,只是沿河谷形成了河统相沉积,构成冲积平原,并在西北部形成了黄土堆积。

2.1.5　地形地貌

伊洛河流域地势总体是自西南向东北逐渐降低,海拔自草链岭的 2 645 m 降至入黄口的 101 m,相差 2 544 m。由于山脉的分割,形成了中山、低山、丘陵、河谷、平川和盆地等多种自然地貌与东西向管状地形。在总面积中,山地 9 890 km^2,占 52.4%;丘陵7 488 km^2,占 39.7%;平原 1 503 km^2,占 7.9%,故称“五山四岭一分川”。伊洛河流域地形地貌见附图 2。

2.1.5.1　土石山区

流域山脉属于秦岭东延余脉,整个山势向东展开,北有小秦岭、崤山,南有伏牛山,东有嵩山,中有熊耳山,形成了伊、洛河的分水岭。西部山高谷深,海拔 1 200 ~ 2 000 m,相对高度 500 ~ 1 200 m,东部山区海拔 600 ~ 800 m,但是相对高度大,为 500 ~ 700 m。

2.1.5.2　丘陵

丘陵分石质丘陵和黄土丘陵两种。石质丘陵面积较小,主要分布在伊川北部,部分为荒山,岩石裸露,水蚀严重。黄土丘陵分布于渑池、新安、孟津、偃师、巩义北部,现部分开辟为耕地,林木稀少,水土流失严重。

2.1.5.3　河谷冲积平原

河谷平原呈串珠式分布在伊河、洛河、涧河两侧,是工矿企业和城镇最集中的地带。伊、洛河上游宽谷段有许多面积较小的河谷平原,如伊河的栾川、嵩县和洛河的洛南、卢氏等。洛阳市至偃师东为两河相近汇流段,是流域最宽的河谷平原,也是河南省重要的农业稳产高产地区之一。

2.1.6　泥沙

伊洛河多年平均来水量和来沙量分别为 20.0 亿 m^3、120 万 t，多年平均含沙量 1.1 kg/m^3。汛期多年平均来水量和来沙量分别为 10.8 亿 m^3、119 万 t，多年平均含沙量 1.1 kg/m^3，来沙主要集中在汛期 7～10 月。非汛期多年平均来水量和来沙量分别为 9.2 亿 m^3、1 万 t，主要受陆浑水库和故县水库拦沙作用影响，使进入伊洛河下游的沙量减少。

2.1.7　土壤

伊洛河流域土壤类型主要有棕壤土、褐土、潮土和水稻土等四类。由于流域地形条件、气候条件变化较大，且受区域成土母质差异的影响，流域土壤分布具有明显的垂直地带性特征。伊洛河流域土壤类型及特点见表 2-3。

表 2-3　伊洛河流域土壤类型及特点

名称	分布区域	成土母质	特点
棕壤土	海拔 800 m 以上的山区	主要为酸性岩类及硅质岩类等	土层薄，腐殖质较多，肥力好
褐土	海拔 300～800 m 的丘陵山坡和阶地区	主要为红黄土或酸性泥质岩及钙质岩残坡积物	土层一般厚而疏松，熟化程度高，保水保肥能力适中，耕性良好，有机质含量在 0.75% 左右
潮土	河川两岸、平川及冲积平原区	主要为河流冲积物	土层厚一般在 0.5 m 左右，土壤肥沃，大部分疏松易耕，保水保肥能力高
水稻土	河谷平原和中山地区	人们长期耕种熟化下形成的土类	除面积较小的河谷平原和中山地区土壤有机质含量较高外，绝大多数地方土壤有机质含量低，理化性质很差，土壤瘠薄，保水保肥能力低，水土流失严重

2.2　社会环境概况

2.2.1　人口及分布

伊洛河流域涉及陕西、河南两省的 6 个地市，21 个县（市），其中宜阳、洛宁 2 个县全部位于伊洛河流域，洛南、义马、偃师、栾川、洛阳市辖区及伊川 6 县（市）80% 以上部分位于伊洛河流域，其余 13 个县（市）低于 80% 部分位于伊洛河流域。

截至 2013 年年底，伊洛河流域总人口 794 万人，其中城镇人口 345 万人，城镇化率为

43.5%。流域超过 100 万人口的特大城市有洛阳及巩义、栾川、偃师、义马、新安等河南工业强县(市)。全流域人口密度为 420 人/km^2,从区域分布上看,河川区人口密度最大,为 936 人/km^2;丘陵区次之,人口密度为 389 人/km^2;位于伊洛河上游的土石山区人口稀少,人口密度仅为 156 人/km^2。

2.2.2　社会经济

伊洛河流域作为我国中部地区重要的工业基地和连接中西部的重要区域,流域经济腹地宽广,产业基础雄厚,劳动力资源充沛,特别是随着近年来交通条件、生态环境、管理水平等方面的巨大改善,已成为东部产业资本向中西部地区梯度转移的重要承接地。

2.2.2.1　社会经济发展现状

伊洛河流域经济发展受自然资源、地理位置、经济发展水平等条件影响较大,主要特点为:一是矿产资源丰富,工业占主导地位;二是伊洛河流域水资源丰富,是河南省新增粮食生产能力的主要区域,河南省粮食核心区建设规划的小浪底南岸灌区和故县水库灌区均在伊洛河流域,流域内设计灌溉面积达 171 万亩;三是伊洛河流域拥有丰富的风景旅游资源和璀璨的历史文化资源,是流域经济发展的重要战略资源。

1. 国内生产总值

2013 年,伊洛河流域国内生产总值(GDP)达到 3 585 亿元,人均国内生产总值(GDP) 4.52 万元,比全国人均 GDP(4.18 万元)高 7.7%,伊洛河流域三大产业结构为 7.4∶58.8∶33.8。

2. 工业

伊洛河流域工业行业门类较多,已形成先进制造业、电力能源工业、铝及铝深加工业、石化工业、钼钨钛及硅工业等六大优势产业。2013 年,伊洛河流域工业增加值为 1 851 亿元,占 GDP 的 51.6%。

3. 农业

伊洛河流域农业生产历史悠久。粮食作物以小麦、玉米、大豆为主,经济作物有棉花、西瓜、花生、烟叶、中药材等,流域内已初步形成优质粮食、畜牧养殖、中药材、烟叶、林果、花卉等六大支柱产业格局。2013 年,流域耕地面积 683.90 万亩,农田有效灌溉面积 212.58万亩、农村人均耕地面积 1.52 亩、人均灌溉面积 0.47 亩,耕地灌溉率为31.1%。2013 年,粮食总产量达到 259.6 万 t,人均粮食 327 kg。近年来,河南省委、省政府坚持在推动工业化、城镇化的过程中,把粮食生产放在重中之重的位置,着力打造一批粮食生产大县,伊洛河流域的孟津、宜阳、洛宁和伊川 4 个县是河南省 89 个粮食主产区重点县。

4. 第三产业

20 世纪 80 年代以来,伊洛河流域第三产业发展迅速,特别是交通运输、旅游及居民服务业发展速度较快,成为推动第三产业快速发展的重要组成部分。境内旅游资源丰富,既有人文旅游资源,又有风景独特的自然景观旅游资源。2013 年,伊洛河流域第三产业增加值为 1 212.46 亿元,占 GDP 的 33.8%。

2.2.2.2　社会经济发展战略布局

按照国家关于中部崛起及中原经济区建设的战略布局,伊洛河流域重点建设的地区为:一是以洛阳为中心,实施中原城市群发展战略,融入区域,辐射豫西,建设省域副中心城市,发挥自身优势,携手周边地区,建设中部地区重要制造业基地,加强历史文化遗产保护与展示,传承华夏文化,建成国内重要的旅游节点城镇。二是巩固工业在伊洛河流域经济中的主导地位,充分利用伊洛河流域矿产资源丰富的优势,加快金属矿产及煤炭资源开发建设,建成以钼、煤、电、铝等工业为重点的综合性工业开发区。充分利用已有的工业基础、研发能力和原材料优势,在装备制造业和原材料产业上形成核心竞争力。三是以伊洛河流域中部和东部黄土丘陵及川原为主轴的重要经济发展区,也是重要的农业区,今后将建成全国重要的粮食生产基地,在绝不放松粮食生产的基础上,加快转变农业发展方式,发展高产、优质、高效、生态、安全农业,培育现代农业产业体系。在土地利用上,要对现有耕地进行严格保护,结合灌区续建配套及节水改造和新建灌区发展一部分灌溉面积。

2.2.2.3 社会经济发展趋势分析

按照国家关于中部崛起及中原经济区建设的战略布局,考虑到伊洛河流域又具有矿产资源优势,预计伊洛河流域未来20年,社会经济将呈持续、快速的态势发展。

1.人口及城镇化

考虑现状人口实际增长情况,结合国家人口政策以及陕西、河南两省的人口发展计划,预计2030年伊洛河流域总人口达到876.40万人,比基准年新增人口98.2万人,年增长率为4.9‰,其中城镇人口达到606.33万人,比基准年新增城镇人口275.66万人,城镇化率达到69.2%。

2.国内生产总值

预测年流域GDP 2030年达到12 603.0亿元,人均GDP为14.4万元,2013~2030年年均增长率为8.1%。

3.三大产业结构

根据国家产业结构调整和中西部大开发战略的实施,伊洛河流域产业结构也将会加快调整步伐,调整的原则是充分利用已有的工业基础,加快工业化进程;逐步提升现代服务业对流域整体发展的支撑和促进作用,加快旅游业发展,促进旅游资源优势向产业优势和经济优势转化。预计到2030年水平,伊洛河流域三大产业结构将调整为3.1∶57.2∶39.7,第一产业增加值占国内生产总值(GDP)的比重将持续下降;第二产业的比重逐渐减小,主要是优化内部结构;伊洛河流域境内旅游资源丰富,既有人文旅游资源,又有风景独特的自然景观旅游资源,第三产业比重提高较快。

2.2.3 土地资源

伊洛河流域面积为18 881 km^2,农地、林地、牧草地、水域、荒地、难利用地及其他利用土地面积分别为4 703.54 km^2、5 392.38 km^2、761.10 km^2、595.24 km^2、4 928.65 km^2、612.35 km^2、1 887.43 km^2,分别占总土地面积的24.91%、28.56%、4.03%、3.16%、26.10%、3.24%、10.00%。

2.2.4 矿产资源

流域内矿产资源丰富,目前已查明的矿藏有50多种,储量占河南省的2/3,河南省16

种名列全国前三位的矿藏中，本流域内占 12 种，其中探明钼、铝储量属特大型，硫为大型，铜为中型，并有蛭石、砂岩、石灰岩、花岗岩和大理石等多种建筑材料，为发展工矿业提供了有利条件。

栾川县是我国最大的以钼、铜为主的多金属矿集聚区，钼矿资源储量 50.7 万 t，探明储量列全国钼矿床之首，被誉为中国钼都，铜矿资源储量占全国主要铜矿的 20%，大量伴生有铼、硒、碲；洛宁县境内已探明的黄金储量 40 余 t，远景储量达 300 t，铅储量 40 万 t，花岗岩 C 级储量达 10 964 万 m^3，远景储量近 3 亿 m^3，潜在经济价值在 500 亿元以上；宜阳县地处熊耳山北中部，煤炭、水泥灰岩、铝土矿、铁矿均为区内优势资源，铝土矿占河南省总储量的 60%，铝矿资源地质储量 780.5 万 t，煤炭资源已探明储量 1.27 亿 t，远景储量 3 亿 t。

2.2.5　旅游资源

流域内旅游资源丰富，既有风景独特的自然景观，又有丰富的人文旅游资源。

伊洛河上中游山区地带山川秀丽、森林茂盛、河水清澈，生态旅游资源得天独厚。目前流域内已建成国家级森林公园 5 个，即位于洛宁县境内的河南神灵寨国家森林公园、位于宜阳县境内的河南花果山国家森林公园、位于嵩县西北部的河南天池山国家森林公园、位于洛阳栾川县境内的河南龙峪湾国家森林公园，以及位于洛阳新安县西南的新安县郁山国家森林公园。伊洛河流域风景名胜区较多，主要有洛阳龙门风景名胜区(国家级)、河南洛宁神灵寨国家地质公园、河南洛阳黛眉山国家地质公园、伏牛山世界地质公园、老君山省级风景名胜区、鸡冠洞省级风景名胜区等。这些自然景观不仅是维系流域生态平衡的关键，也是重要的旅游资源。

伊洛河流域的人文景观极为丰富。古都洛阳，历史悠久，旅游资源丰富，是国家级历史文化名城。洛阳市区、郊区名胜古迹较多，北岸有白马寺、孔子入周问礼处、贾谊祠、吕祖庵、下清宫、上清宫、古墓博物馆等，南岸有灵台遗址、苏秦故里、邵雍故里等。世界文化遗产、国家级风景名胜区龙门石窟入选全国首批 5A 级旅游景区和最受群众喜爱的十大风景名胜区。

2.2.6　交通条件

伊洛河流域交通发达，特别在国家经济发展重点自东向西转移及实施西部大开发战略的进程中，该流域位于欧亚大陆经济文化交流的主要通道上，加快了区域交通建设步伐。流域交通以陆路为主，东西陇海铁路、南北焦枝铁路交会于洛阳，公路四通八达，连霍高速、二广高速、310 国道、311 国道横贯流域，洛阳至三门峡高速、洛阳至开封高速形成以洛阳为中心联结全国各地的交通干线。随着航空业发展迅速，洛阳机场可降落各种大型客机，现已开通通往许多大中城市的航线。

2.3　水文水资源现状调查与评价

2.3.1　径流量及特点

2.3.1.1　天然径流量及特点

选择龙门镇(伊河把口断面)、灵口(洛河陕豫交界断面)、白马寺(洛河把口断面)、黑石关(伊洛河入黄断面)四个断面分析伊洛河天然径流量及特点。

伊洛河流域1956～2000年多年平均河川天然径流量28.33亿m^3,其中洛河18.02亿m^3、伊河9.50亿m^3。表2-4给出了伊洛河主要控制断面河川径流量。

表2-4　伊洛河主要控制断面河川径流量　（单位:万m^3）

河流	断面	类型	统计参数			不同频率数值			
			多年均值	C_v	C_s/C_v	20%	50%	75%	95%
伊河	龙门镇	河川天然径流量	9.50	0.60	3.0	13.15	7.92	5.41	3.70
洛河	灵口	河川天然径流量	6.61	0.58	3.0	9.11	5.57	3.84	2.63
	白马寺	河川天然径流量	18.02	0.58	3.0	24.83	15.18	10.46	7.15
	黑石关	河川天然径流量	28.33	0.58	3.0	39.02	23.89	16.47	11.26

伊洛河径流量的主要特点如下:

(1)年内分配不均,来水主要集中在汛期。

伊洛河流域降水量的年内分配不均匀导致了径流量的年内分配不均匀,根据1956～2000年系列资料,伊洛河汛期来水(7～10月)占年值的56.9%,非汛期来水仅占年值的43.1%。8月来水最多,可占年值的16.3%;2月来水最少,仅占年值的3.2%。

(2)年际变化较大,近10年径流量有减少趋势。

1956～2013年,伊洛河流域、伊河、洛河天然径流年际变化过程如图2-1所示。

从图2-1中可以看出,伊洛河流域径流量年际变化较大,年际变化过程为15亿～100亿m^3,从1985年以后年际变幅变小。

近10年,伊洛河流域天然径流量有所减少,根据2000～2013年系列伊洛河流域多年平均河川天然径流量减少为24.24亿m^3,较1956～2000年均值28.33亿m^3减少了4.09亿m^3,减少比例为14.4%,由于近10年伊洛河平均降水量与1956～2000年平均降水量基本一样,说明伊洛河近10年河川天然径流量减少主要是人类活动所致。另外,水面面积增多、出现特枯年、雨水利用、城镇化建设、高速公路建设等方面也影响了河川径流的变化。

(3)径流量地区分布不均。

根据统计,伊洛河流域来水主要集中于伊河的陆浑水库以上、洛河的灵口(省界)以上和洛河的故县水库—白马寺区间,这三个水资源分区的来水量分别占径流量的20%、21%和30%。

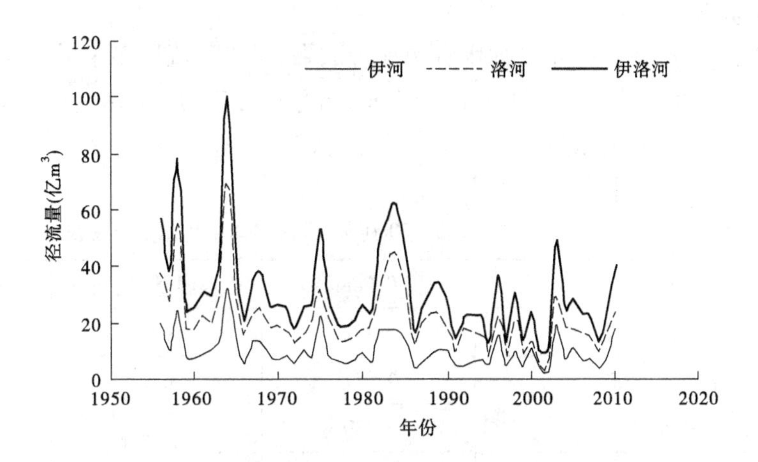

图 2-1　伊洛河流域、伊河、洛河天然径流年际变化过程

2.3.1.2　入黄水量

根据 1956 ~ 2000 年系列水文资料，在现状水资源开发利用状况下，多年平均、中等枯水年、特枯水年来水条件下伊洛河黑石关断面下泄水量分别为 22.93 亿 m^3、13.43 亿 m^3、5.30 亿 m^3。多年平均来水条件下现状年黑石关下泄水量能够满足《黄河流域综合规划》对伊洛河多年平均来水条件下入黄流量不小于 20 亿 m^3的要求。

规划将伊洛河流域划分为 1 个三级区、2 个四级区、6 个计算分区、11 个计算单元，见图 2-2。

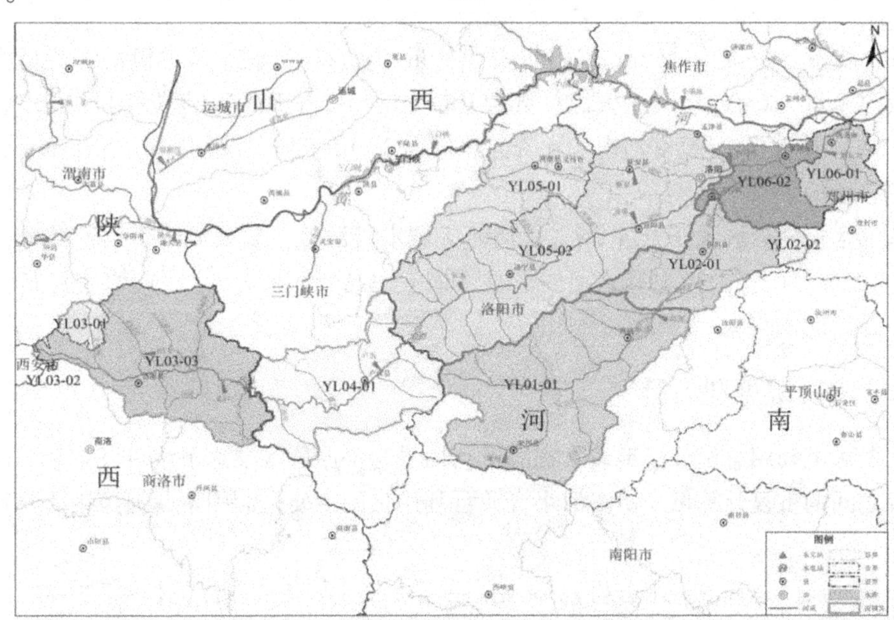

图 2-2　伊洛河流域水资源分区示意图

2.3.1.3 水资源量

根据1956～2000年45年系列水资源评价成果，伊洛河流域多年平均水资源总量为32.31亿m^3，其中地表水资源量为29.47亿m^3，占总资源量的91.2%，地下水资源量与地表水资源量不重复计算的水量为2.84亿m^3，占总资源量的8.8%。伊洛河流域（1956～2000年）分区多年平均水资源总量见表2-5。

表2-5 伊洛河流域（1956～2000年）分区多年平均水资源总量

分区/省区		面积(km^2)	水资源量(亿m^3)	所占比例(%)
伊河	陆浑水库以上	3 492	6.61	21
	陆浑水库—龙门镇	1 847	3.64	11
	小计	5 339	10.25	32
洛河	灵口(省界)以上	3 064	6.65	21
	灵口(省界)—故县水库	2 329	2.92	9
	故县水库—白马寺	6 443	9.76	30
	龙门镇、白马寺—入黄口	1 706	2.72	8
	小计	13 542	22.05	68
合计	陕西	3 064	6.65	21
	河南	15 817	25.65	79
	伊洛河流域	18 881	32.30	100

从干支流水资源总量分析，洛河水资源总量约为22.05亿m^3，占伊洛河流域多年平均水资源总量的68%；伊河水资源总量为10.25亿m^3，占伊洛河流域多年平均水资源总量的32%。从分省区统计，河南省水资源总量为25.65亿m^3，陕西省6.65亿m^3，分别占水资源总量的79%和21%。

从各水资源分区水资源量分析，伊洛河流域水资源量主要来源于伊河的陆浑水库以上、洛河的灵口（省界）以上和洛河的故县水库—白马寺区间，三个区间水资源量占流域水资源总量的71%。

2.3.2 水资源可利用量

水资源可利用总量等于地表水资源可利用量与平原区浅层地下水可开采量之和再扣除两者之间的重复计算量。伊洛河水资源可利用量的主要控制因素是河道内生态环境需水量。

根据河流生态环境需水分析，伊河龙门镇站、洛河灵口站、洛河白马寺站和伊洛河黑石关站多年平均河流生态环境需水量分别为4.22亿m^3、2.27亿m^3、7.52亿m^3和12.89亿m^3，扣除河流生态环境需水量后，伊河龙门镇以上、洛河灵口以上、洛河白马寺以上和伊洛河黑石关以上区域地表水可利用量分别为5.28亿m^3、4.34亿m^3、10.50亿m^3和

15.44亿 m^3,地表水可利用率分别为55.6%、65.7%、58.3%和54.5%。

伊洛河流域地下水资源量为18.68亿 m^3,其中与地表水之间的不重复量为2.84亿 m^3。伊洛河流域平原区地下水可开采量为3.64亿 m^3。在伊洛河水资源总量中,水资源可利用总量为17.37亿 m^3,水资源可利用率为55.7%。伊洛河流域现状水资源可利用总量见表2-6。

表2-6　伊洛河流域现状水资源可利用总量　(单位:亿 m^3)

区域	地表水资源量	地下水资源量	水资源总量	河道生态环境需水量	地表水资源可利用量	地表水可利用率(%)	平原区地下水可开采量	水资源可利用总量	水资源总量可利用率(%)
伊河龙门镇以上	9.50	5.11	10.25	4.22	5.28	55.6	0.47	5.79	56.5
洛河灵口以上	6.61	2.74	6.65	2.27	4.34	65.7		4.37	65.7
洛河白马寺以上	18.02	11.34	19.33	7.52	10.50	58.3	2.15	11.39	58.9
伊洛河黑石关以上	28.33	18.68	31.17	12.89	15.44	54.5	3.64	17.37	55.7

2.3.3　流域水资源开发利用状况

2.3.3.1　用水量

2013年,伊洛河流域各部门总用水量15.96亿 m^3,各部门用水情况见表2-7。

表2-7　伊洛河流域内各部门用水情况

部门	生活用水		农业			工业	建筑业及三产	城镇生态
	城镇居民	农村居民	农田灌溉	林牧渔	牲畜			
用水量(亿 m^3)	1.15	0.91	4.00	0.29	0.28	8.20	0.57	0.56
比例(%)	12.9		28.6			51.4	3.6	3.5

由表2-7可以看出,伊洛河流域农业用水4.57亿 m^3,占总用水量的28.6%;工业用水量8.20亿 m^3,占总用水量的51.4%;建筑业及三产用水量0.57亿 m^3,占总用水量的3.6%;生活用水量2.06亿 m^3,占总用水量的12.9%;生态环境用水量0.56亿 m^3,占总用水量的3.5%。由于工业是流域内最大的用水部门,排污量也相对最大,是伊洛河的最大点污染源。

2.3.3.2　耗水量

2013年,伊洛河流域用水消耗总量为11.43亿 m^3,其中地表耗水量5.86亿 m^3、地下水耗水量5.57亿 m^3,流域内总耗水量10.93亿 m^3,根据陕西省水利厅《关于调整陕西省黄河取水许可总量控制指标细化方案的请示》和河南省人民政府关于批转河南省黄河取水许可总量控制指标细化方案的通知，伊洛河总耗水指标为15.5亿m^3，其中陕西省0.63亿m^3、河南省14.87亿m^3。目前，伊洛河现状耗水量没有超过两省细化方案的耗水总量控制指标。

2.3.3.3　现状水资源开发利用程度

水资源开发利用程度是评价流域水资源开发与利用水平的特征指标，涉及水资源量、供水量、消耗量、地下水开采量四个紧密关联的因素，以地表水开发率、地表水耗水率和地下水开采率（指平原区地下水开采率）三个指标具体表示。2013年，伊洛河地表水供水量7.31亿m^3（地表水供水量7.66亿m^3，扣除引黄水量0.35亿m^3），地表水消耗量5.6亿m^3，按多年平均黑石关断面天然河川径流量28.33亿m^3计，地表水开发率为30.1%，地表水消耗率为19.8%。2013年，伊洛河流域地下水开采量8.51亿m^3，其中山丘区地下水开采量3.71亿m^3、平原区浅层地下水开采量4.80亿m^3。据地下水可开采量评价成果，伊洛河流域平原区浅层地下水可开采量为3.64亿m^3，现状平原区浅层地下水开采量占可开采量的132%，故县水库至白马寺及龙门镇、白马寺至入黄口地下水已经超采。

2.4　水环境现状调查与评价

2.4.1　水功能区划

根据《全国重要江河湖泊水功能区划（2011—2030年）》《陕西省水功能区划》《河南省水功能区划》，伊洛河流域共划分水功能一级区24个、二级区45个。一级区中，保护区10个、保留区5个、缓冲区1个、开发利用区8个。

总体来看，伊洛河上游干流以及中上游支流以保护为主，伊河、洛河干流中下游以开发为主。水质目标为Ⅲ类水及以上的水功能区比例为88.5%。伊洛河流域水功能区及水质目标见表2-8，伊洛河流域水功能区划见图2-3。

2.4.2　污染源调查

2.4.2.1　点污染源

1. 排放量

根据伊洛河流域现状排放量的调查数据，结合供、用、耗、排平衡原则，2013年伊洛河流域点污染源废污水排放总量为3.47亿t，流域主要污染物COD排放量为6.34万t，氨氮排放量为0.86万t。2013年伊洛河流域各分区点污染源废污水及主要污染物排放量见表2-9。

表 2-8　伊洛河流域水功能区及水质目标

河流		一级功能区名称	二级功能区名称	起始断面	终止断面	长度(km)	水质目标	省份
洛河上游	洛河	洛河洛南源头水保护区		源头	尖角	48.6	Ⅲ	陕
		洛河洛南开发利用区	洛南农业用水区	尖角	灵口	43.1	Ⅲ	陕
		洛河陕豫缓冲区		灵口	曲里电站	67	Ⅲ	陕、豫
		洛河卢氏巩义开发利用区	洛河卢氏农业用水区	曲里电站	卢氏西赵村	27	Ⅲ	豫
			洛河卢氏排污控制区	卢氏西赵村	涧西村	6		豫
			洛河卢氏过渡区	涧西村	范里乡公路桥	16	Ⅲ	豫
			洛河卢氏洛宁渔业用水区	范里乡公路桥	故县水库大坝	34	Ⅲ	豫
			洛河洛宁农业用水区	故县水库大坝	城西公路桥	43	Ⅲ	豫
洛河中游			洛河洛宁排污控制区	城西公路桥	涧口	6		豫
			洛河洛宁过渡区	涧口	韩城镇公路桥	26	Ⅲ	豫
			洛河宜阳农业用水区	韩城镇公路桥	宜阳水文站	19	Ⅲ	豫
			洛河宜阳排污控制区	宜阳水文站	官庄	5		豫
			洛河宜阳过渡区	官庄	高崖寨	15	Ⅲ	豫
			洛河洛阳景观娱乐用水区	高崖寨	李楼	22	Ⅲ	豫
			洛河洛阳排污控制区	李楼	白马寺	5		豫
			洛河洛阳过渡区	白马寺	G207 公路桥	12	Ⅲ	豫
			洛河偃师农业用水区	G207 公路桥	回郭镇火车站	21.3	Ⅲ	豫
洛河下游			洛河偃师巩义农业用水区	回郭镇火车站	高速公路桥	15.5	Ⅳ	豫
			洛河巩义排污控制区	高速公路桥	石灰雾	6		豫
			洛河巩义过渡区	石灰雾	入黄口	10	Ⅳ	豫

续表 2-8

河流		一级功能区名称	二级功能区名称	起始断面	终止断面	长度(km)	水质目标	省份
洛河上游	文峪河	文峪河华县开发利用区	金堆饮用工业用水区	源头	金堆	6.0	Ⅱ	陕
			金堆排污控制区	金堆	白花岭	6.0	Ⅳ	陕
			洛南过渡区	白花岭	入洛河口	21.6	Ⅲ	陕
	石门河	石门河洛南保留区		源头	入洛河口	40.6	Ⅲ	陕
	石坡河	石坡河洛南源头水保护区		源头	入洛河口	54.1	Ⅲ	陕
	西峪河	西峪河洛南源头水保护区		源头	入洛河口	41.1	Ⅲ	陕
	官坡河	官坡河卢氏自然保护区		源头	入洛河口	30	Ⅲ	豫
	潘河	潘河卢氏自然保护区		源头	入洛河口	26	Ⅲ	豫
	涧北河	涧北河卢氏保留区		源头	入洛河口	49	Ⅲ	豫
	崇阳河	崇阳河洛宁自然保护区		源头	入洛河口	23	Ⅲ	豫
洛河中游	陈吴涧	陈吴涧洛宁自然保护区		源头	入洛河口	21	Ⅲ	豫
	渡洋河	渡洋河洛宁保留区		源头	入洛河口	52	Ⅲ	豫
	永昌河	永昌河洛宁保留区		源头	入洛河口	52	Ⅲ	豫
	涧河	涧河洛阳开发利用区	涧河渑池农业用水区	源头	果园公路桥	21	Ⅳ	豫
			涧河渑池义马排污控制区	果园公路桥	常村镇	23		豫
			涧河渑池义马过渡区	常村镇	铁门公路桥	17	Ⅲ	豫
			涧河新安农业用水区	铁门公路桥	新安水文站	15	Ⅲ	豫
			涧河新安排污控制区	新安水文站	东风渠引水口	6		豫
			涧河洛阳过渡区	东风渠引水口	党湾	22	Ⅲ	豫
			涧河洛阳工业用水区	党湾	五女冢	12	Ⅲ	豫
			涧河洛阳景观娱乐用水区	五女冢	入洛河口	6.5	Ⅲ	豫

续表 2-8

河流		一级功能区名称	二级功能区名称	起始断面	终止断面	长度(km)	水质目标	省份
洛河下游	坞罗河	坞罗河巩义开发利用区	坞罗河巩义饮用水源区	源头	水库大坝	20.3	Ⅲ	豫
			坞罗河巩义农业用水区	水库大坝	入洛河口	10.5	Ⅴ	豫
	后寺河	后寺河巩义开发利用区	后寺河巩义饮用水源区	源头	水库大坝	29.2	Ⅲ	豫
			后寺河巩义景观娱乐用水区	水库大坝	河南化工厂排污口上 500 m	9.4	Ⅳ	豫
			后寺河巩义排污控制区	河南化工厂排污口上 500 m	入洛河口	2.4		豫
伊河上游	伊河	伊河栾川源头水保护区		源头	陶湾镇	19	Ⅱ	豫
		伊河洛阳开发利用区	伊河栾川饮用水源区	陶湾镇	栾川站	19.4	Ⅲ	豫
			伊河栾川排污控制区	栾川站	栾川镇方村	6		豫
			伊河栾川过渡区	栾川镇方村	大清沟乡	24.6	Ⅲ	豫
			伊河栾川嵩县农业用水区	大清沟乡	陆浑水库入口	90	Ⅲ	豫
			陆浑水库洛阳市饮用水源区	陆浑水库入口	陆浑水库大坝	10.5	Ⅱ	豫
伊河中游			伊河嵩县伊川农业用水区	陆浑水库大坝	平等乡公路桥	29	Ⅲ	豫
			伊河伊川排污控制区	平等乡公路桥	水寨公路桥	9		豫
			伊河伊川过渡区	水寨公路桥	彭婆乡西草店	15	Ⅲ	豫
			伊河洛阳景观娱乐用水区	彭婆乡西草店	龙门铁路桥	6	Ⅲ	豫
伊河下游			伊河洛阳偃师农业用水区	龙门铁路桥	入洛河口	36.3	Ⅲ	豫
伊河上游	明白河	明白河栾川保留区		源头	入伊河口	55	Ⅲ	豫
	大章河	大章河嵩县自然保护区		源头	入伊河口	32	Ⅲ	豫
	蛮峪河	蛮峪河嵩县自然保护区		源头	入伊河口	36.6	Ⅲ	豫
伊河中游	白降河	白降河伊川开发利用区	白降河伊川农业用水区	源头	入伊河口	55.3	Ⅳ	豫

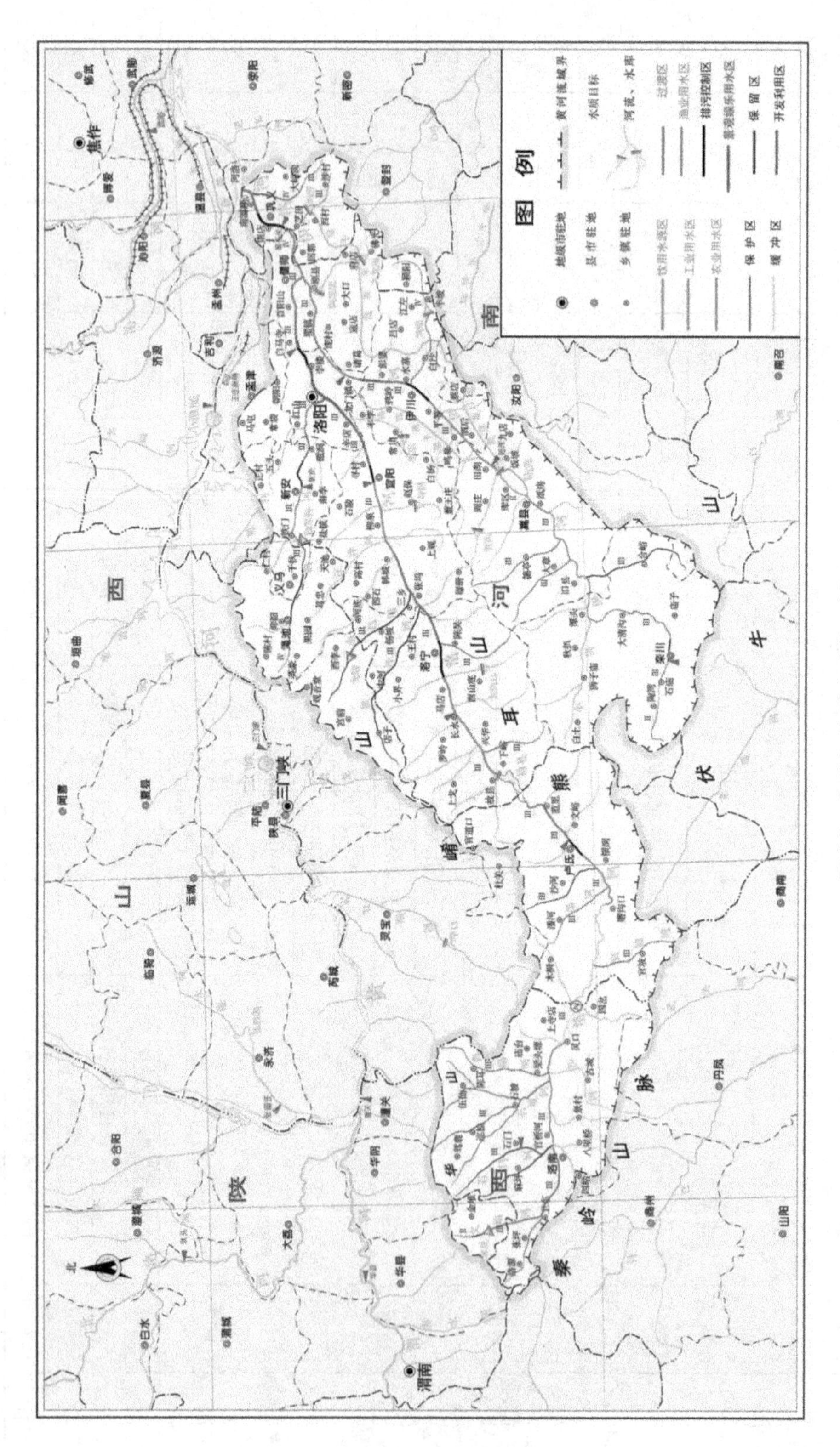

图 2-3 伊洛河流域水功能区划

表 2-9　2013 年伊洛河流域各分区点污染源废污水及主要污染物排放量

分区/省区		废污水排放量（万 m³/a）			主要污染物排放量(t/a)					
					COD			氨氮		
		生活	工业	合计	生活	工业	合计	生活	工业	合计
伊河	陆浑水库以上	420	2 310	2 730	193	1 155	1 348	25	208	233
	陆浑水库—龙门镇	691	3 016	3 707	415	2 172	2 587	207	271	478
	小计	1 111	5 326	6 437	608	3 327	3 935	232	479	711
洛河	灵口(省界)以上	138	575	713	304	690	994	22	115	137
	灵口(省界)—故县水库	105	190	295	48	532	580	1	68	69
	故县水库—白马寺	6 289	12 454	18 743	8 616	26 154	34 770	1 761	4 484	6 245
	龙门镇、白马寺—入黄口	1 421	7 119	8 540	1 023	22 070	23 093	227	1 210	1 437
	小计	7 953	20 338	28 291	9 991	49 446	59 437	2 011	5 877	7 888
合计	河南	8 925	25 090	34 015	10 295	52 083	62 378	2 222	6 242	8 463
	陕西	138	575	713	304	690	994	22	115	137
	伊洛河流域	9 064	25 665	34 729	10 599	52 773	63 372	2 244	6 357	8 601

伊洛河流域各分区 COD 排放比例、氨氮排放比例见图 2-4 和图 2-5。

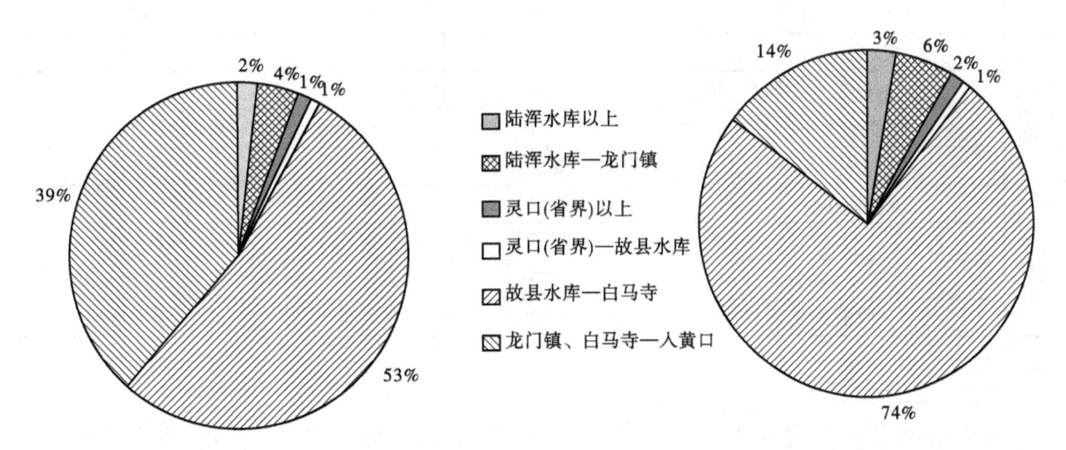

图 2-4　伊洛河流域各分区 COD 排放比例　　**图 2-5　伊洛河流域各分区氨氮排放比例**

从各部门看，工业废水为流域最大的点污染源，这与工业用水在流域总用水量中占最大比例是相符的。工业废水、COD、氨氮排放量分别为 2.57 亿 t、5.28 万 t、0.64 万 t，占流域排放总量的 74%、83%、74%；城镇生活污水、COD、氨氮排放量分别为 0.91 亿 t、1.06 万 t 和 0.22 万 t，分别占流域排放总量的 26%、17% 和 26%。工业废水中，洛阳市占流域工业排放总量的 75% 左右，郑州约占 15%，三门峡约占 9%。电力、有色金属冶炼、化工等行业是流域工业排污的重点行业，其工业废水及 COD、氨氮排放量占流域工业排放总量的 60% 左右，大唐洛阳热电厂、洛阳豫港电力开发有限公司、洛阳华润热电有限公司、洛阳骏马化工有限公司等企业是工业污染源控制的重点。

从干支流看,伊河区间废污水排放量约占流域排放总量的 18%,洛河约占 82%。伊河区间 COD、氨氮排放量约占流域排放总量的 10%,洛河约占 90%。

从各水资源分区看,流域 COD、氨氮排放量主要集中在洛河故县水库—白马寺,伊洛河龙门镇、白马寺—入黄口两个河段,这两个河段 COD 排放量约占流域总排放量的 53% 和 39%,氨氮排放量约占流域总排放量的 75% 和 15%。点污染源的集中分布河段也是流域的集中用水河段。

2. 入河量

2013 年,伊洛河流域 COD 和氨氮入河量分别为 5.08 万 t/a 和 0.70 万 t/a,入河排污口达标排放率为 50% 左右。其中,COD 入河量最大的区间为洛河的故县水库—白马寺和伊洛河的龙门镇、白马寺—入黄口河段,两个河段 COD 入河量占流域入河量的 91%;氨氮入河量最大的区间为洛河的灵口(省界)以上河段、故县水库—白马寺河段和伊洛河的龙门镇、白马寺—入黄口河段,三个河段氨氮入河量占流域入河量的 86%。伊洛河干流区间废污水及主要污染物入河量见表 2-10。

表 2-10 伊洛河干流区间废污水及主要污染物入河量

分区/省区		废污水入河量(万 m^3/a)	主要污染物入河量(t/a)	
			COD	氨氮
伊河	陆浑水库以上	2 457	1 051	79
	陆浑水库—龙门镇	3 559	2 457	412
	小计	6 016	3 508	491
洛河	灵口(省界)以上	670	835	110
	灵口(省界)—故县水库	280	523	55
	故县水库—白马寺	18 182	33 380	5 058
	龙门镇、白马寺—入黄口	8 113	12 470	1 251
	小计	27 245	47 208	6 474
合计	河南	32 591	49 881	6 855
	陕西	670	835	110
	伊洛河流域	33 261	50 716	6 965

2.4.2.2 面污染源

对伊洛河流域农村生活污水、固体废弃物、农田径流、分散式畜禽养殖、水土流失和城镇地表径流污染等五种类型面污染源初步调查测算,COD、氨氮、总氮、总磷等主要污染物年产生量分别为 30.3 万 t、0.87 万 t、9.7 万 t、2.0 万 t,入河量分别为 1.97 万 t、808 t、8 449 t、1 451 t。畜禽养殖、农田径流是主要来源。

2.4.3 流域废污水处理设施建设情况

截至 2012 年年底,伊洛河流域建成运行城镇污水处理厂 16 座,日处理污水能力 64.2 万 t,实际日污水处理能力 49.74 万 t;除洛南县外,流域各县(市)均建有污水处理厂。洛阳市水务集团有限公司 2 座污水处理厂(瀍东污水处理厂、涧西污水处理厂)设计日中水回用量 17.5 万 t,实际日中水回用量 7.15 万 t,回用率 14.4%。

2013 年,新增建成污水处理厂 6 座,新增日处理污水能力 20.5 万 t,伊洛河日污水处理总规模达到 84.7 万 t。伊洛河污水处理厂现状及规划情况见表 2-11。

表 2-11　伊洛河污水处理厂现状及规划情况

行政区			污水处理厂名称	建成时间/拟建成时间(年-月)	处理规模(万 m^3/d)
省	地市	县(市、区)			
河南	洛阳市(现状)	瀍河区	洛阳市水务集团有限公司瀍东污水处理厂	2007-04	20.0
		西工区	洛阳市水务集团有限公司涧西污水处理厂	2001-04	20.0
		偃师市	偃师市污水处理厂	2006-07	2.0
		新安县	洛阳新中安污水处理有限公司	2007-05	3.0
		宜阳县	宜阳县污水处理厂	2007-06	2.0
		伊川县	伊川县污水处理厂	2008-07	2.0
		嵩县	嵩县洁绿污水处理厂	2007-08	1.5
		栾川县	栾川县自来水公司污水处理厂	2007-05	2.0
		洛宁县	洛宁县禹魂自来水有限公司污水处理厂	2007-12	2.0
		新安县	洛新污水处理厂	2007-03	0.5
		偃师市	偃师市第二污水处理厂	2011-01	1.0
	洛阳市(规划)	新区	洛阳新区污水处理厂	2012-04	10.0
		宜阳县	宜阳县北城区污水处理厂	2012-06	2.0
			宜阳县洛河河南 2 个污水处理厂	2022	2.0
			宜阳县洛河河北 3 个污水处理厂	2022	4.5
		洛宁县	洛宁县第二污水处理厂	2014-12	1.0
		新安县	新安县第二污水处理厂	2013	3.0
		偃师市	偃师市产业集聚区污水处理厂	2013	2.0
		栾川县	栾川县污水处理厂三期工程	2013	2.0
		嵩县	嵩县第二污水处理工程	2013	1.5
	三门峡	义马市	河南省豫源清生物科技有限公司义马污水处理厂	2006-06	2.5
		渑池县	渑池污水处理厂	2005-04	1.0
		卢氏县	河南省豫源清生物科技有限公司卢氏污水处理厂	2006-12	1.5
	郑州	巩义市	巩义市兴华水处理有限公司	2006-12	2.0
陕西		洛南县	洛南县污水处理厂	2011-09	1.2

2.4.4　水环境承载现状

2.4.4.1　纳污能力

经规划核定，伊洛河流域 COD、氨氮现状年纳污能力分别约为 2.3 万 t/a、1 101 t/a。其中，洛河干流 COD、氨氮纳污能力分别为 1.88 万 t/a、842 t/a，占伊洛河流域纳污能力的 80% 左右；伊河 COD、氨氮纳污能力分别为 3 828 t/a、140 t/a，占流域总量的 15% 左右；其他水域占 5% 左右。伊洛河流域现状年纳污能力计算成果汇总见表 2-12，伊洛河流域各分区 COD、氨氮纳污能力所占比例见图 2-6 和图 2-7。

表 2-12　伊洛河流域现状年纳污能力计算成果汇总

水资源分区	河流	省区	纳污能力(t/a)	
			COD	氨氮
陆浑水库以上	伊河	河南	1 634.3	45.0
陆浑水库—龙门镇	伊河	河南	1 376.4	65.2
灵口(省界)以上	洛河	陕西	4 292.3	244.0
灵口(省界)—故县水库	洛河	河南	325.6	9.7
故县水库—白马寺	洛河	河南	5 445.7	209.9
	涧河	河南	776.3	28.5
龙门镇、白马寺—入黄口	伊河	河南	816.9	30.2
	洛河	河南	8 723.4	378.1
伊河			3 827.5	140.4
洛河			18 787.1	841.7
涧河			776.3	28.5
伊洛河流域总计			23 390.9	1 010.6

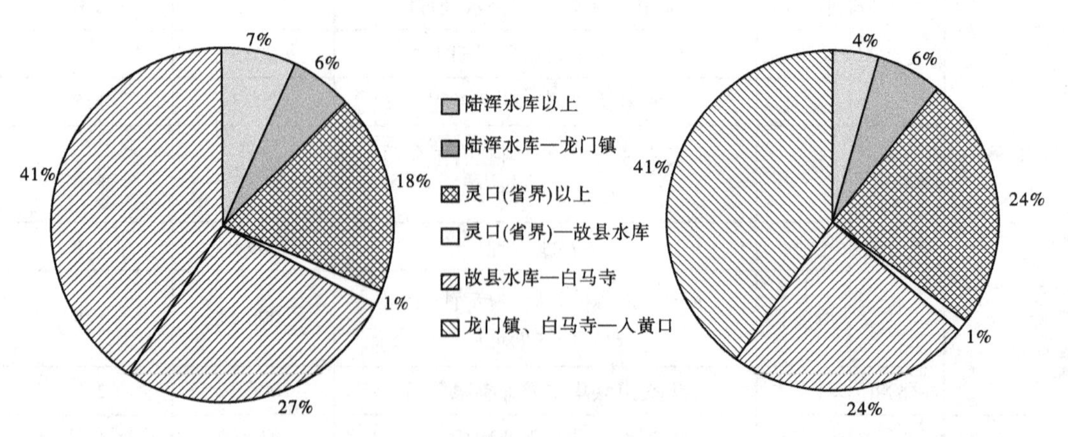

图 2-6　伊洛河流域各分区 COD 纳污能力所占比例　　图 2-7　伊洛河流域各分区氨氮纳污能力所占比例

从纳污能力各分区所占比例可以看出，现状年流域纳污能力所占比例最大的为伊洛河龙门镇、白马寺—入黄口河段，占 41%，其次为洛河故县水库—白马寺河段，COD 和氨氮纳污能力分别占 27% 和 24%，再次为灵口（省界）以上河段，COD 和氨氮纳污能力分别占 18% 和 24%。排污量较大的河段故县水库—白马寺，龙门镇、白马寺—入黄口河段的纳污能力占伊洛河流域纳污能力的 65% 左右。

2.4.4.2 超载情况

2013 年，伊洛河流域现状年各分区超载比例见表 2-13。

表 2-13 伊洛河流域现状年各分区超载比例

河流	河段	COD(t/a)			氨氮(t/a)		
		纳污能力	入河量	超载倍数	纳污能力	入河量	超载倍数
洛河	宜阳以上	6 042.5	2 202		300.3	347.7	0.16
	宜阳以下	12 744.5	22 787.2	0.79	541.4	2 095.7	2.87
伊河	陆浑以上	2 452	957		91.7	79.2	
	陆浑以下	1 375.5	2 176.7	0.58	48.7	401.3	7.26
涧河		776.3	19 529.8	24.16	28.5	3 905.5	136.04
总计		23 390.8	47 652.7	1.04	1 010.6	6 829.4	5.76

洛河宜阳以下、伊河陆浑以下及涧河以 60% 左右的纳污能力承载了约 90% 的污染负荷，入河污染物严重超过水域纳污能力。流域的入河污染物主要集中在洛阳、渑池、义马、新安、偃师等城镇，入河污染物与纳污能力分布不相一致，是涧河及洛阳以下河段水污染的主要原因。根据分析，2013 年，伊洛河流域 COD、氨氮的超载比例为 104% 和 576%。

2.4.5 水质现状

2.4.5.1 资料来源

河南省水资源监测中心对 2013 年伊洛河河南省境内的 36 个二级水功能区的水质全部进行了监测和评价，本次依据河南省水利厅发布的《河南省水功能区水资源质量状况通报》对伊洛河河南段（伊河全部和洛河灵口以下河段）进行水质评价。

伊洛河流域陕西省水功能区共 8 个，目前陕西省水环境监测中心商洛分中心仅对洛河陕豫缓冲区进行了监测。

2.4.5.2 调查断面的监测频次

伊洛河流域河南省内断面除宜阳水文站断面年监测频率大于 6 次外，其余断面年监测频率均为 4 次。陕西省仅洛河豫陕缓冲区有水质监测断面，监测频率为 6 次以上，陕西省洛河干流其他水功能区及支流文峪河、石门河、石坡河、西峪河水功能区均未开展水质监测。

2.4.5.3 评价结果

1. 伊洛河流域

2013 年，伊洛河流域评价水功能区 52 个。Ⅱ类以上水质的水功能区占 55.8%，所占比例最大;Ⅲ类水质的比例为3.8%;Ⅳ类水质的比例为9.6%;Ⅴ类水质的比例为13.5%;劣Ⅴ类水质的比例为17.3%。全流域Ⅲ类以上水质和Ⅲ类以下水质的水功能区基本相等。洛河Ⅲ类以下水质的水功能区略多于Ⅲ类以上水质的水功能区,伊河Ⅲ类以上水质的水功能区明显多于Ⅲ类以下水质的水功能区。伊洛河流域水质类别比例见图2-8。

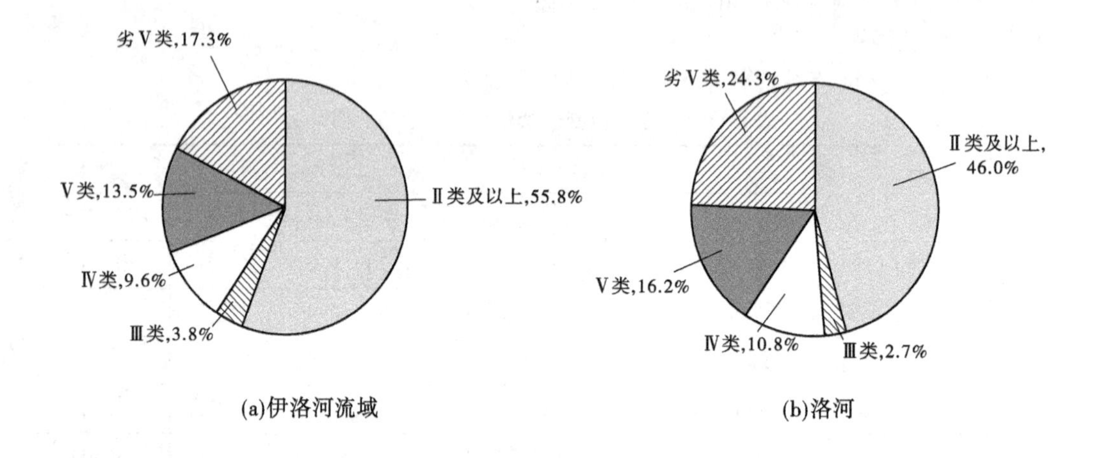

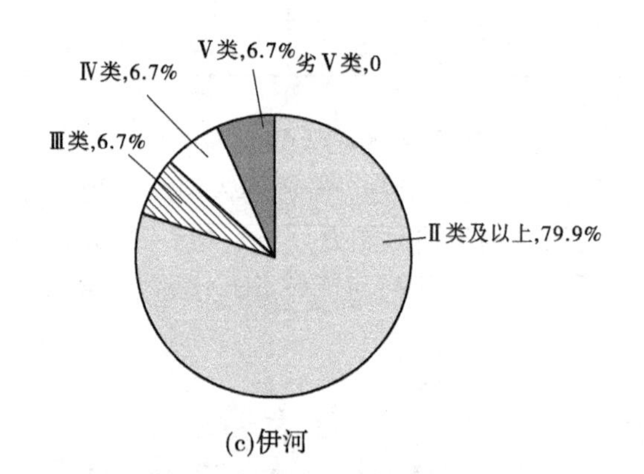

(c)伊河

图2-8　伊洛河流域水质类别比例

2013年,伊洛河流域评价重要水功能区29个。Ⅱ类以上水质的水功能区占72.4%,所占比例最大;Ⅲ类水质的比例为0;Ⅳ类水质的比例为10.3%;Ⅴ类水质的比例为10.3%;劣Ⅴ类水质的比例为6.9%。全流域Ⅲ类以上水质的重要水功能区多于Ⅲ类以下水质的重要水功能区。伊洛河流域重要水功能区水质类别比例见图2-9。

伊洛河流域各水期水质类别比例对比见图2-10和图2-11,两图规律基本一致。汛期Ⅱ类以上水质比例明显高于全年和非汛期、劣Ⅴ类水质比例明显低于全年和非汛期;全年Ⅲ类水质比例低于汛期和非汛期;非汛期Ⅳ、Ⅴ类水质比例低于全年和汛期。

排污控制区不参加水质达标评价和达标率计算。达标水功能区26个,包括1个缓冲区、1个源头水保护区、5个自然保护区、3个保留区,合计10个水功能一级区,以及16个水功能二级区,其中重要水功能区17个。不达标水功能区17个,其中重要水功能区5个。伊洛河流域水功能区水质达标率60.5%,流域重要水功能区水质达标率77.3%,其

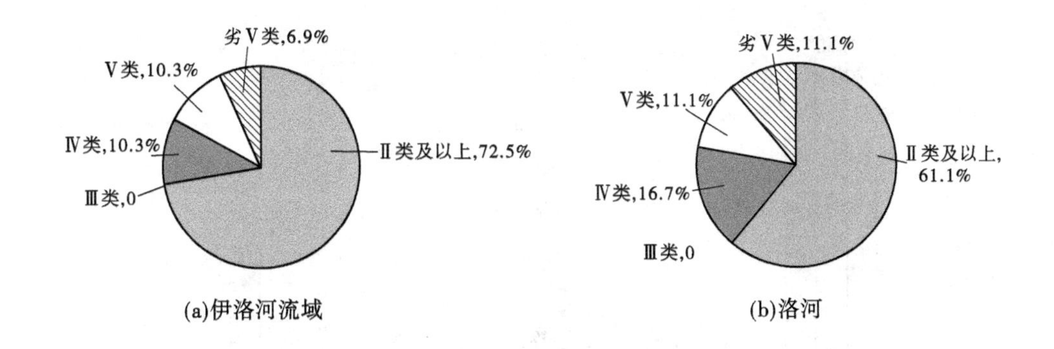

(a)伊洛河流域　(b)洛河

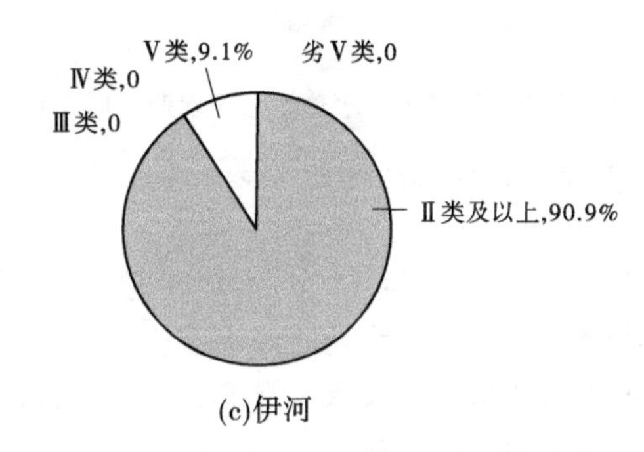

(c)伊河

图 2-9　伊洛河流域重要水功能区水质类别比例

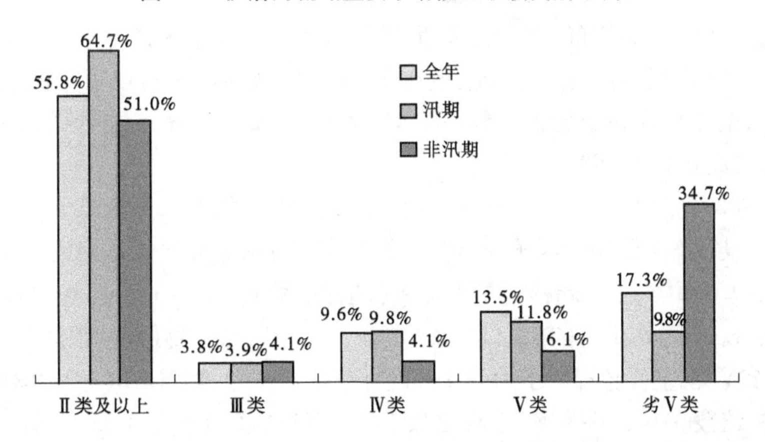

图 2-10　伊洛河流域各水期水质类别比例对比

中洛河干流、伊河干流水功能区水质达标率分别为 61.5%、100%。达标河段主要分布在洛河干流洛阳以上河段、伊河干流栾川方村以下河段以及官坡河、潘河、涧北河、陈吴涧、渡洋河、永昌河、蛮峪河、白降河等支流。

主要超标因子为 BOD_5、氨氮、COD、氟化物、挥发酚,主要超标河段是洛河宜阳以下河段和支流涧河、坞罗河、后寺河。另外,洛河偃师巩义段、涧河渑池义马以下河段及支流明白河、白降河、坞罗河存在氟化物超标现象,涧河渑池义马河段存在镉超标现象,洛河偃师巩义段存在汞超标现象。这是由于矿产开发、化工等为流域的主导行业,且工业入河排污口达标率仅为 50% 左右,洛河偃师火电厂及化肥厂、巩义金属冶炼加工、涧河义马段煤矿

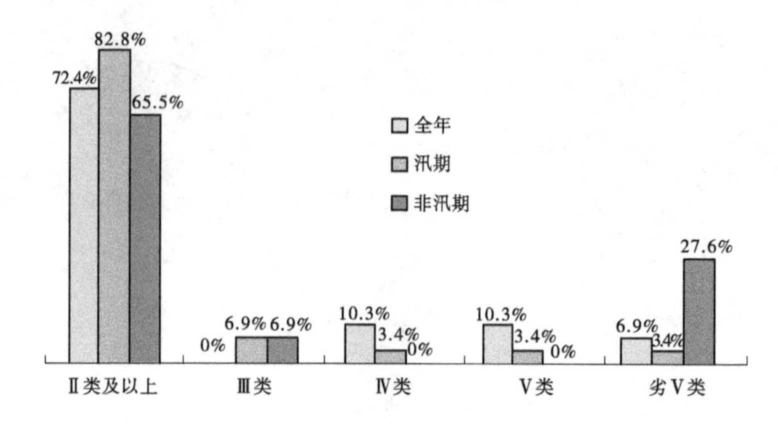

图 2-11　伊洛河流域重要水功能区各水期水质类别比例对比

开采等是造成前述河段非常规污染物超标的主要原因。

2. 洛河及支流

评价水功能区 30 个，达标水功能区 14 个，水功能区水质达标率 46.7%；评价重要水功能区 13 个，达标水功能区 8 个，重要水功能区水质达标率 61.5%。

其中，洛河干流上游的长水以上河段水质在Ⅱ类及以上，水质良好。洛河中游宜阳以下河段由于沿岸接纳了宜阳、洛阳的废污水，水质变差，近半数水功能区不达标。下游水质超标，主要超标因子是 BOD_5、氨氮、COD、挥发酚等。

干流超标河段主要分布在洛阳、偃师、巩义河段。高崖寨—偃师市杨村河段为Ⅳ类及劣Ⅴ类水质，超标因子为氨氮（超标倍数 0.2 ~ 1.8）；偃师市杨村以下干流水质为Ⅴ类及劣Ⅴ类水质，主要超标因子为挥发酚（超标倍数 0.5 ~ 2.8）、氨氮（超标倍数 0.1 ~ 3.0）、BOD_5（超标倍数 0.8 ~ 1.9）。

超标支流 3 个，为涧河、坞罗河、后寺河，分布在中下游，上游的 8 条支流全部达标。涧河全河段水质超标，主要超标因子为 BOD_5、氨氮、COD；污染最严重是涧河源头至常村镇河段，该段水质为劣Ⅴ类，主要超标因子为氨氮（超标倍数 6.6）、BOD_5（超标倍数 0.6 ~ 1.1）、COD（超标倍数 0.4 ~ 0.6）、溶解氧（超标倍数 2.0 ~ 2.2）、氟化物（超标倍数 0.05）。坞罗河水质为Ⅴ至劣Ⅴ类，主要超标因子为 BOD_5（超标倍数 1.3 ~ 1.9）、COD（超标倍数 0.3 ~ 0.4）、氟化物（超标倍数 0.14）、挥发酚（超标倍数 1.2）、氨氮（超标倍数 0.33）。后寺河水质为Ⅳ至Ⅴ类，下游断流，主要超标因子为氨氮（超标倍数 0.16）、COD（超标倍数 0.01 ~ 0.7）、BOD_5（超标倍数 0.1 ~ 0.3）、挥发酚（超标倍数 0.04）。

3. 伊河及支流

评价水功能区 13 个，达标水功能区 12 个，水功能区水质达标率 92.3%；评价重要水功能区 9 个，达标水功能区 9 个，重要水功能区水质达标率 100%。

伊河干流水质良好，除上游栾川站至栾川镇方村河段由于栾川沿岸废污水汇入，水质为Ⅴ类外，其他河段水质均为Ⅰ、Ⅱ类。干流超标河段为栾川站至栾川镇方村河段，超标因子为氨氮（超标倍数 0.64）。

超标支流为明白河，超标因子为氟化物（超标倍数 0.43）。

伊洛河流域 2013 年水功能区水质评价成果见表 2-14。

表 2-14　伊洛河流域 2013 年水功能区水质评价成果

一级功能区名称	二级功能区名称	现状水质			是否达标		
		全年	汛期	非汛期	全年	汛期	非汛期
洛河陕豫缓冲区		Ⅰ	Ⅱ	Ⅰ	是	是	是
洛河卢氏巩义开发利用区	洛河卢氏农业用水区	Ⅱ	Ⅱ	Ⅱ	是	是	是
	洛河卢氏排污控制区	Ⅱ	Ⅰ	Ⅱ			
	洛河卢氏过渡区	Ⅰ	Ⅰ	Ⅰ	是	是	是
	洛河卢氏洛宁渔业用水区	Ⅱ	Ⅱ	Ⅰ	是	是	是
	洛河洛宁农业用水区	Ⅰ	Ⅰ	Ⅰ	是	是	是
	洛河洛宁排污控制区	Ⅱ	Ⅱ	Ⅰ			
	洛河洛宁过渡区	Ⅱ	Ⅱ	Ⅱ	是	是	是
	洛河宜阳农业用水区	Ⅰ	Ⅱ	Ⅰ	是	是	是
	洛河宜阳排污控制区	Ⅱ	Ⅱ	Ⅱ			
	洛河宜阳过渡区	Ⅱ	Ⅱ	Ⅲ	是	是	是
	洛河洛阳景观娱乐用水区	Ⅳ	Ⅱ	劣Ⅴ	否	是	否
	洛河洛阳排污控制区	Ⅳ	Ⅲ	劣Ⅴ			
	洛河洛阳过渡区	劣Ⅴ	Ⅱ	劣Ⅴ	否	是	否
	洛河偃师农业用水区	Ⅳ	Ⅱ	劣Ⅴ	否	是	否
	洛河偃师巩义农业用水区	Ⅴ	Ⅳ	劣Ⅴ	否	否	否
	洛河巩义排污控制区	劣Ⅴ	劣Ⅴ	劣Ⅴ			
	洛河巩义过渡区	Ⅴ	Ⅴ	劣Ⅴ	否	否	否
伊河栾川源头水保护区		Ⅱ	Ⅱ	Ⅱ	是	是	是
伊河洛阳开发利用区	伊河栾川饮用水源区	Ⅱ	Ⅱ	Ⅱ	是	是	是
	伊河栾川排污控制区	Ⅴ	Ⅲ	劣Ⅴ			
	伊河栾川过渡区	Ⅱ	Ⅱ	Ⅱ	是	是	是
	伊河栾川嵩县农业用水区	Ⅰ	Ⅰ	Ⅱ	是	是	是
	陆浑水库洛阳市饮用水源区	Ⅱ	Ⅰ	Ⅱ	是	是	是
	伊河嵩县伊川农业用水区	Ⅰ	Ⅰ	Ⅰ	是	是	是
	伊河伊川排污控制区	Ⅱ	Ⅱ	Ⅱ			
	伊河伊川过渡区	Ⅱ	Ⅰ	Ⅱ	是	是	是
	伊河洛阳景观娱乐用水区	Ⅱ	Ⅰ	Ⅱ	是	是	是
	伊河洛阳偃师农业用水区	Ⅱ	Ⅱ	Ⅲ	是	是	是

续表 2-14

一级功能区名称	二级功能区名称	现状水质			是否达标		
		全年	汛期	非汛期	全年	汛期	非汛期
涧河洛阳开发利用区	涧河渑池农业用水区	劣Ⅴ	劣Ⅴ	劣Ⅴ	否	否	否
	涧河渑池义马排污控制区	劣Ⅴ	劣Ⅴ	劣Ⅴ			
	涧河渑池义马过渡区	劣Ⅴ	Ⅴ	劣Ⅴ	否	否	否
	涧河新安农业用水区	劣Ⅴ	Ⅴ	劣Ⅴ	否	否	否
	涧河新安排污控制区	Ⅴ	Ⅳ	劣Ⅴ			
	涧河洛阳过渡区	Ⅲ	Ⅳ	Ⅳ	否	否	否
	涧河洛阳工业用水区	Ⅴ	Ⅴ	劣Ⅴ	否	否	否
	涧河洛阳景观娱乐用水区	劣Ⅴ	劣Ⅴ	劣Ⅴ	否	否	否
官坡河卢氏自然保护区		Ⅰ	Ⅰ	Ⅰ	是	是	是
潘河卢氏自然保护区		Ⅰ	Ⅰ	Ⅰ	是	是	是
涧北河卢氏保留区		Ⅰ	Ⅰ	Ⅰ	是	是	是
崇阳河洛宁自然保护区		劣Ⅴ	劣Ⅴ	断流	否	否	断流
陈吴涧洛宁自然保护区		Ⅱ	Ⅱ	断流	是	是	断流
渡洋河洛宁保留区		Ⅱ	Ⅱ	Ⅱ	是	是	是
永昌河洛宁保留区		Ⅱ	Ⅱ	断流	是	是	断流
明白河栾川保留区		Ⅳ	Ⅳ	劣Ⅴ	否	否	否
大章河嵩县自然保护区		Ⅰ	Ⅰ	Ⅰ	是	是	是
蛮峪河嵩县自然保护区		Ⅰ	Ⅰ	Ⅰ	是	是	是
白降河伊川开发利用区	白降河伊川农业用水区	Ⅲ	Ⅱ	Ⅳ	是	是	否
坞罗河巩义开发利用区	坞罗河巩义饮用水源区	Ⅴ	Ⅴ	Ⅴ	否	否	否
	坞罗河巩义农业用水区	劣Ⅴ	Ⅴ	劣Ⅴ	否	否	否
后寺河巩义开发利用区	后寺河巩义饮用水源区	Ⅳ	Ⅳ	Ⅴ	否	否	否
	后寺河巩义景观娱乐用水区	Ⅴ	断流	Ⅴ	否	是	否
	后寺河巩义排污控制区	断流	断流	断流			

2.4.5.4 **水污染原因**

2013 年,流域水功能区水质达标率为 52.3%,洛河自宜阳河段往下水质逐渐变差,入河污染物超过纳污能力,造成以上水质沿程变化和入河污染物分布的原因主要如下:

(1)城镇河段入河污染物严重超过水域纳污能力。伊洛河宜阳以下、涧河义马段的入河污染物约占流域总量的 90%,其中涧河纳污能力超载 20 倍以上,水质污染严重。

(2)水环境治理水平不能满足经济社会发展需要。流域的中水回用率不高,工业污染源不达标,结构型污染突出。目前,流域化工、金属等行业废污水排放占流域总量的 3/5,城镇污水处理配套设施建设落后,给流域水环境带来较大影响。

(3)水环境风险防范面临严峻挑战。流域内长期的矿产开采、加工及工业化进程中累积形成的重金属及氰化物污染近年来开始逐渐显露。洛南、栾川、义马等县(市)矿采选业、有色金属工业发达,厂矿众多,排放的废污水中存在重金属及氰化物等特征污染物,部分入河排污口不达标,造成局部河段存在特征污染物水污染现象,存在突出的历史遗留重金属问题,包括污染隐患严重的尾矿库、废弃物堆存场地等。

2.5　生态环境现状调查与评价

伊洛河流域属暖温带向北亚热带过渡区域，地处秦岭、伏牛山、崤山及黄土高原、洛阳盆地的衔接地带，流域内生境类型复杂多样，生物多样性丰富。近些年来，随着流域社会经济的发展和水电资源的无序开发等，流域水生态恶化问题日益严重。

2.5.1　伊洛河流域主要生态功能分区

根据《陕西省生态功能区划》(2004年)及《河南省生态功能区划》(2007年)，伊洛河流域主要生态系统包括森林生态系统和农业生态系统，主要生态服务功能包括水源涵养、水土保持、农产品和矿产资源提供、生物多样性保护等，见表2-15。

表2-15　伊洛河流域涉及的生态功能分区及各区生态功能

河流	河段	区域	生态特征	涉及的生态功能分区			生态系统主要服务功能
				一级区	二级区	三级区	
洛河	上游(源头—长水)	灵口以上河段，陕西境内，主要为洛南县	洛河源头区域森林覆盖率高	秦巴山地落叶阔叶、常绿阔叶混交林生态区	秦岭山地水源涵养与生物多样性保育生态功能区	商洛中低山水源涵养与土壤保持区	水源涵养、水土保持
		灵口—长水河段，主要包括卢氏、洛宁等	深山区植被覆盖率高，浅山区矿产开发活动活跃，浅山丘陵区以林果业为主	豫西山地丘陵生态区	小秦岭崤山中低山森林生态亚区	水源涵养与水土保持生态功能区	水源涵养、水土保持、林果产品、提供
			农业生态系统	豫西山地丘陵生态区	小秦岭崤山中低山森林生态亚区	卢氏山间盆地农业生态功能区	农林产品提供
	中下游(长水—入黄口)	主要包括渑池、义马、新安等	矿产储藏较为丰富	豫西山地丘陵生态区	小秦岭崤山中低山森林生态亚区	义新渑矿产开发生态恢复农业生态功能区	农产品和矿产资源提供
		主要包括宜阳、洛阳市辖区、偃师等	黄土丘陵地区、农业生态系统	豫西山地丘陵生态区	洛阳伊河、洛河农业生态亚区	伊河、洛河农业生态水土保持功能区	农产品提供

续表 2-15

河流	河段	区域	生态特征	涉及的生态功能分区			生态系统主要服务功能
				一级区	二级区	三级区	
伊河	上游(陆浑水库以上)	主要包括栾川、嵩县等	生物多样性保护区域外围区,伊河的源头区	豫西山地丘陵生态区	豫西南中低山森林生态亚区	洛嵩栾水源涵养与水土保持生态功能区	水源涵养
			过渡带山地森林生态系统类型,生物资源丰富	豫西山地丘陵生态区	豫西南中低山森林生态亚区	伏牛山熊耳山外方山生物多样性保护生态功能区	生物多样性保护
	中下游(陆浑水库—龙门镇)	主要包括伊川、宜阳、洛阳市辖区等	黄土丘陵地区、农业生态系统	豫西山地丘陵生态区	洛阳伊河、洛河农业生态亚区	伊河、洛河农业生态水土保持功能区	农产品提供

2.5.1.1　陕西省境内区域主要生态功能分区

洛河在陕西境内流长 111.4 km,约占全河的 1/4,包括河流源头及上游部分河段。集水面积 3 064 km^2,绝大部分位于洛南县境内。洛南县位于秦岭东段南麓,洛河上游,地处中国南北气候分界线,属于暖温带南缘季风性湿润气候。洛南县地势北缘秦岭(草连岭海拔 2 646 m)、华山(海拔 2 165 m),南顺蟒岭(最高处 1 744 m),中间为洛河河谷,总趋势西北高、东南低,大致形成三个小区:一是洛河干流以北山地区,山高坡陡,沟深流急,仅一些较大支流沿岸有少量川地;二是干流两岸及永丰、景村、古城、三要等乡(镇)一带的浅山川原区,为洛南县的主要产粮区;三是面积较小的南部蟒岭花岗岩流沙丘陵区,为水土流失严重地带。

根据《陕西省生态功能区划》,伊洛河流域陕西省境内部分被划入"秦岭山地水源涵养与生物多样性保育生态功能区"(二级区)中的"商洛中低山水源涵养与土壤保持区"(三级区)。

其中,秦岭山地水源涵养与生物多样性保育生态功能区的生态功能主要体现在以下几个方面:

(1)秦岭山地是我国天然林重要分布区之一,森林面积占总面积的 75.2%,地表径流量占陕西省总量的 53%,对陕西省及我国中部地区具有极其重要的水源涵养功能。

(2)秦岭是我国南北自然环境的天然分界线。

(3)秦岭山地是生物多样性丰富的地区。

(4)秦岭山地具有典型的暖温带山地自然景观垂直带谱。

该区域主要的生态问题是因人类长期活动影响,森林植被破坏严重,森林萎缩,荒山荒坡面积大,水源涵养功能受到极大影响。同时,对资源过度开发利用导致生物资源的破坏,生态环境整体上呈恶化趋势。

而洛南县所处的商洛中低山水源涵养与土壤保持区,区内包括洛河源头区域,水源涵养功能十分重要。此外,洛南南部蟒岭花岗岩流沙丘陵区为水土流失严重地带,控制水土流失亦为该区域主要生态保护要求之一。

综上所述,洛河上游陕西境内区域主要生态功能为水源涵养及水土保持,主要生态系统类型为森林生态系统及农业生态系统。

2.5.1.2　河南省境内区域主要生态功能分区

根据《河南省生态功能区划》,伊洛河流域属于"豫西山地丘陵生态区"(一级区)。豫西山地丘陵生态区内主要有小秦岭、崤山、外方山、伏牛山和嵩山,该区域是秦岭山脉西部的延伸。主要山脉分支之间有相对独立的水系分布,山脉与水系相间排列,较大河流与一些山间盆地相连。例如卢氏盆地、伊(川)洛(阳)盆地和宜(阳)洛(宁)盆地等,形成了谷地和盆地串联、低洼开阔地带与山脉相间分布的独特地貌类型。区内海拔500 m以上的中山区为生物多样性及水源涵养生态区;海拔200 m以上的低山丘陵、中山区多为水土保持生态功能区。山间盆地、谷底及平原微丘区是农业生态区。

我国暖温带和北亚热带的分界线秦岭位于该区的南部,因此区域内植被类群丰富,广泛分布有南北过渡带物种。区域内分布的植被类型有以栎类为主的落叶阔叶林、针叶林植被、针阔混交林、灌丛植被、草甸、竹林及人工栽培植被等。该区矿产资源丰富,各种金属矿、非金属矿、能源矿等的分布、占有量及开采量在河南省均有重要意义。

1.洛河上游灵口—长水河段区域主要生态功能分区

洛河上游灵口—长水河段区域,主要包括卢氏、洛宁等。区域内包括深山区、浅山区、浅山丘陵区、山间盆地等地貌,深山区植被覆盖率高,浅山区矿产开发活动活跃,浅山丘陵区以林果业为主,山间盆地以农业生态系统为主。

根据《河南省生态功能区划》,该区域属于"豫西山地丘陵生态区"(一级区)、"小秦岭崤山中低山森林生态亚区"(二级区)中的"小秦岭崤山水源涵养与水土保持生态功能区"(三级区)与"卢氏山间盆地农业生态功能区"(三级区)。

1)小秦岭崤山水源涵养与水土保持生态功能区

该区包括卢氏北部及洛宁北部等崤山海拔500 m以上的区域和小秦岭海拔500～1 000 m的区域。崤山在该区由西南向东北呈弧状绵延,地貌特征可分为中山、低山、丘陵和塬川四种类型。植被属于暖温带落叶阔叶林带南部落叶栎林亚带,可分为4类森林植被,即针叶林、落叶阔叶林、针阔混交林和灌木林,植被覆盖率高。该区已探明的矿种达32种,主要矿产有煤炭、铝矾土、石灰石和黄金。生态系统主要服务功能是水源涵养与水土保持。

该区存在的主要环境及生态问题为:矿山开发导致植被破坏,水土流失严重;矿渣堆存、水质污染,影响到河流水质;矿区开采引发地质灾害发生率增高,水土流失高度敏感。

2)卢氏山间盆地农业生态功能区

该区包括卢氏境内熊耳山、崤山和伏牛山之间海拔在500～1 000 m的山间盆地。地处亚热带、暖温带两个气候带,农业开发历史悠久,农业生态系统发达,生态环境相对较为稳定,生态结构具有一定的完整性。木耳、核桃、香菇、蜂蜜、烟叶、中药材在全国享有盛誉。生态系统主要服务功能是提供农林产品。

综上所述,洛河上游灵口—长水河段区域主要生态功能为水源涵养、水土保持、农林产品提供,主要生态系统类型为森林生态系统及农业生态系统。

2. 洛河中下游长水—入黄口河段区域主要生态功能分区

根据《河南省生态功能区划》,洛河中下游长水—入黄口河段区域分别属于“小秦岭崤山中低山森林生态亚区”(二级区)中的“义新渑矿产开发生态恢复农业生态功能区”(三级区),以及“洛阳伊河、洛河农业生态亚区”(二级区)中的“伊河、洛河农业生态水土保持功能区”。

1)义新渑矿产开发生态恢复农业生态功能区

该区矿产资源丰富,包括义马、新安的南部、渑池的中部、陕州东部的一部分地区。生态系统主要服务功能是提供矿产资源。

该区存在的主要环境及生态问题为:矿产资源的开发,破坏了矿区地表植被,煤矸石在地表堆存占用大量土地,地表植被被破坏,引起水土流失;矿产开采过程中造成水体污染、地面沉降和水土流失。水土流失高度敏感、水污染中度敏感、地质灾害高度敏感。

2)伊河、洛河农业生态水土保持功能区

该区包括洛阳市周边的孟津、偃师、伊川、宜阳等区域。地处内陆,属于暖温带大陆性季风气候,气候具有冬长寒冷雨雪少、春短干旱风沙多、夏季炎热雨季中、秋季晴和日照长的特点。原生植被属暖温带阔叶林,随着人类活动的影响,已被人工林和农田所替代。乔木树种有毛白杨、榆、旱柳、刺槐、苦楝、泡桐等,农作物主要是小麦、玉米、红薯、豆类和棉花。地处黄土丘陵地区,水土流失比较严重。水土流失敏感,土地承载力超载。

该区生态系统主要服务功能是提供农产品。

综上所述,洛河中下游长水—入黄口河段区域主要生态功能为农产品和矿产资源提供,主要生态系统类型为农业生态系统,主要生态环境问题为水土流失及土地承载力超载。

3. 伊河上游河段区域主要生态功能分区

伊河上游河段区域,主要包括栾川、嵩县等地,是伊河的源头区以及生物多样性保护区域外围区。

根据《河南省生态功能区划》,该区域属于“豫西山地丘陵生态区”(一级区)、“豫西南中低山森林生态亚区”(二级区)中的“洛嵩栾水源涵养与水土保持生态功能区”(三级区)和“伏牛山熊耳山外方山生物多样性保护生态功能区”(三级区)。

1)伏牛山熊耳山外方山生物多样性保护生态功能区

流域内栾川、洛宁、宜阳、伊川南部和嵩县的大部分地区位于该生态功能区,属于过渡带山地森林生态系统类型,分布有神灵寨国家森林公园、龙峪湾国家森林公园、伏牛山国家级自然保护区等环境敏感区。生态系统的完整性和稳定性较好,生物资源丰富,有较为完整的原生和次生植被,生物资源丰富,其中植物 2 879 种,占河南省植物种类总数的 77%。生态系统主要服务功能是生物多样性保护。该区由于人类不合理的旅游开发,过度捕猎野生动物,物种灭绝速度加快。

2)洛嵩栾水源涵养与水土保持生态功能区

该区包括熊耳山、伏牛山和外方山海拔 500 ~ 1 000 m 的中山区,洛宁、嵩县、栾川等县海拔 200 ~ 500 m 的中低山丘陵区域。气候属于北亚热带大陆性季风气候,受地形影响,垂直气候分布明显。处于生物多样性保护区域外围区,植被较好,覆盖率较高;是伊河的源头区,生态系统主要服务功能是水源涵养;是地质灾害高度敏感区、水土保持高度敏感区。

综上所述,伊河上游河段区域主要生态功能为水源涵养和生物多样性保护,主要生态系统类型为山地森林生态系统,区域植被覆盖率高、生物资源丰富。

4. 伊河中下游河段区域主要生态功能分区

伊河中下游河段属于伊河、洛河农业生态水土保持功能区,原生植被属暖温带阔叶林,随着人类活动的影响,已被人工林和农田所替代。该区生态系统主要服务功能是农产品提供,主要生态系统类型为农业生态系统。

2.5.2 陆生生态现状调查

本次陆生生态采用遥感解译和现场调查相结合的方法,对伊洛河流域土地利用及植被分布现状进行了调查。

2.5.2.1 土地利用现状

1. 流域土地利用现状

伊洛河流域土地利用现状见表 2-16。

表 2-16　伊洛河流域土地利用现状

土地类型	面积(km^2)	占总面积比例(%)
1. 耕地	7 805.21	41.34
2. 林地	6 845.32	36.26
3. 草地	3 158.62	16.73
4. 库塘	70.16	0.37
5. 建设用地	767.25	4.06
6. 河流	36.90	0.20
7. 滩地	190.89	1.01
8. 裸地	6.33	0.03
总计	18 880.68	100

从表 2-16 中可以看出,伊洛河流域土地利用现状以耕地、林地和草地为主。其中,耕地面积最大,为 7 805.21 km^2,占评价区总面积的比例为 41.34%;林地次之,面积为 6 845.32 km^2,占评价区总面积的比例为 36.26%。耕地和林地为优势土地利用类型。草地面积为 3 158.62 km^2,占评价区总面积的比例为 16.73%。此 3 种类型占评价区总面积

的比例为94.33%。库塘、建设用地、河流、滩地和裸地等土地利用类型的面积都比较小,总面积为1 071.53 km^2,占评价区总面积的比例为5.67%。

总体上看,伊洛河流域土地利用类型以耕地和林地为主。

2. 各河段土地利用现状

流域上、中、下游各类土地利用类型面积及比例见表2-17及图2-12。

表2-17　流域上、中、下游各类土地利用类型面积

土地类型	上游面积(km^2)	占总面积比例(%)	中游面积(km^2)	占总面积比例(%)	下游面积(km^2)	占总面积比例(%)
1. 耕地	2 328.58	23.92	4 512.36	58.97	964.27	64.63
2. 林地	5 437.28	55.85	1 259.77	16.46	148.28	9.94
3. 草地	1 791.90	18.39	1 196.45	15.63	170.27	11.41
4. 库塘	14.58	0.15	51.92	0.68	3.66	0.25
5. 建设用地	53.19	0.55	527.64	6.89	186.42	12.50
6. 河流	6.84	0.07	22.94	0.30	7.12	0.48
7. 滩地	100.12	1.03	78.97	1.04	11.80	0.79
8. 裸地	4.05	0.04	2.28	0.03	0.00	0.00
总计	9 736.54	100	7 652.33	100	1 491.82	100

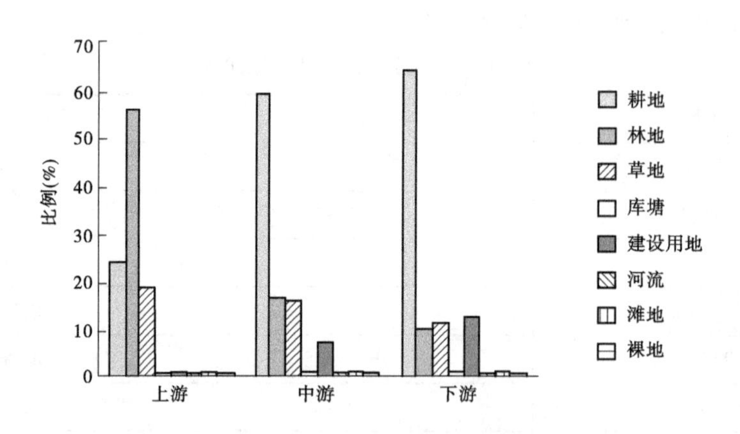

图2-12　流域上、中、下游各类土地利用类型比例

流域上游地区以林地、耕地和草地为主,其中,林地面积为5 437.28 km^2,占流域上游地区土地总面积的比例为55.85%,是上游地区最主要的土地利用类型。

流域中游地区以耕地、林地和草地为主,其中,耕地土地利用类型面积为4 512.36 km^2,占流域中游地区土地总面积的比例为58.97%,是中游地区最主要的土地利用类型。

流域下游地区以耕地、建设用地、草地和林地为主,为优势土地利用类型。其中,耕地面积为964.27 km^2,占流域下游地区土地总面积的比例为64.63%,是下游地区最主要的土地利用类型。

总体上看,伊洛河流域上游地区土地利用类型以林地为主,中下游地区土地利用类型以耕地为主。流域内建设用地主要分布在中下游洛阳市辖区范围内。

3. 总体评价

伊洛河流域可分为土石山区、低山丘陵区、河谷平原区三部分。

(1)土石山区,主要分布在西北部,高程为 1 200 ~2 000 m,山高坡陡,而且峡谷多,占研究区总面积的 61% ,是林地和草地的主要分布区域。

(2)低山丘陵区,主要分布在中部和北部,高程一般为 800 ~1 200 m,地面起伏,沟壑纵横,山丘相间,地貌类型以黄土阶地和黄土丘陵为主,占研究区总面积的 28.4% ,是草地和农田的主要分布区域。

(3)河谷平原区,主要指洛河、伊河中游平原和伊河下游平原,地势平坦,占研究区总面积的 10.6% ,是耕地和建设用地的主要分布区域。

流域上游地区多为土石山区,山高坡陡,河道行于深山峡谷之间,人为活动和干扰相对较小,是自然植被主要分布区域,土地利用类型以林地为主,但耕地也占有相当大的比例,也是草地重要的自然植被分布区。

流域中游地区多为丘陵浅山区,河流两岸逐渐开阔,河槽两岸为土质阶台地,地面起伏,沟壑纵横,山丘相间,人类活动和干扰逐渐加剧。此区耕地为优势土地利用类型,耕地占流域中游地区土地总面积的比例为 58.96% ,林地和草地面积减少,特别是林地面积大幅度减少。与上游地区相比,建设用地面积由 53.19 km^2增加到 527.64 km^2。

流域下游地区,河谷逐渐展宽,是河谷平原主要分布区域,地势平坦,土层较厚,地表物质以黄色砂、黏土为主,此区也是人类活动和干扰最大的区域。土地利用当中,耕地为占绝对优势的土地利用类型,其次是建设用地,林地多为人工林、经济林和“四旁”林,草地多为零星分布的荒草地。

2.5.2.2　植被类型与分布

1. 流域植被类型与分布特征

伊洛河流域位于我国暖温带和北亚热带的分界地带,植物区系过渡特征明显,体现出南北过渡、东西交会的特征。区域内植被类群丰富,广泛分布有南北过渡带物种。区域内分布的植被类型有以栎类为主的落叶阔叶林、针叶林植被、针阔混交林、灌丛植被、草甸及人工栽培植被等。伊洛河流域植被类型统计见表 2-18。

1)农田植被

伊洛河流域农业生产开发历史悠久,农田植被主要分布在流域的中下游地区,由于降水充沛,农作物产量较高,农业生态系统比较稳定。

2)林地

伊洛河流域分布有较大面积保护较好的林地植被,林地植被类型面积为 6 845.32 km^2,针叶林、落叶阔叶林混交林带和天然林主要分布在海拔较高的中山和中高山地区,人工林主要分布在海拔 800 m 以下的低山丘陵、河谷平川地带。

(1)中高山针阔叶混交林、针叶林和灌丛草甸带。

位于海拔 1 800 m 以上,乔木种类较单纯,其下部是由华山松与坚桦、千斤榆、红桦或槲栎组成的针阔叶混交林,呈零散分布的片林,显示出由落叶阔叶林向针叶林过渡的特色。在上部的山脊和山峰上主要是散状分布的华山松纯林及较少的太白冷杉林，在山坡的某些地段分布着灌丛和草甸。

表 2-18 伊洛河流域植被类型统计

<table>
<tr><th colspan="2">植被类型</th><th colspan="2">面积(km^2)</th><th colspan="2">占评价区比例(%)</th></tr>
<tr><td colspan="2">农田植被</td><td colspan="2">7 805.21</td><td colspan="2">41.34</td></tr>
<tr><td rowspan="4">林地</td><td>低山丘陵人工、半人工林</td><td>1 757.95</td><td rowspan="4">6 845.32</td><td>9.31</td><td rowspan="4">36.25</td></tr>
<tr><td>中低山针叶林、落叶阔叶混交林</td><td>2 712.3</td><td>14.36</td></tr>
<tr><td>中山落叶阔叶天然林</td><td>2 261.3</td><td>11.97</td></tr>
<tr><td>中高山针阔叶混交林、针叶林和灌丛</td><td>113.77</td><td>0.61</td></tr>
<tr><td rowspan="4">草地</td><td>低山丘陵灌丛草甸</td><td>1 863.85</td><td rowspan="4">3 158.60</td><td>9.90</td><td rowspan="4">16.74</td></tr>
<tr><td>中低山草丛</td><td>1 006.27</td><td>5.32</td></tr>
<tr><td>中山草丛</td><td>281.37</td><td>1.49</td></tr>
<tr><td>中高山草丛</td><td>7.11</td><td>0.03</td></tr>
<tr><td colspan="2">人居</td><td colspan="2">767.25</td><td colspan="2">4.06</td></tr>
<tr><td colspan="2">水域</td><td colspan="2">107.06</td><td colspan="2">0.57</td></tr>
<tr><td colspan="2">滩地</td><td colspan="2">190.89</td><td colspan="2">1.01</td></tr>
<tr><td colspan="2">裸地</td><td colspan="2">6.33</td><td colspan="2">0.03</td></tr>
<tr><td colspan="2">总计</td><td colspan="2">18 880.66</td><td colspan="2">100</td></tr>
</table>

(2)中山落叶阔叶林带。

位于 1 200 ~ 1 800 m，是天然林集中分布区，林木生长旺盛，覆盖率较高。土壤为棕色森林土。乔木优势种主要是槲栎和锐齿栎，还有白桦、千斤榆、山杨、五角枫、红桦及漆树等。在 1 500 m 以上高度，伴有华山松生长。灌木有小叶石棒子、榛子、映山红、胡枝子、悬钩子等。

(3)中低山针叶林、落叶阔叶林混交林带。

位于海拔 800 ~ 1 200 m 的低山和中山地带，该区域因受人为影响严重，多数林木已被砍伐，残留为灌木，由此形成了多次砍伐萌生的栓皮栎、山杨次生林和人工油松幼林。乔木有槲栎、茅栗、化香、漆树、楸树、核桃等，灌木有黄栌、连翘、杭子梢、小叶石棒子、中华绣线菊等。

3)草地植被

草地植被散布于评价区各地，面积为 3 158.62 km^2，海拔较低地方多为蒿类、白草、黄背草、羊胡子草，较高地方为羊胡子草、地榆、黄精、宽叶苔草等。

2. 流域上、中、下游区域植物类型与分布特征

流域上游地区多位于 1 200 ~ 1 800 m，是天然林集中分布区，在该区植被分布中，中低山针叶林、落叶阔叶林混交林带面积为 2 268.40 km^2，占流域上游地区土地总面积的比例为 23.30%；中山落叶阔叶天然林带面积为 2 180.50 km^2，占流域上游地区土地总面积

的比例为 22.40%。这两种类型是上游地区最主要的植被分布类型。

流域中游地区多位于海拔 800～1 200 m 的低山和中山地带，人类活动和干扰比较严重，针叶林、落叶阔叶林混交林带面积为 504.53 km^2，占流域中游地区土地总面积的比例为 6.59%；低山丘陵人工林和半人工林面积为 755.23 km^2，占流域中游地区土地总面积的比例为 9.87%。草地中以低山丘陵灌丛草甸带占优势，面积为 1 136.75 km^2，占流域中游地区土地总面积的比例为 14.85%。

流域下游地区地势平坦低缓，灌丛草甸带是此区常见的植被类型。

总体来看，流域上游地区人为活动和干扰相对较小，是自然植被主要分布区域，特别是天然林集中分布区，同时也是草地重要的自然植被分布区。流域中下游地区，人类活动和干扰比较严重，植被类型以农田植被为主。

3. 流域植被覆盖率

伊洛河流域植被覆盖率图见附图 7，植被覆盖率见表 2-19。

表 2-19　伊洛河流域植被覆盖率

植被覆盖率(%)	面积(km^2)	比重(%)
<20	2 251.25	11.92
20～40	3 828.90	20.28
40～60	4 195.33	22.22
60～80	3 642.02	19.29
>80	4 963.18	26.29
总计	18 880.68	100

伊洛河流域植被覆盖率在 80% 以上的区域面积为 4 963.18 km^2，占流域总面积的 26.29%；植被覆盖率小于 20% 的区域比例仅为 11.92%。可以看出，伊洛河流域植被覆盖率较好，在黄河流域中属于植被覆盖率较高的区域。

4. 保护性植物分布特征

伊洛河流域地理位置特殊、地形复杂、水热条件良好、生态环境多样，不仅为南北植物的交会分布提供了物质条件，而且为珍稀、濒危植物的生存和繁衍提供了场所，使丰富的珍稀濒危植物得以保存。据调查统计，伊洛河流域有各级重点保护植物 72 种，属国家一级重点保护的有南方红豆杉、银杏、水杉 3 种，列入国家二级重点保护植物的有连香树、大果青扦、香果树、秤锤树、水青树、山白树、杜仲、独花兰、秦岭冷杉、麦吊云杉、野大豆、核桃楸、楠木、厚朴、大果木莲、水曲柳、黄檗、粗榧、狭叶瓶尔小草、红椿、紫椴、榉木等 22 种。从垂直分布的状况来看，珍稀濒危保护植物通常分布在山体的中上部。

2.5.2.3　水土流失现状

1. 土壤侵蚀面积及强度

伊洛河流域水土流失以轻、中度侵蚀为主。

根据第二次全国土壤侵蚀遥感调查成果，伊洛河流域水土流失面积为 11 676.91 km^2，占流域总面积的 61.84%。其中，中度以下侵蚀面积 8 277.47 km^2，占水土流失面积的 70.89%；强烈以上侵蚀面积 3 399.44 km²，占水土流失面积的 29.11%。伊洛河流域水土流失现状见表 2-20。

表 2-20　伊洛河流域水土流失现状

行政区划	土地总面积(km²)	水土流失面积(km²)	其中									
			轻度*(1 000 ~ 2 500)		中度*(2 500 ~ 5 000)		强烈*(5 000 ~ 8 000)		极强烈*(8 000 ~ 15 000)		剧烈*(>15 000)	
			面积(km²)	比例(%)	面积(km²)	比例(%)	面积(km²)	比例(%)	面积(km²)	比例(%)	面积(km²)	比例(%)
河南	15 818	10 037.74	3 041.18	30.30	3 784.17	37.70	2 389.89	23.81	574.11	5.72	248.39	2.47
陕西	3 063	1 639.17	340.15	20.75	1 111.97	67.84	138.85	8.47	48.20	2.94		
合计	18 881	11 676.91	3 381.33	28.96	4 896.14	41.93	2 528.74	21.66	622.31	5.33	248.39	2.13

注：* 土壤侵蚀分级单位：t/(km² · a)。

流域内土壤侵蚀类型有水力侵蚀和重力侵蚀，以水蚀为主，水土流失形式主要包括面蚀、沟蚀。

2. 不同区域水土流失特点

流域内不同区域水土流失特点不同。依据流域范围内各地不同的自然条件、资源状况和水土流失特点，伊洛河流域水土流失类型分区可分为土石山区、黄土丘陵沟壑区第三副区(丘三区)和冲积平原区。伊洛河流域水土流失各类型区基本情况见表 2-21。

表 2-21　伊洛河流域水土流失各类型区基本情况

水土流失类型区	土地面积(km²)	水土流失面积(km²)	土壤侵蚀模数[t/(km² · a)]	年均降水量(mm)	人口(万人)	
					总人口	农业人口
土石山区	8 866.84	4 882.05	2 500 ~ 3 000	800 ~ 1 200	138.32	102.25
丘三区	6 164.28	4 173.53	3 000 ~ 4 500	650	239.8	163.56
冲积平原区	3 849.88	2 621.33	1 000	583	400.07	181.70
合计	18 881.0	11 676.91			778.19	447.51

1)土石山区(主要地貌为石质山区)

土石山区主要分布于流域西南部的洛河、伊河上游。

该区主要包括陕西的洛南、丹凤、蓝田、华县和河南境内的栾川、卢氏、灵宝等县(市)。总面积 8 866.84 km²，占流域面积的 46.96%，人口 138.32 万人，其中农业人口 102.25 万人，人口密度为 156 人/km²。

该区多为山区，山谷为 V 字形；低山区地面较为开阔，缓坡岭岗较多，局部有小盆地地形，沟壑密度 2.2 ~ 2.6 km/ km²。该区水土流失面积为 4 882.05 km²，占全流域水土流失面积的 41.81%，水土流失类型主要为水力侵蚀，侵蚀形式主要是面蚀和沟蚀，多年平均侵蚀模数为 2 500 ~ 3 000 t/(km² · a)。

2)丘三区(主要地貌为黄土丘陵)

丘三区分布于流域中游,由浅山和丘陵组成。

该区主要包括河南省境内的洛宁、陕县、义马、渑池、嵩县等县(市)。总面积6 164.28 km^2,人口 239.80 万人,其中农业人口 163.56 万人,人口密度为 389 人/km^2。

该区地形主要由浅山和丘陵组成,浅山区由于侵蚀作用强烈,山高坡陡,山上土层浅薄,有的地方岩石裸露;丘陵区切割较深,沟谷一般狭窄,主沟多为 U 形沟,支沟多为 V 形沟,沟深谷陡,沟壑密度 O 2.1 ~2.3 km/km^2。

由于该区山岭起伏,沟壑纵横,植被覆盖率低,尤其坡耕地和开矿、修路弃渣表面,在汛期暴雨条件下,水土流失严重。该区水土流失面积 4 173.53 km^2,占流域水土流失面积的 35.74%,多年平均侵蚀模数为 3 000 ~4 500 t/(km^2 · a)。

3)冲积平原区

冲积平原区位于伊洛河中下游,为冲积平原,由河谷和一、二级阶地组成,主要包括河南省的宜阳、洛阳、偃师、巩义等县(市)。总面积 3 849.88 km^2,人口 400.07 万人,其中农业人口 181.70 万人,人口密度为 936 人/km^2。

该区为伊洛河冲积平原,地势比较平坦,地下水位较浅,渠道纵横,排灌方便,土层深厚肥沃,是重要的农业基地。由于人为活动频繁,耕作措施不合理,常发生细沟状面蚀等,水土流失面积 2 621.33 km^2,占流域水土流失面积的 22.45%,多年平均侵蚀模数为 1 000 t/(km^2 · a)左右,水土流失轻微。

2.5.3　水生生态现状调查

本次伊洛河流域水生生态调查以利用现有资料为主,并辅以采样监测及走访。调查范围主要为伊洛河干流河段。

2.5.3.1　干流河道水生生境现状

本次调查显示,伊洛河干流枯水期及平水期多个河段存在断流、脱流现象,水生生物生境数量锐减、面积萎缩且片段化。

1. 干流河道连通性现状

截至 2013 年,洛河干流及其支流伊河干流已建、在建水电站 46 座,其中洛河干流 34 座、伊河干流 12 座。洛河干流 30 多座电站集中分布在故县水库至洛阳西河段,水电站首尾相连,河流纵向连通性遭到严重破坏。同时,由于大部分电站为引水式电站,且在设计、运行、管理中,没有考虑河道生态基流下泄,枯水期尤其是春季灌溉期水电站下游河道脱流现象严重,河流水流连续性遭到严重破坏。

根据《水工程规划设计生态指标体系与应用指导意见》(水总环移〔2010〕248 号)规定的河流纵向连通性评价标准,洛河干流河南省境内每 100 km 河长水电站座数为 10.1 座,伊河为 4.5 座,河流连通性均为劣(>1.2)。

伊洛河流经城区的河段共规划有橡胶坝约 30 座,其中洛河规划 22 座,已建成 11 座,主要集中在洛阳市区段;伊河规划 16 座,已建成 11 座。城市河段橡胶坝的建设也对河流自然连通性造成了影响。

此外,伊洛河水量丰枯变化较大,枯水期上游大部分河床出露,中下游由于水电站引水造成的河道脱流，为河道采石、挖砂提供了良好的条件，无序的采石、挖砂进一步加重了河道与河岸带生境与横向连通性的破坏。

2. 洛河干流各河段水生生境现状

洛河上游属于石质山区，支流众多，水流湍急，中游河面渐阔，流速降低，下游河道又逐渐收缩。洛河干流各河段水生生境现状见表2-22。

表2-22　洛河干流各河段水生生境现状

河段		水电站分布	水质情况	水生生境状况	环境敏感区
上游	源头至灵口	无	水质在Ⅱ类及以上，水质良好	1. 河流处于相对自然状态； 2. 保留了鱼类生存较好的栖息生境	洛河洛南源头水保护区、陕西省洛南大鲵自然保护区
	灵口至长水	石墙跟、曲里、火炎、故县水库、崇阳河（在建）、黄河（左岸）、禹门河、长水	水质在Ⅱ类及以上，水质良好	1. 水电无序开发； 2. 非汛期河段存在脱流、减流现象； 3. 水生生物生境片段化	
中游	长水至杨村	张村、富民、崛山、温庄、金海湾、龙泉、龙腾、乘祥、辉煌、宜发、洪发、龙祥、鑫水源、忠诚、兴宜、乘龙、灵山（在建）、高峰、锦山、河下、龙祥李营上（在建）、龙祥李营下（在建）、亚能、龙源、金水堰等	宜阳水文站—宜阳官庄河段为劣Ⅴ类；高崖寨—偃师市杨村河段多为Ⅴ类及劣Ⅴ类水质；其余水功能区水质断面基本满足水质要求	1. 水电无序开发程度严重，26座引水式电站分布在110 km河段内，平均每4.2 km就有一个水电站，密集处平均每3 km就有一个水电站，每个水电站下游脱流长度为3～5 km； 2. 洛河规划有橡胶坝22座，已建成11座，主要集中在洛阳市区段； 3. 非汛期大部分河道基本无水，水生生物生境严重破碎化	洛河鲤鱼水产种质资源保护区： 1. 金海湾至亚能共19座电站分布在洛河鲤鱼水产种质资源保护区实验区； 2. 龙源、金水堰分布在洛河鲤鱼水产种质资源保护区核心区
下游	杨村以下	五龙	干流水质从Ⅳ类至劣Ⅴ类不等	受水污染、采砂等影响，生境状况较差	郑州黄河鲤鱼种质资源保护区

1）洛河上游陕西省境内河段（源头至灵口）

陕西省境内的洛河干流河段长111.4 km，落差914 m，平均比降8.2‰。该河段地处高山区，人口密度较小，目前人口密度约为152人/km^2，远小于流域平均值412人/km^2。

该河段处于河源区，目前尚无水电站建设，是洛河水生生态保持相对较好的河段。

该河段处于相对自然状态，保留了鱼类生存较好的栖息生境。河段底质以砂石为主，水草缺乏；河道两岸嫩滩少，周丛植物较少；底栖动物种类丰富，生物量高；属多弯曲性河段，沿河深潭较多；水流长年不断，较少出现断流；底层鱼类较多。

该河段沿河众多的深潭是分布于该区域鱼类最好的栖息、索饵和生长育肥的地方。而该河段分布的支流河口，如西峪河、沙河、石坡河、石门河和文峪河等，往往是鱼类产卵以及索饵的主要场所。

2）洛河上游河南省境内河段（灵口至长水）

自豫陕两省分界处至长水河段，长140.6 km，河谷两岸山峦对峙，沿河间断有小片平原，人口密度为119 人/km^2，人口密度和人均GDP分别为流域平均值的28.9%和26.5%，是伊洛河流域人口密度最低和最贫困的地区。目前，该河段已建、在建电站共8座。

其中，灵口至卢氏徐家村长约43 km的河段，水生生境条件与陕西境内河段类似，整段河流穿行于山涧之间，基本处于未开发状态（分布有石墙跟电站），河床底质以砂石为主，水草缺乏；河道两岸嫩滩少，周丛植物较少；底栖动物种类丰富，生物量高；属多弯曲性河段，沿河深潭较多；水流长年不断，较少出现断流；小型底层鱼类较多。沿河众多的深潭是分布于该区域鱼类最好的栖息、索饵和生长育肥的地方。

卢氏徐家村至长水河段，水电开发较多，分布有曲里、火炎、故县水库、崇阳河（在建）、黄河（左岸）、禹门河等水电站，非汛期河段存在脱流、减流现象，水生生物生境片段化，且该段已受到河道挖沙的影响。

故县水库淹没区河段，两岸淹没农田较多，水草植被和周丛植物丰富，水深，是鱼类栖息、索饵和产卵的潜在场所。

3）洛河中游（长水至杨村河段）

洛河中游河段，长159.6 km，河床宽浅，是河南省农业生产基地之一，也是目前伊洛河流域人口密度最大的地区，人口密度654～689 人/km^2，高于流域平均值412 人/km^2。目前该河段已建、在建电站共25座。

该河段水电开发无序，河道生境破坏严重，25座引水式电站集中分布在约110 km河段内，平均每4.4 km就有一座水电站，密集处平均每3 km就有一座水电站，每座水电站下游脱流长度3～5 km，非汛期河道基本无水，水生生物生境严重破碎化。

该河段分布有洛河鲤鱼国家级种质资源保护区，其核心区位于洛阳高新区河段（东起张庄，西至马赵营，东西长约12.5 km）。金海湾至亚能共19座电站分布在洛河鲤鱼水产种质资源保护区实验区，龙源、金水堰2座电站分布在洛河鲤鱼水产种质资源保护区核心区。

4）洛河下游（杨村以下河段）

伊河、洛河汇合口（偃师杨村）以下河段，长35.3 km，其中巩义段分布有黄河鲤国家级水产种质资源保护区，其在伊洛河上的核心区为自河洛镇七里铺伊洛河入黄口向西到康店镇伊洛河大桥，长16 km。该河段河床宽浅，营养丰富，是鲤鱼、鲫鱼、鲶科鱼类、花鲢、白鲢、草鱼、赤眼鳟和鲴亚科鱼类良好的产卵、栖息和索饵场所。但近年来由于受水污染、采砂等影响，生境状况变差。

该河段分布有五龙1座电站，位于黄河鲤国家级水产种质资源保护区的核心区，本次规划建议将该电站拆除。

3. 伊河干流各河段水生生境现状

支流伊河干流全长265 km，总落差1 566 m，平均比降5.9‰。目前，伊河上游水电站无序开发严重，对河道生态已构成较大破坏，中下游水电站开发强度不大。伊河干流各河段水生生境现状见表2-23。

表2-23 伊河干流各河段水生生境现状

河段		水电站分布	水质情况	水生生境状况	环境敏感区
上游	源头至陆浑	黄石砭、金牛岭（在建）、龙王庄、松树岭、月亮湾、马路湾、拨云岭、前河、栗子坪、新城、山峡（在建）、陆浑	除陆浑水库水质达标外，其他河段水质均超标	1. 水电无序开发程度严重，水电站集中处约50 km河段分布了7座引水式电站，平均每7 km就有一座水电站； 2. 非汛期河道基本无水； 3. 水生生物生境破碎化严重	洛阳市陆浑水库饮用水水源保护区、伊河栾川源头水保护区、伊河鲂鱼水产种质资源保护区
中下游	陆浑以下	铺沟	水质达标	伊河流经城区的河段长共规划16座橡胶坝，已建成11座。城市河段橡胶坝的建设对河流自然连通性造成了影响	

1）伊河上游河段（源头至陆浑）

伊河上游河段长169.5 km，沿河山峦对峙，河谷狭窄。伊河陶湾以上河段为伊河源头水保护区，陆浑水库为饮用水水源保护区；伊河栾川至陆浑水库河段，目前水电开发程度较大，共分布11座电站，水电站集中处约50 km河段分布了7座引水式电站，平均每7 km就有一座水电站，河道生境破坏严重。

伊河八里庙至陆浑水库约12 km长河段分布有伊河特有鱼类国家级水产种质资源保护区，总面积40 km^2，其中核心区12 km^2、实验区28 km^2，保护期为4月1日至6月30日，主要保护对象为伊河鲂鱼。栗子坪、新城2座已建电站位于该保护区的核心区。

2）伊河中下游河段

陆浑水库以下河段，河谷逐渐放宽，耕地和人口增加，在伊川县的龙门附近形成一个峡谷，内有著名的龙门石窟，是国家重点保护的文物、国家级风景名胜区，同时也是《全国主体功能区规划》划定的禁止开发区。龙门以下至入洛河口河段为平原区。

目前，伊河中下游河段尚未进行大规模的水电开发，仅分布铺沟1座电站，但城市河段橡胶坝的建设也对河流自然连通性造成了一定影响。

2.5.3.2 鱼类资源及潜在"三场"分布

1. 鱼类资源

据调查，目前伊洛河共有鱼类5目10科50种，其中鲤科37种，占总数的74%；鳅科

4 种，占 8%；鲿科、鲇科各 2 种，各占 4%；合鳃鱼科等其余 5 科各 1 种，各占 2%。在分布上，以上游河段鱼种类最多，下游次之，中游最少。伊洛河是黄河中下游鱼类多样性较为丰富的河流，对黄河流域水生生物多样性维持具有十分重要的作用。伊洛河干流鱼类资源调查结果统计见表 2-24。

表 2-24　伊洛河干流鱼类资源调查结果统计

科	种名	上游	中游	下游	科	种名	上游	中游	下游
银鱼科	大银鱼	+		+	鲤科	犬首鮈		+	
鲤科	宽鳍鱲	+				嘉陵颌须鮈	+		
	马口鱼	+ +	+	+		短须颌须鮈		+	
	瓦氏雅罗鱼	+	+			银色颌须鮈	+ +		
	拉氏鲅	+ + +				银鮈			+
	赤眼鳟	+		+		裸腹片唇鮈			+
	寡鳞飘鱼			+		棒花鮈	+		
	银飘鱼	+				棒花鱼	+	+	+
	餐条	+ +		+		蛇鮈	+		
	唇鱼骨	+ +				散鳞鲤		+	
	蒙古油餐			+		鲫鱼	+ + +		
	红鳍鲌	+		+		中华细鲫	+		
	翘嘴红鲌			+		鲢鱼	+	+	
	蒙古红鲌	+			鳅科	花鳅	+ +		
	鳊			+		赛丽高原鳅	+		
	团头鲂			+		东方薄鳅	+ +		
	鲂		+			泥鳅	+ +		
	似鳊			+	鲇科	革胡子鲇	+ +		
	黄河鲤	+ +	+	+ +		鲇	+ +		
	散磷鲤		+		鲿科	盎堂拟鲿	+		
	中华鳑鲏	+ +				黄颡鱼	+ +		
	多鳞铲颌鱼	+ +			合鳃鱼科	黄鳝	+		
	花鱼骨			+	鰕虎鱼科	子陵栉鰕虎鱼	+		+ +
	麦穗鱼	+ + +	+		斗鱼科	圆尾斗鱼	+		
	黑鳍鳈	+ +		+	鳢科	乌鳢	+		

注：+ 号多少表示鱼类的丰富度。

2. 鱼类潜在“三场”分布

洛河干流故县水库以上，河流开发利用程度相对较轻，尤其是卢氏徐家湾乡以上河段处于相对自然状态，水质良好，水量充沛，保留了鱼类生存较好的栖息生境，灵口至徐家湾河段分布有鱼类潜在产卵场；故县水库以下，由于密集水电开发、城市亲水景观建设、水环境污染等影响，河道连通性割裂严重，鱼类生境条件受到严重破坏，仅在故县水库库尾约13 km河段和洛河洛阳市高新区约12 km河段可能存在鱼类潜在的产卵场。伊河栾川至陆浑水库河段水电无序开发严重，河道水流连续和鱼类栖息生境受到破坏，仅在伊河旧县镇至潭头约10 km河段、伊河嵩县水库库尾约12 km河段分布有鱼类潜在的产卵场；伊洛河口段由于水量充足，营养物质丰富，一直为伊洛河流域传统的产卵场，但近年来由于受水污染等影响，生境状况变差。

3. 鱼类资源变化情况及其原因

根据调查分析，伊洛河流域鱼类资源现状表现为：种类组成减少，资源量降低，个体小型化明显，小型鱼类增多，鲤科鱼类占优势。分析导致这种变化的原因，主要是河道生境的变化，表现在以下方面。

1）河段水电开发程度高

目前，除洛河上游、伊河中下游河段外，其他河段水电开发程度高。伊洛河密集水电站群建设对河流生态系统及其相邻河岸带生态系统产生了严重的胁迫效应，河流水文、地貌形态、生物栖息地等发生较大改变，河流廊道生态功能严重退化，也造成了河流鱼类及其栖息生境的大量丧失。

2）拦河橡胶坝建设过多

在伊洛河城区河段共规划橡胶坝30余座，其中洛河规划22座，已建成11座，主要集中在洛阳市区段；伊河规划16座，已建成11座。密集的橡胶坝建设在为人类提供亲水景观的同时，也对河流自然连通性造成了影响。

3）河床采石、挖砂

伊洛河水量丰枯变化较大，枯水期上游大部分河床出露，而中下游由于水电站引水造成的河道脱流，为采石、挖砂提供了良好的条件，无序的采石、挖砂进一步加重了河道与河岸带生境的破坏。

4）水质污染

20世纪90年代以来，伊洛河流域经济社会迅速发展，水污染物排放不断增加，流域水质污染情况严重。虽然近年来污染治理和环保工作逐渐加强，流域水污染状况得到一定程度的改善，但污染治理速度及强度落后于经济社会和城市发展速度，2011年流域水功能区水质达标率仅为52.3%，流域水污染形势依然严峻。水质污染也对流域鱼类资源造成了较大的不利影响。

2.5.3.3 重要水生生物及其生境状况

根据《国家重点保护野生动物名录》、《陕西省重点保护野生动物名录》和《河南省重点保护野生动物名录》及重要经济动物名录，结合现状调查，伊洛河流域主要保护水生生物主要有大鲵、秦巴拟小鲵、多鳞铲颌鱼、瓦氏雅罗鱼、洛河鲤鱼、伊河鲂鱼等6种，其中国家二级重点保护野生动物大鲵1种，陕西省重点保护动物秦巴拟小鲵、多鳞铲颌鱼2种，河南省重要经济类鱼类黄河鲤（洛河内又称洛河鲤鱼）、伊河鲂鱼2种，经济类洄游性鱼类瓦氏雅罗鱼1种。伊洛河流域主要保护水生生物见表2-25，伊洛河干流保护水生生物生态习性及分布见表 2-26。

表 2-25　伊洛河流域主要保护水生生物

序号	名称	国家重点保护野生动物	陕西省重点保护野生动物	河南省野生动物	现状	生物学意义
1	大鲵	Ⅱ级			《中国濒危动物红皮书》列为极危等级	我国特有
2	秦巴拟小鲵		省级重点保护		《濒危动植物种国际贸易公约》列为渐危等级	我国特有
3	多鳞铲颌鱼		省级重点保护			我国分布最北限
4	瓦氏雅罗鱼		省级重点保护			我国分布最南限
5	洛河鲤鱼			一般保护		
6	伊河鲂鱼			一般保护		

表 2-26　伊洛河干流保护水生生物生态习性及分布

序号	名称	生态习性	分布
1	大鲵	大鲵栖息于山区的溪流之中，在水质清澈、含沙量不大、水流湍急，并且要有回流水的洞穴中生活，喜食鱼、蟹、虾、蛙和蛇等水生动物，每年 7～8 月产卵、繁殖	分布于洛河的索峪河、官坡河、西峪河、陈耳河、磨峪河及伊河的养子沟、龙潭沟等多条支流的上游河段
2	秦巴拟小鲵	一般栖息于山区溪流，成鲵营陆栖生活，白天多隐蔽在小溪边或附近石下。5～6 月为繁殖期，捕食昆虫和虾类	与大鲵分布生境基本一致
3	多鳞铲颌鱼	栖息在河道为砾石底质，水质清澈、低温，流速较大，海拔为 300～1 500 m 的河流中，常借助河道中熔岩裂缝与熔洞的泉水发育，生殖季节为 5 月下旬至 7 月下旬。以水生无脊椎动物及着生在砾石表层的藻类为食	洛河干流上游支沟有发现，主要分布在灵口以上河段
4	瓦氏雅罗鱼	喜栖息于水流较缓、底质多沙砾、水质清澄的江河口或山涧支流里，完全静水中较为少见。喜集群活动。有明显的洄游规律，生殖季节较早，水温达 4～8 ℃就开始产卵。卵产在沙砾、水草或其他附着物上	伊洛河干流从源头至入黄口均有发现
5	黄河鲤(洛河鲤鱼)	黄河鲤是黄河中的特有种群，属于底栖杂食性鱼类，喜欢生活在水流缓慢的河段，在每年 4～5 月清明至谷雨期间，气温回升并稳定时产卵，常产在浅水带的植物或碎石屑上	主要分布于黄河下游地区，伊洛河上、中、下游均有分布，以伊洛河口最为丰富
6	伊河鲂鱼	属中下层鱼类，栖息于底质为淤泥或石砾的敞水区，多见于静水河段。杂食性，以植物为主。5～6 月产卵	伊洛河内特有经济鱼类，近年来种群有所恢复，以陆浑水库库尾最多

1. 重要鱼类

1）瓦氏雅罗鱼

地方名雅罗鱼、东北雅罗鱼，属鲤形目鲤科雅罗鱼亚科雅罗鱼属，为黄河流域广泛分布的鱼类品种，历史上曾是黄河流域主要经济鱼类，主要分布于青海贵德到河南三门峡河段，但自2000年以后其资源量急剧减少。瓦氏雅罗鱼喜栖息于水流较缓、底质多沙砾、水质澄清的江河口或山涧支流里，完全静水中较为少见。喜集群活动，有着明显的洄游规律，江河刚开始解冻即成群地向上游上溯进行产卵洄游，然后进入湖岸、河边肥育，冬季进入深水处越冬。瓦氏雅罗鱼在伊洛河上、中、下游均有分布，其中以卢氏河段、宜阳河段较多，为其主要栖息生境。

2）多鳞铲颌鱼

多鳞铲颌鱼俗名泉鱼，是我国的特有物种，主要分布于长江以北海拔270～800 m的山涧水溪中，是一种名贵的野生小型鱼类，常借助河道中熔岩裂缝与溶洞的泉水发育，秋后入泉越冬，伊洛河在洛河源头部分支沟偶有发现，是其在我国分布的最北限。

3）黄河鲤

黄河鲤是黄河流域著名的经济鱼种之一，以洛河和黄河中下游最为盛产、著名，洛河内鲤鱼又称洛鲤，主要分布在洛河宜阳河段，黄河干流上主要分布在黄河中下游，伊洛河口历史上一直是黄河鲤最主要的产卵场。20世纪90年代以来，受水环境污染、过度捕捞等各种因素影响，黄河鲤的渔业资源遭到严重破坏，伊洛河口成为维持黄河鲤渔业资源的主要集中产卵场，也是黄河中下游其他鱼类繁殖、育幼阶段最为重要的栖息场所之一。

4）伊鲂

伊鲂即鲂鱼，因产于伊河的鲂鱼最富盛名，故将伊河内鲂鱼称为伊鲂。作为伊洛河内主要土著鱼类，和洛鲤同为我国历史上著名经济鱼类。伊鲂属静水性鱼类，对河流水质要求较高，历史上主要分布于伊河中下游。20世纪末，受河流污染及过度捕捞等因素影响，已近绝迹。近年来，随着人工投放的实施，伊鲂又重新在陆浑水库出现，主要分布在陆浑水库末端。

2. 大鲵

伊洛河流域是我国特有珍稀濒危动物大鲵、秦巴拟小鲵的栖息地之一。大鲵俗称娃娃鱼，为国家Ⅱ级保护两栖类动物，对于研究动物的进化和地理分布等有着重大的科学价值。据调查，20世纪六七十年代，大鲵广泛分布在伊洛河流域各山区水流清澈的支沟内，洛南、卢氏、栾川及熊耳山区均有发现。

20世纪80年代以后，随着伊洛河上游及源头区采矿、采石等人类活动的加剧，大鲵栖息生境受到严重破坏，资源量急剧下降。据调查，洛南县境内大鲵栖息地基本被压缩至灵口河段附近合峪沟、马龙沟、兰草河等支沟，数量约3 300尾；卢氏县境内原淇河、官坡河生境完全丧失，仅存索峪河一条支流及其北侧三关河、建支河等支流；栾川县目前仅在合峪镇3条支沟中有发现。

2.5.3.4　湿地资源

伊洛河流域上游为石质山区,中下游为传统农业种植区,湿地资源匮乏。遥感解译结果显示,伊洛河流域内2010年湿地面积约为159.01 km^2,仅占黄河流域湿地总面积的0.62%。在湿地构成中,河流湿地比重最大,占湿地总面积的47.81%;其次为水库及坑塘,占29.44%。

相比于20世纪80年代,伊洛河流域湿地呈整体萎缩趋势,湿地总面积由原来的254.03 km^{2}减少至159.01 km^2,减少了37.40%,主要为中游河流湿地面积的大幅萎缩。流域湿地面积萎缩尤其是河流湿地面积减少,也反映了河道水资源量减少与人类活动对河道的侵占等,造成湿地水源涵养、河流生物多样性保护等生态功能下降。

2.6　流域环境敏感区调查

通过调查,伊洛河流域内分布有自然保护区、饮用水水源保护区、水产种质资源保护区、源头水保护重要等环境敏感区。伊洛河流域重要环境敏感区分布见图2-13。

2.6.1　自然保护区

伊洛河流域范围内现有国家及省级自然保护区共4处,见表2-27。

本次规划方案将涉及陕西省洛南大鲵省级自然保护区和河南省卢氏大鲵省级自然保护区两处自然保护区,不涉及河南伏牛山国家级自然保护区和河南洛阳熊耳山省级自然保护区。

2.6.1.1　陕西省洛南大鲵省级自然保护区

陕西省洛南大鲵省级自然保护区是2004年4月29日陕西省人民政府(陕环函〔2004〕113号)批准的省级自然保护区。

陕西省洛南大鲵省级自然保护区位于陕西省洛南县城东部,东边和北边与河南省相邻,南边以南洛河为界,西边以西峪河西界为限,辖灵口镇和陈耳镇的一部分。地理位置位于东经110°24′~110°37′、北纬34°03′~34°17′。保护区总面积约为5 715 hm^2,其中核心区1 430 hm^2、实验区1 829 hm^2、缓冲区2 456 hm^2。该保护区主要保护对象是大鲵及其生境环境。

陕西省洛南大鲵省级自然保护区地处亚热带北部边缘,属典型的山地暖温带季风气候,年平均气温为11.9 ℃。该保护区水质清新、低温、高氧,水质状况良好,为典型的山区溪流型水系,是全国大鲵最佳适生区之一。

洛南大鲵自然保护区生物物种异常丰富,该地区不仅陆生植物和动物种类丰富,而且水生动物组成也极具特点。在南洛河流域灵口段的水体中,现分布有国家二级保护动物大鲵、水獭及省级保护动物秦巴拟小鲵、多鳞铲颌鱼、瓦氏雅罗鱼等珍稀物种。

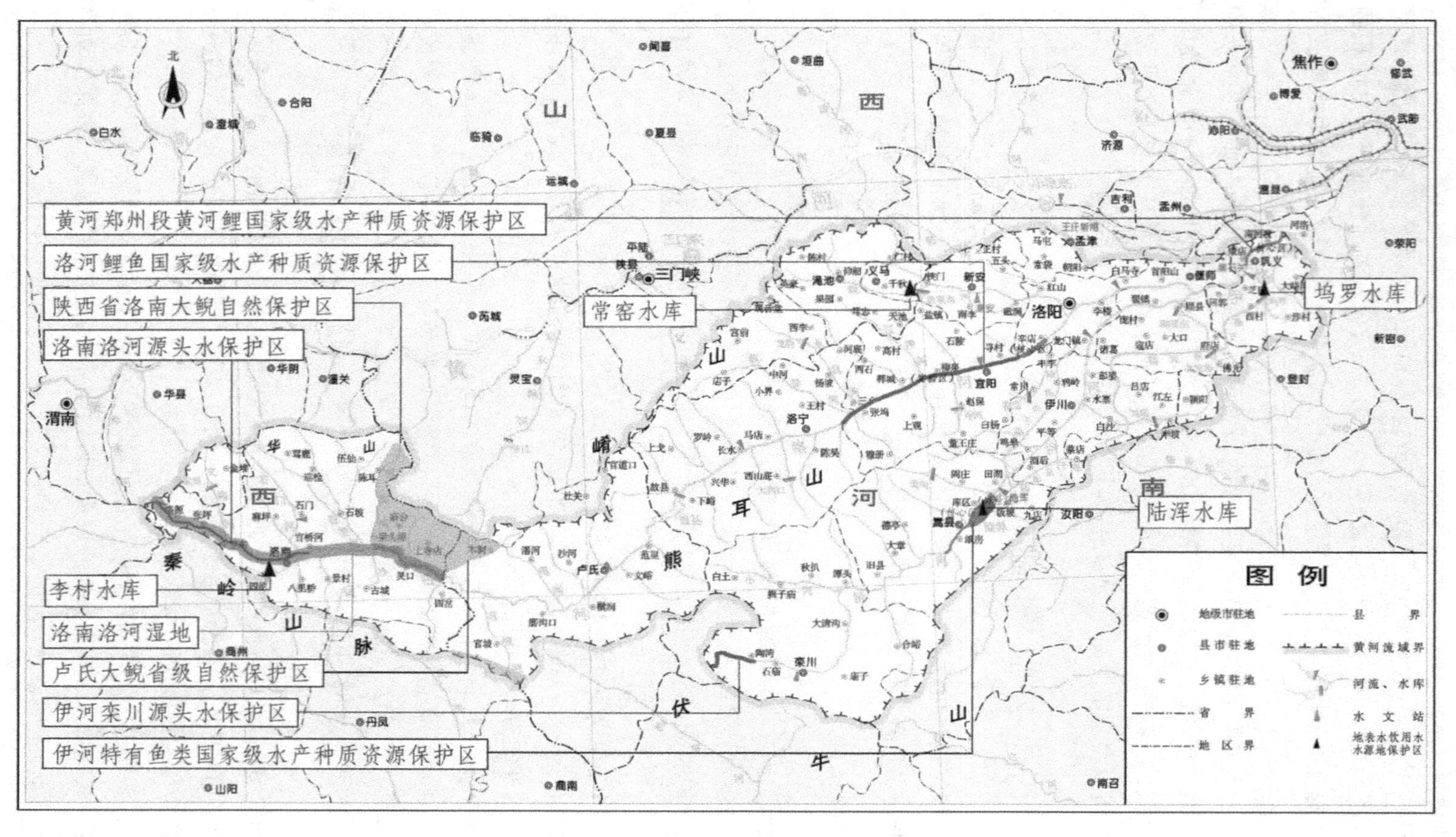

图 2-13　伊洛河流域重要环境敏感区分布示意图

表2-27　伊洛河流域重要自然保护区基本情况

序号	名称	主要保护对象	主体生态功能	与伊洛河水力联系	与伊洛河位置关系	存在问题
1	陕西省洛南大鲵省级自然保护区	大鲵及其生境	珍稀水生动物及生境保护、生物多样性保护、水源涵养、水土保持等	洛河干流及一级支流的水源涵养区及重要水土保持区	洛河干流柏峪寺至省界河段及磨峪河、龙河、西峪河等北岸支流	支流水量减少致生境萎缩，数量锐减
2	河南省卢氏大鲵省级自然保护区	大鲵及其生境	珍稀水生动物及生境保护、生物多样性保护、水源涵养、水土保持等	洛河一级支流及重要水源涵养、水土保持区	洛河支流官坡河、颜子河、骑马河、毛河、瓦窑沟西部及索峪河北部区域	水量减少、人为活动频繁使生境破坏，数量锐减
3	河南伏牛山国家级自然保护区	森林生态系统、珍稀野生动植物及其栖息地	生物多样性保护、水源涵养、水土保持等	支流伊河水源涵养区及重要水土保持区	伊河的发源地，重要水源涵养林区	人类采伐、旅游开发等
4	河南洛阳熊耳山省级自然保护区	森林生态系统、野生动植物及其栖息地	生物多样性保护、水源涵养、水土保持等	伊洛河水源涵养区及重要水土保持区	位于伊河与洛河上游之间，豫西洛阳、三门峡等城市的天然生态屏障	周边矿产资源开发带来的植被破坏、水土流失

2.6.1.2　河南省卢氏大鲵省级自然保护区

河南省卢氏大鲵省级自然保护区位于河南省三门峡卢氏县，保护对象为大鲵及其生态系统，总面积为40 130 hm^2，其中核心区面积为8 857 hm^2、缓冲区面积为5 509 hm^2、实验区面积为25 764 hm^2。保护区地理成分多样，水资源丰富，气候良好，其陆生、水生生物资源十分丰富，区域森林覆盖率达到70%以上，局部高达90%以上，植物区系种类组成丰富，适宜于多种陆生、水生野生动物的繁衍生息，区域内各种脊椎动物、昆虫、各种鱼类组成丰富，区内农作物较为原始，主要为小麦、豆类、玉米、花生等。

保护区核心区位于狮子坪乡颜子河、骑马河、毛河、瓦窑沟西部和木桐乡木桐河北部支流区域，均为深山老林区，水系发达，植被繁茂，植被覆盖率达到95%以上，没有或很少人为活动，没有工矿企业，生物量丰富，大鲵生存环境优越。

缓冲区位于深山区和浅山区过渡地带，没有工矿企业，生物量较丰富，大鲵生存环境较优越，人为活动较少，村庄、街道、公路、农田分布稀疏。

实验区共有南北两块，南部实验区主要河流有官坡镇的兰草河支流、官坡河蔡家沟、老婆沟支流、淇河干流西岸区域，南部高河；北部实验区为北部缓冲区外围南至木桐河区域。淇河和木桐河两岸修有交通公路。分布较多的村庄，人为活动相对较多，村庄、街道、公路、农田呈斑状分布。同时，大鲵人工养殖户、大鲵救护中心分布在该区域。

2.6.2 饮用水水源保护区

伊洛河流域范围内，河南省政府已批复划定水源保护区的水源地共有 16 个（地下水水源地 13 个，湖库型水源地 3 个），其中，洛阳市的洛河地下水水源地被列入全国重要饮用水水源地名录（第一批）。陕西省政府审批的水源地有 1 个，为洛南县洛河李村水库水源地。伊洛河流域饮用水水源地情况见表 2-28。

表 2-28 伊洛河流域饮用水水源地情况

省区	城市	水源地名称	是否划分保护区	划分部门
河南省	巩义市	坞罗水库	是	河南省政府
河南省	义马市	常窑水库	是	
河南省	义马市	马岭	是	
河南省	义马市	洪阳水源地	是	
河南省	洛阳市	洛阳市张庄	是	
河南省	洛阳市	洛阳市李楼	是	
河南省	洛阳市	洛阳市东下池	是	
河南省	洛阳市	洛阳市临涧	是	
河南省	洛阳市	洛阳市五里堡	是	
河南省	洛阳市	洛阳市东郊	是	
河南省	洛阳市	洛阳市王府庄	是	
河南省	洛阳市	洛阳市后李庄	是	
河南省	洛阳市	洛阳市洛南	是	
河南省	洛阳市	洛阳市陆浑水库	是	
河南省	偃师市	偃师一水厂	是	
河南省	偃师市	偃师二水厂	是	
陕西省	洛南县	李村水库水源地	是	陕西省政府

陕西省、河南省政府已批复划定水源保护区的 17 个水源地中有 4 个湖库型水源地，分别是洛南县李村水库、巩义市坞罗水库、义马市常窑水库、洛阳市陆浑水库。

2.6.2.1 洛南县李村水库地表水饮用水源保护区

一级保护区：李村水库水域，及正常水位线 93.5 m 外延 300 m 的陆域；洛惠渠水域，及洛惠渠轴线两侧各 5 m 的陆域;进入洛惠渠入口的洛河上游 1 000 m 至下游 100 m 的水域,及其河岸两侧外延 100 m 的陆域。

二级保护区:李村水库正常水位线 93.5 m 外延 300 m 的陆域;流入洛惠渠、李村水库的洛河一级保护区上界起上溯 2 000 m 的水域,及其河岸两侧外延 200 m 的陆域。

准保护区:李村水库二级保护区上界外延 300 m 的陆域;流入洛惠渠、李村水库的洛河二级保护区上界起上溯 3 000 m 的水域,及其河岸两侧外延 300 m 的陆域。

2.6.2.2　巩义市坞罗水库地表水饮用水水源保护区

一级保护区:坞罗水库整个水域及其沿岸 100 m 的陆域。

二级保护区:一级保护区陆域外向东 2 500 m、向南 2 500 m、向西 700 m 的汇水区域。

2.6.2.3　义马市常窑水库地表水饮用水水源保护区

一级保护区:高程 504.1 m 以下的全部水域及取水口一侧距岸边 200 m 的陆域。

二级保护区:一级保护区外的整个汇水区域。

2.6.2.4　洛阳市陆浑水库地表水饮用水水源保护区

一级保护区:以饮用水取水口为中心向周围辐射 800 m,水库大坝以南、环库公路以西、距取水口 800 m 的坝端点分界墙以东的水域;电站排水渠以西、水库大坝坝基以北、消力池外 50 m 以东及以南的区域。

二级保护区:一级保护区以外的库区水域;西北侧陆浑水库旅游区部分以 317.4 m 水库淹没线为界,伊河入库口至高都川入库口段以新建防洪堤为界,其余部分以环库公路为界的陆域。

准保护区:二级保护区周边外延 1 000 m 的水库陆域;嵩县县城城区;入库河川纵深 3 000 m、两岸外延 500 m 的陆域。

2.6.3　水产种质资源保护区

伊洛河流域国家级水产种质资源保护区基本情况见表 2-29。

2.6.4　源头水保护区

根据《全国重要江河湖泊水功能区划》,伊洛河流域划分有源头水保护区 2 个,为洛河洛南源头水保护区、伊河栾川源头水保护区。

2.6.4.1　洛河洛南源头水保护区

洛河洛南源头水保护区,源头至尖角,河长 48.6 km,规划水质目标Ⅲ类,现状水质达标。

2.6.4.2　伊河栾川源头水保护区

伊河栾川源头水保护区,源头至栾川陶湾镇,河长 19 km,陶湾镇为伊河上游第一集镇。规划水质目标Ⅱ类,现状水质Ⅴ类,主要超标因子有 COD、BOD_5、氟化物、镉等。

表 2-29 伊洛河流域国家级水产种质资源保护区基本情况

序号	名称	位置	分布河段	面积(km^2)	主要保护对象	存在问题
1	洛河鲤鱼国家级水产种质资源保护区	宜阳县	核心区洛阳市高新区洛河段,东起张庄,西至马赵营,东西长约 12.5 km	30.25	洛河鲤鱼、中华鳖和中华绒螯蟹等	水质污染、滥捕
2	伊河特有鱼类国家级水产种质资源保护区	嵩县	核心区为伊河北岸的吴村至南岸牛寨并上溯至八里滩之间的水域	40	伊河鲂鱼、银鱼、细鳞斜颌鲴等	水质污染、滥捕
3	黄河郑州段黄河鲤国家级水产种质资源保护	郑州市	河洛镇七里铺伊洛河入黄口向西到康店镇伊洛河大桥	8	黄河鲤	水质污染、滥捕

2.6.5 重要湿地

伊洛河流域内湿地数量较少,主要为河道湿地,其中陕西省从洛南县洛源镇洛源村到灵口镇戴川村沿洛河至陕、豫省界,包括洛河河道、河滩、泛洪区湿地被划为陕西省重要湿地。

根据已批复的《陕西省主体功能区规划》,洛南洛河湿地所在区域为禁止开发区。该湿地范围从洛南县洛源镇洛源村到灵口镇戴川村沿洛河至陕、豫省界,包括洛河河道、河滩、泛洪区及河道两岸 500 m 内的人工湿地。保护原则是:未经批准不得擅自改变湿地用途,不得破坏湿地生态系统的基本功能,不得破坏野生动植物栖息和生长环境等。

2.6.6 流域内其他敏感保护目标

2.6.6.1 国家森林公园

伊洛河流域内建立了多个国家森林公园,其基本情况见表 2-30,流域内所涉及的国家森林公园均列入《全国主体功能区划》禁止开发区。本次规划不涉及这些国家森林公园。

2.6.6.2 风景名胜区与地质公园

伊洛河流域风景名胜区较多,主要有洛阳龙门风景名胜区(国家级)、河南洛宁神灵寨国家地质公园、河南洛阳黛眉山国家地质公园、伏牛山世界地质公园、老君山省级风景名胜区、鸡冠洞省级风景名胜区等,其中洛阳龙门风景名胜区、河南洛宁神灵寨国家地质公园、河南洛阳黛眉山国家地质公园列入《全国主体功能区划》禁止开发区。本次规划不涉及这些风景名胜区与地质公园。

表2-30 伊洛河流域国家森林公园基本情况

名称	主要保护对象	主体生态功能	与伊洛河位置关系	功能定位	存在问题
河南神灵寨国家森林公园	森林资源、森林景观	水源涵养、水土保持、生物多样性保护、气候调节	位于洛河支流金门涧源头区	保护自然文化资源的重要区域，点状分布的生态功能区，珍贵动植物基因资源保护地	矿产开发、旅游开发等影响
河南花果山国家森林公园	森林资源、森林景观		位于洛河支流龙窝河源头区		
河南天池山国家森林公园	森林资源、森林景观		位于伊河支流北沟河等源头区		
河南龙峪湾国家森林公园	森林资源、森林景观		位于伊河支流洪洛河等源头区		
新安县郁山国家森林公园	森林资源、森林景观		位于伊河支流涧河上游		

第3章　规划分析及评价指标体系构建

3.1　规划必要性分析

伊洛河作为黄河的重要支流,在黄河下游防洪体系、流域水资源配置以及水沙调控体系中具有重要的战略地位,而且随着流域经济社会的快速发展,各地区、各部门对水资源开发利用、防洪保障体系、生态环境建设等提出了新的更高的要求。同时,伊洛河流域在治理开发中仍面临一系列问题,突出表现在防洪形势依然严峻、水资源利用效率低、局部城市河段水污染严重、水生态系统有恶化趋势、局部地区人为新增水土流失较为严重以及水电开发缺少统一规划等,从而制约了流域经济社会的发展和生态环境的良性维护。因此,开展伊洛河流域综合规划,协调好伊洛河治理开发与黄河治理开发,以及与区域经济社会发展的关系,是目前及今后一段时期伊洛河流域治理开发面临的紧迫问题。

3.1.1　伊洛河流域治理开发面临的问题

中华人民共和国成立以来,国家和陕西、河南两省十分重视伊洛河流域的治理开发,伊洛河流域在减免洪水灾害、综合开发利用水资源、防治水土流失等方面,取得了显著的经济效益和社会效益,促进了流域经济发展和社会进步。但是,在治理开发中仍面临一系列问题。

3.1.1.1　防洪形势依然严峻

(1)本流域防洪与黄河下游防洪存在矛盾,部分河段挤占河道现象严重。

伊洛河夹滩位于伊河下游、洛河下游交汇地带,其范围为伊河龙门镇以下和洛河白马寺以下至黑石关河段,包括伊河下游右岸高崖、洛河下游左岸高崖、伊洛河两岸高崖所围的区域,涉及洛阳市的诸葛镇、李村镇、佃庄,偃师市的城关镇、翟镇、岳滩镇、顾县镇以及巩义市的回郭镇。按目前黄河下游防洪体系的总体布局要求,该区域为自然滞洪区,可大大削减和拦蓄黄河下游的洪峰流量及超万洪量,缓解黄河下游的防洪压力。

随着区域经济社会的发展,夹滩地区人口增长迅速,产业发展较快,洪水造成的淹没损失将越来越大,对自身防洪保安的要求也越来越高。

国务院批复的《洛阳市城市总体规划(2011—2020年)》(国办函〔2012〕73号)已将东石坝自然滞洪区内的诸葛镇、李村镇纳入洛阳中心城区;其东部偃师老城区自然滞洪区内的偃师市规划为洛阳新城,也是郑洛工业走廊上的重要节点。此外,根据河南省《巩义市产业集聚区规划》布局安排,位于安滩自然滞洪区回郭镇内的巩义市产业集聚区为国家新型工业化产业示范基地,涉及多家大型企业,经济总量较高。这些规划或已建的重要保护对象分布于伊洛河夹滩各自然滞洪区内,防洪要求较高,局部河段20年一遇的防洪标准已难以满足当地防洪要求。

黄河下游防洪是黄河防洪的首要任务，其防洪保护区涉及冀、鲁、豫、皖、苏五省的24个市所属的110个县(市)，总土地面积约12万km^2，耕地1.1亿亩，人口约8 510万人。其中，滩区面积达3 956 km^2，耕地375万亩，村庄2 141个，居住人口179.3万人，滩区防洪也是黄河下游防洪的一项重要任务。根据《黄河下游防洪规划》，下游滩区防洪安全设施，按花园口站洪峰流量12 370 m^3/s，村台和平顶房超高1.0～1.5 m的标准设计，防洪标准为20年一遇。有关黄河下游所采用的设计洪水指标，均是在考虑了三门峡、小浪底、陆浑、故县水库联合调度，以及现状伊洛河夹滩地区自然滞洪作用后的情况下，所推算的设计洪水成果。

若整体提高夹滩地区的防洪标准，降低其自然滞洪能力，则将增大黄河下游洪水，加大了黄河下游防洪压力，进而对黄淮海平原安全构成威胁，加大了黄河下游滩区淹没损失。故该区域内防洪与黄河下游防洪矛盾显得尤为突出。

此外，随着经济社会发展，部分河段出现人与河争地，缩窄河道的现象，河道过流能力减小，缩窄河道将会给当地带来更大的灾难，也会对其他河段防洪带来严重影响，使得现有工程防洪标准已不能满足防洪需求，洪水威胁人民群众生命财产的安全、制约经济发展。

(2)部分河段防洪标准偏低，防洪工程不连续。

部分河段防洪工程标准低，河道过流能力达不到设防要求。现状防洪工程达到防洪标准的仅266.8 km，其余工程防洪标准偏低。部分河段堤防工程不连续，质量较差，不足以发挥应有的防洪作用。洛河干流及支流伊河干流现有防洪工程长度523.8 km，上游仅少数河段采取工程防护措施。部分堤防工程质量差，该部分堤防以粉细砂、淤泥土或砂卵石堆筑，迎水面绝大部分未护砌，易塌方决口。

(3)出险险工多，影响堤防工程安全。

洛河干流及支流伊河干流现有险工150余处，其中险情较重，已危及堤防安全的险工28处。这些险工多处于河道顶冲部位，坍塌严重，致使原有护岸工程基础外漏或护坡损坏严重，已不能保护防洪工程安全。

(4)山洪沟缺乏综合治理，山洪灾害治理形势严峻。

随着经济社会发展，山洪灾害造成的损失有所加重。由于防治工程投入不足等原因，山洪灾害防治工程建设仍然滞后，山洪沟缺乏综合治理，现有防御设施标准低、质量差、隐患多，通信报警设施不足、手段落后，与当地经济社会的发展不相适应，治理形势十分严峻。

3.1.1.2　水资源利用效率较低，灌溉效益未能充分发挥

(1)水资源利用难度大，利用效率不高。

伊洛河流域水资源总量为31.17亿m^3，现状人均水资源占有量393 m^3，只占全国人均水资源量的19.1%。流域降雨受季风及地形影响，降雨季节分布不均和年际变化大，水资源时空分布不均，导致伊洛河流域干旱频繁。占流域面积40%的丘陵地带，山高水低，当地群众的生产生活用水利用难度大。

伊洛河流域重工业比重较大，经济结构不尽合理，高耗能、高耗水、资源性、粗加工产业比重占工业总产值的70%以上，高技术产业仅占2.4%，水资源承载负荷大，水资源承载能力与经济结构不太协调。节能减排、节水减污任务重。城镇供水管网漏损率大，浪费

水的现象仍比较严重。自流引水灌区,灌溉水利用系数仅为0.4~0.45。

(2)水利设施老化、配套率低,灌溉效益未能充分发挥。

伊洛河流域多数水利设施在20世纪六七十年代建成,老化失修,供水能力下降,供水不足。现状仅有陆浑水库1处大型灌区,始建于1970年,1974年开始局部施灌,设计灌溉面积134.24万亩,目前有效灌溉面积62.7万亩,实际灌溉面积仅约32.2万亩,配套率为46.7%,实灌率为51.4%,在大型灌区中属较低水平。

3.1.1.3　局部城市河段水污染形势严峻

伊洛河流域70%的污染物集中在10%左右的河段,污染物排放主要集中在洛阳、偃师等人口稠密的伊洛河干支流沿岸;流域内中水回用率仅14.4%,工业入河排污口达标率为50%左右。河道内相关工程的建设影响了水文情势,造成河道内自净水量下降,存在水质污染风险。随着洛南、栾川、义马等县(市)矿采选业、有色金属工业等主要行业的发展,水污染事件时有发生,造成了极大的经济社会损失,给流域和黄河中下游的供水安全带来严重威胁。2013年的水资源公报表明,流域39.5%的水功能区水质不达标,超标河段主要分布在洛河宜阳以下的洛阳、偃师和伊河陆浑以上的栾川、嵩县等主要城市河段,超标支流为涧河、坞罗河、后寺河、明白河、大章河。

截至目前,流域水功能区监测频次整体偏低,陕西省水功能区监测覆盖率低。水资源保护监督管理能力薄弱,执法人员队伍亟待加强。今后,随着伊洛河流域经济社会的发展,用水量逐渐加大,将给流域水环境带来更大压力,给黄河供水安全造成极大威胁。

3.1.1.4　水生态系统有恶化趋势

近年来,伊洛河干支流相继建设了大量水电站,尤其在上中游水力条件适宜河段水电站首尾相连,多数为引水式电站,且没有考虑生态基流下泄,河段减脱水严重,使得河流的连通性与水流连续性受到破坏,河流水文、地貌形态、生物栖息地等发生较大改变,河流廊道生态功能严重退化。此外,伊洛河河道内无序的采石、挖砂进一步加剧了河道与河岸带生境的破坏。

大量的水电开发和人类活动致使伊洛河流域鱼类生境遭到破坏,不只是鱼类多样性降低,且呈现出个体小型化、低龄化特征,加之河流水质污染影响,鱼类栖息繁殖的河段急剧减少。目前仅在水量较大的库区回水末端、伊洛河口留有较大面积的鱼类栖息地与产卵场。受采矿、采石等人类活动影响,伊洛河上游支流的大鲵栖息地面积大大缩减,数量锐减,卢氏县境内原淇河、官坡河生境完全丧失,大鲵生境受到严重破坏。

3.1.1.5　局部地区人为新增水土流失比较严重

新形势下对水土保持工作提出了更高的要求,伊洛河流域涉及我国重要的粮食生产区和经济发展区,人口众多,随着流域经济的快速发展,修路、建厂及开矿等生产建设项目大规模展开,虽然有相应的建设项目水土保持措施,但无法完全消除其对生态环境的影响,破坏植被,倾倒废弃土石、矿渣等现象频繁发生,造成新的水土流失,局部地区人为新增水土流失比较严重。同时,随着经济社会的快速发展,人们对生活环境也有了更高的要求,水土保持建设不仅要从治理水土流失的角度出发,更要结合生态文明建设需要做好清洁流域建设。

3.1.1.6　水电开发缺少统一规划

伊洛河上的发电梯级中,除故县和陆浑水库电站是黄河防洪规划中统一规划的工程(防洪为主,兼顾灌溉、供水、发电)外,目前尚没有审查批准的全河水电统一规划。由于缺乏统一规划,流域存在水电无序开发等现象,部分电站开发部门将原有规划的部分电站拆建成多座电站,影响了流域进一步治理、开发和整体效益的发挥。

同时,流域内一些水电站的建设和运行存在不利影响。目前,流域内大部分已建电站为引水式电站,有的电站在设计时未考虑下泄生态流量,缺乏相应的泄水建筑物和合理的调度方案,在运行和管理中没有考虑维护河流健康所需的生态基流,形成了部分时段性脱水河段,造成下游河道断流,河流水环境和水生态受到不同程度的破坏。此外,一些电站的运行缺乏区域内统一管理,水力资源开发和沿岸农业用水产生矛盾,影响了综合效益的发挥。

3.1.1.7　流域管理机制尚不够完善,河道管理不够规范,能力建设有待加强

伊洛河属黄河流域重要的跨省区一级支流,涉及陕西省 4 个县及河南省 17 个县(市),而且也关系到黄河下游防洪体系与水沙调控体系,有关防洪调度、水资源利用及保护、水电开发等水事事务十分复杂。

伊洛河流域涉及机构众多、水事事务复杂,在应对全流域的突发水事事件上,其议事协商机制和应急处置机制尚不够完善。河道管理不够规范,河道界限不明确,部分河段出现人与河争地,缩窄河道的现象,对流域内诸如橡胶坝建设、河道采砂、水电开发、夹滩地区开发建设等存在的突出问题,尚无明确的管理要求。流域各级水行政主管部门的执法队伍和执法装备力量较为薄弱,尤其是缺乏基层专职执法队伍,在水事违法案件处理上无法实现及时有效查处,流域管理的执法能力建设有待加强;流域内有关水文站网的布设尚不能满足流域水文预报的精度要求,重要断面的水量、水质监测还无法满足流域水资源统一管理和调度需求,水利信息化水平有待提高,流域管理的监督监测能力也有待进一步加强。

3.1.2　区域经济社会发展对伊洛河治理开发与保护的要求

伊洛河作为黄河的重要支流,在黄河下游防洪体系、流域水资源配置以及水沙调控体系中具有重要的战略地位,而且随着流域经济社会的快速发展,各地区、各部门对水资源开发利用、防洪保障体系、生态环境建设等提出了新的更高的要求。根据《全国主体功能区规划》(国发〔2010〕46 号),伊洛河流域属国家层面的重点开发区域——中原经济区中的一部分,尤其是洛阳及其周边县(市),该规划明确提出了要提升洛阳区域副中心的地位,重点建设洛阳新区;建设郑汴洛(郑州、开封、洛阳)工业走廊和沿京广、南太行、伏牛东产业带,加强产业分工协作与功能互补,共同构建中原城市群产业集聚区;加强粮油等农产品生产和加工基地建设,发展城郊农业和高效生态农业,建设现代化农产品物流枢纽。此外,洛河灵口以上有关陕西省所属的县区均属国务院批复的《关中—天水经济区发展规划》的范围。该经济区处于承东启西、连接南北的战略要地,是我国西部地区经济基础好、自然条件优越、人文历史深厚、发展潜力较大的地区。

在区域布局上,伊洛河流域矿产资源丰富;拥有丰富的风景旅游资源和璀璨的历史文

化资源;水资源丰富,是河南省新增粮食生产能力的主要区域。按照国家关于中部崛起及中原经济区建设的战略布局,伊洛河流域重点建设的地区,一是以洛阳为中心,实施中原城市群发展战略,融入区域,辐射豫西,建设省域副中心城市,发挥自身优势,携手周边地区,建设中部地区重要制造业基地,加强历史文化遗产保护与展示,传承华夏文化,建成国内重要旅游节点城镇;二是巩固工业在伊洛河流域经济中的主导地位,充分利用伊洛河流域矿产、煤炭资源丰富的优势,加快金属矿产及煤炭资源开发建设,建成以钼、煤、电、铝等工业为重点的综合性工业开发区;三是以伊洛河流域中部和东部黄土丘陵和川原为主轴的重要经济发展区,也是重要的农业区,今后将建成全国重要的粮食生产基地。随着流域经济社会的快速发展,各地区、各部门对水资源开发利用、防洪保障体系、生态环境建设等提出了新的更高的要求。

同时,伊洛河作为黄河的重要支流,在黄河下游防洪体系、流域水资源配置以及水沙调控体系中具有重要的战略地位。伊洛河流域洪水是黄河下游洪水的主要来源之一,其防洪布局还要兼顾黄河下游防洪的总体安排。陆浑、故县水库是黄河下游防洪体系的重要组成部分,其与三门峡、小浪底水库的联合运用,以及夹滩地区遇超标准洪水的自然漫溢,对减轻黄河防洪压力起到了重要作用。

综上所述,解决伊洛河流域治理开发现状存在的问题,协调好伊洛河治理开发与区域经济社会发展,以及与黄河治理开发的关系,加强流域防洪保障体系建设,合理配置水资源,改善水生态环境,科学开发水能资源,促进区域经济社会可持续发展,开展伊洛河流域综合规划工作是十分必要的。

3.2　规划协调性分析

本次规划协调性分析主要分析了规划与现阶段的相关宏观政策、法律法规的符合性,与国家及流域层面相关规划、区划的符合性,与省区生态及环保等规划的协调性。规划协调性分析中涉及的相关法律法规、政策、规划等见表3-1。

表3-1　规划协调性分析中涉及的相关法律法规、政策、规划

<table>
<tr><th>相关法律法规</th><th>国家相关政策</th><th>国家及流域规划、区划</th><th>省区规划</th></tr>
<tr><td>水法</td><td rowspan="2">2011年中央1号文件</td><td>全国主体功能区规划</td><td>陕西省主体功能区规划</td></tr>
<tr><td>防洪法</td><td>黄河流域综合规划</td><td rowspan="2">河南省主体功能区划纲要</td></tr>
<tr><td>河道管理条例</td><td rowspan="3">国务院关于实行最严格的水资源管理制度的意见</td><td rowspan="3">全国重要江河湖泊水功能区划</td></tr>
<tr><td>环境保护法</td><td>河南省生态功能区划</td></tr>
<tr><td>环境影响评价法</td><td>陕西省生态功能区划</td></tr>
<tr><td>水污染防治法</td><td rowspan="4">国务院关于印发中国水生生物资源养护行动纲要的通知</td><td rowspan="2">重金属污染综合防治“十二五”规划</td><td rowspan="2">河南省环境保护“十二五”规划</td></tr>
<tr><td>自然保护区条例</td></tr>
<tr><td>风景名胜区管理暂行条例</td><td rowspan="2">中原经济区发展规划</td><td rowspan="2">陕西省环境保护“十二五”规划</td></tr>
<tr><td>水产种质资源保护区管理暂行办法</td></tr>
</table>

3.2.1　与相关法律法规符合性分析

规划及规划环评编制以《中华人民共和国水法》《中华人民共和国防洪法》《中华人民共和国环境保护法》《中华人民共和国水污染防治法》《黄河水量调度条例》等有关法律法规为依据，规划指导思想、总体目标、主要工程布局等符合国家相关法律法规的要求。

但是，水力发电规划及水资源利用规划的部分具体工程建设与《中华人民共和国自然保护区条例》有一定冲突，具体表现如下：

(1)水力发电规划中黄塬、灵口、代川 3 座拟建工程位于陕西省洛南大鲵省级自然保护区洛河干流的柏峪寺—豫陕省界河段，属于保护区的缓冲区，根据《中华人民共和国自然保护区条例》第三十二条规定(在自然保护区的核心区和缓冲区内，不得建设任何生产设施)，应禁止水电开发，经多次与设计单位沟通协调，现已取消拟建工程规划布局。

(2)水资源利用规划的三门峡市洛河—窄口水库调水工程调水线路可能涉及河南省卢氏大鲵省级自然保护区，《中华人民共和国自然保护区条例》第三十二条规定，在自然保护区的核心区和缓冲区内，不得建设任何生产设施。本次规划环评要求工程实施阶段严格执行建设项目环境影响评价制度，优化调水路线，尽量避绕自然保护区。

通过规划编制过程中的优化调整，规划内容在法律法规层面上基本不存在环境制约因素。

3.2.2　与国家相关政策符合性分析

(1)《中共中央　国务院关于加快水利改革发展的决定》。

水利是现代农业建设不可或缺的首要条件，是经济社会发展不可替代的基础支撑，是生态环境改善不可分割的保障系统。

伊洛河流域综合规划根据《中共中央　国务院关于加快水利改革发展的决定》(中发〔2011〕1 号)精神，按照全面贯彻落实科学发展观和构建社会主义和谐社会的总体要求，与区域经济发展战略部署相适应，坚持以人为本、人与自然和谐相处和维护河流健康的治水理念，把保障流域及相关地区的防洪安全、供水安全、生态安全放在首要位置，坚持全面规划、统筹兼顾、标本兼治、综合治理。同时，协调伊洛河流域治理开发与黄河治理开发、区域经济社会发展的关系，为黄河下游防洪提供有利条件，并保障本流域重点保护河段防洪安全，促进水资源合理开发利用和有效保护，实现流域水资源的合理配置，强化流域综合管理能力，支撑流域及相关地区经济社会的可持续发展。

(2)《关于实行最严格的水资源管理制度的意见》。

2012 年 1 月 12 日，国务院发布《关于实行最严格的水资源管理制度的意见》(国发〔2012〕3 号)，是继 2011 年中央 1 号文件和中央水利工作会议明确要求实行最严格水资源管理制度以来，国务院对实行该制度做出的全面部署和具体安排，是指导当前和今后一个时期我国水资源工作的纲领性文件。水资源管理“三条红线”控制指标与伊洛河流域综合规划控制指标的对照情况见表 3-2。

表 3-2　水资源管理“三条红线”控制指标与伊洛河流域综合规划控制指标的对照情况

控制指标	水资源开发利用控制红线	用水效率控制红线		水功能区限制纳污红线
	用水总量（亿 m^3）	万元工业增加值用水量（m^3/万元）	农田灌溉水有效利用系数	水质达标率
全国	7 000	40	0.60	95%
伊洛河流域	—	16	0.64	陕西:100% 河南:95%

注:由于目前全国水资源开发利用控制红线用水总量指标未细化到省区,因此未对该指标进行对比。

为进一步明确水资源管理“三条红线”的主要目标,2013 年 1 月 2 日国务院办公厅发布《关于印发实行最严格水资源管理制度考核办法的通知》(国办发〔2013〕2 号),提出具体管理措施,全面部署工作任务,伊洛河流域各省区规划水平年用水效率与国务院对于各省区用水效率的对比见表 3-3。

表 3-3　伊洛河流域各省区规划水平年用水效率与国务院对于各省区用水效率的对比

省区	规划水平年	万元工业增加值用水量定额（m^3/万元）	灌溉水利用系数	国务院有关《实行最严格水资源管理制度考核办法》的要求
陕西	2030	17	0.62	至 2015 年,万元工业增加值用水量比 2013 年下降 25%,灌溉水利用系数达到 0.550
河南	2030	16	0.64	至 2015 年,万元工业增加值用水量比 2013 年下降 35%,灌溉水利用系数达到 0.600

由表 3-2 可以看出,伊洛河综合规划制定的 2030 年用水效率控制红线、水功能区限制纳污红线基本满足全国要求。

经过表 3-3 对比分析,与国务院有关《实行最严格水资源管理制度考核办法》的要求相比,河南省、陕西省灌溉水利用系数分别为 0.60 和 0.58,满足考核办法的要求。

为全面落实“实行最严格的水资源管理制度、促进水资源的可持续利用”的目标要求,建议规划进一步加大节水力度,降低河南、陕西两省万元工业增加值用水量,提高灌溉水利用系数,加快节水型社会建设,促进水资源可持续利用和经济发展方式转变,实现水资源的高效可持续利用。

(3)《全国水资源综合规划》与《黄河流域综合规划》所确定的节水标准。

《全国水资源综合规划》与《黄河流域综合规划》所确定的节水标准是一致的,本次规划采用的工业节水标准高于《全国水资源综合规划》与《黄河流域综合规划》所确定的节水标准,农业节水标准略低于《全国水资源综合规划》与《黄河流域综合规划》所确定的节水标准。

《黄河流域综合规划》确定的 2030 年工业节水标准为:万元工业增加值用水量河南

省26.8 m^3、陕西省26.1 m^3，本次规划2030年伊洛河流域万元工业增加值用水量，陕西、河南分别为17 m^3 与16 m^3，高于《黄河流域综合规划》所确定的工业节水标准。

《黄河流域综合规划》确定的2030年农业节水标准为：灌溉水利用系数河南省平均值0.65、陕西省平均值0.66。本次规划考虑伊洛河流域的自然条件与灌溉方式，确定2030年伊洛河流域灌溉水利用系数为0.64。

(4)《中国水生生物资源养护行动纲要》。

围绕《中国水生生物资源养护行动纲要》提出"改善水域生态环境，实现渔业可持续发展，促进人与自然和谐，维护水生生物多样性"的中心思想以及"水域生态环境逐步得到修复，渔业资源衰退和濒危物种数目增加的趋势得到基本遏制"的治理目标，结合伊洛河流域的水生态现状，伊洛河流域综合规划水生态保护规划提出"构建流域水生态安全格局，在河流基本生态保护优先的前提下，协调资源开发与生态保护，制定流域不同区域的开发与保护格局""加强重要水生生物栖息地保护，修复受损珍稀濒危水生生物栖息生境，维持河流廊道生态功能正常发挥，促进流域生态系统良性循环"的总体意见及保护措施，符合《中国水生生物资源养护行动纲要》中心思想，并对伊洛河流域水域生态环境的改善起到积极作用。

3.2.3 与国家及流域规划、区划符合性分析

通过筛选，与伊洛河流域综合治理规划相关的国家及流域规划有《全国主体功能区划》《全国重要江河湖泊水功能区划》《黄河流域综合规划》《中原经济区发展规划》《重金属污染综合防治"十二五"规划》等。本次规划环评从社会经济发展、资源开发利用、生态和环境保护的角度，分析本规划与上述规划、区划对伊洛河流域功能定位的符合性。

3.2.3.1 与区域开发定位等相关规划符合性分析

本节重点分析本规划与《全国主体功能区规划》《中原经济区规划》《黄河流域综合规划》等国家、流域层面规划在区域开发定位等方面的符合性。

中原经济区是《全国主体功能区规划》国家层面的重点开发区域，2012年11月7日，国务院批复了《中原经济区规划》(2012—2020年)，进一步明确了中原经济区在全国改革发展大局中具有重要的战略地位。伊洛河流域属中原经济区的一部分，重点城市洛阳是区域副中心。

本次伊洛河流域综合规划基本符合《全国主体功能区规划》《中原经济区规划》《黄河流域综合规划》等对伊洛河流域的功能定位，有利于流域社会经济的可持续发展，具体表现在以下几个方面：

(1)伊洛河作为黄河的重要支流，在黄河下游防洪体系以及水沙调控体系中具有重要的战略地位，而且随着流域经济社会的快速发展，各地区、各部门对防洪保障体系等提出了新的更高的要求，本规划根据区域人口及经济社会发展的要求，提出"下游防洪治理河段防洪标准达到20～100年一遇，建设完善上中游县城段等防洪任务迫切河段的防洪工程等"的近期目标，为《中原经济区规划》在河南洛阳、郑州部分地区的实施提供了防洪保障。

(2)与《黄河流域综合规划》《黄河可供水量分配方案》《黄河取水许可总量控制指标

细化研究》等成果的水资源总体配置方案相协调是本次规划水资源配置的基本原则之一，是黄河流域水资源配置方案在伊洛河流域的具体实施，同时该方案为中原经济区建设主体功能发挥提供重要的水资源支撑，有利于区域社会经济的发展。规划实施后，2020年、2030年伊洛河流域耗水量符合陕西省《关于调整陕西省黄河取水许可总量控制指标细化方案的请示》和河南省《关于批转河南省黄河取水许可总量控制指标细化方案》对两省四地市耗水指标的要求，耗水量没有超过耗水总量控制指标。

（3）黄淮海平原主产区是《全国主体功能区规划》国家层面的限制开发区域（农产品主产区），其功能定位是“保障农产品供给安全的区域，农村居民安居乐业的美好家园，社会主义新农村建设示范区”，主要包括伊洛河洛阳市至偃师东境的河谷平原地带。灌溉规划提出了灌区节水改造工程措施及重点灌溉工程建设，提高了灌区的水资源利用效率和效益，进一步缓解了农业水资源供需矛盾，改善粮食生产条件，稳步提高耕地基础地力和持续产出能力，促进粮食生产持续稳定增长，符合《全国主体功能区规划》提出的“加强水利设施建设，加快大中型灌区、排灌泵站配套改造以及水源工程建设”“加强农业基础设施建设、改善农业生产条件”的发展方向和开发原则，并使伊洛河流域成为国家新增粮食生产基地奠定良好的基础。

（4）本规划提出“稳步推进节水型社会建设，加大节水力度，合理安排生活、生产和生态用水，供水保证率有所提高，新发展灌溉面积111.9万”的目标，符合《中原经济区规划》提出的“不以牺牲农业和粮食、生态和环境为代价的新型城镇化、工业化和农业现代化协调发展”指导思想。本规划提出的2030年工业万元增加值用水量为16 m^3/万元，远远低于《中原经济区规划》提出的110 m^3/万元的控制指标，符合《中原经济区规划》对工业节水的要求，以促进流域节水型社会建设。

（5）伊洛河流域内伏牛山国家级自然保护区（栾川、嵩县）、龙门风景名胜区（洛阳市）、河南洛阳龙门石窟（世界文化遗产）、河南洛宁神灵寨国家森林公园（洛宁县）、河南天池山国家森林公园（嵩县）、河南龙峪湾国家森林公园（栾川）、河南洛宁神灵寨国家地质公园等环境敏感区域均列入《全国主体功能区划》禁止开发区。根据调查和分析，本次规划的具体工程基本不影响上述地质公园、森林公园、风景名胜区、自然保护区等主体功能的发挥，规划目标及工程建设与禁止开发区的功能定位和管理要求不存在冲突。

总体上，伊洛河综合规划基本符合《全国主体功能区规划》《中原经济区规划》等规划对区域的功能定位和发展要求，能提高水资源的开发利用程度，有利于区域社会经济的可持续发展。

3.2.3.2　与环境和生态保护规划符合性分析

（1）伊洛河流域综合规划提出水资源保护规划、水生态保护规划等专项规划，协调经济社会发展和环境保护的矛盾，强化水资源管理，严格控制污染物入河总量，加强水生态保护，维护和保障伊洛河流域及相关区域水质安全和生态安全，符合《全国重要江河湖泊水功能区划》的保护原则以及国家对伊洛河流域水环境和水生态保护的要求。

（2）《重金属污染综合防治“十二五”规划》确定的属于伊洛河流域的三个重点防控区为栾川县、义马市、洛南县，集中面积2 233.5 km^2，涉及有色重金属矿采选业、化学原料及化学制品制造业等，企业217家，主要防控污染物为铅、砷、铬。伊洛河水资源保护规划提出的“加强特征污染物的污染防治监控能力建设”“对于伊洛河流域内以采选矿、冶炼、化工、电解铝等行业为主的工业强县，加强监督、严格禁止以上河段的选厂采挖河滩的行为”“加强重金属超标的河段重金属污染的监控”“从突发事件应急处理的角度，建立重金属污染联动机制”“开展重金属污染治理研究”等措施，对实现《重金属污染综合防治“十二五”规划》中确定的环境目标，减少重金属排放，控制重金属超标现象，保证流域取水安全及生态安全有积极作用。

(3)本规划提出“干流主要污染源得到初步治理，达到水功能区划的水质目标”“重要水生生物生境状况得到初步改善，河流水生态恶化趋势得到初步遏制”“开展治理水土流失治理和生态修复”的近期目标，符合国家对伊洛河流域环境与生态保护的相关要求。

综上所述，本次规划以水资源的合理配置、防洪保障、水资源及水生态保护作为规划的重点，协调流域开发、经济社会发展与环境和生态保护的关系，在规划方案支撑流域开发与区域经济社会发展的同时，考虑对河流水环境和基本生态功能的保护，符合《全国主体功能区规划》《全国重要江河湖泊水功能区划》《中原经济区规划》《重金属污染综合防治“十二五”规划》的相关要求和功能定位。

3.2.4　与省区相关生态、环境保护规划协调性分析

规划在编制过程中，还收集了《陕西省主体功能区规划》《陕西省生态功能区划》《陕西省“十二五”环境保护规划》《河南省生态功能区划》《河南省主体功能区规划纲要》《河南省环境保护十二五规划》等相关环保、生态建设规划，并征求相关部门的意见，规划或区划相关情况见表 3-4、表 3-5。

表 3-4　陕西省相关环境保护、生态保护规划情况一览表

<table>
<tr><th colspan="3">规划名称</th><th>主要原则、内容</th></tr>
<tr><td rowspan="4">《陕西省主体功能区规划》</td><td>限制开发区</td><td>洛南特色农业区</td><td>重点发展核桃、生猪、蚕桑、烤烟四大特色产业，积极发展生态、文化旅游业，在保护好生态的前提下，适度开采钾长石、钼、黄金等优势资源</td></tr>
<tr><td rowspan="3">禁止开发区</td><td>洛南大鲵省级自然保护区</td><td rowspan="3">禁止从事与供水设施和保护水源无关的经营建设项目，尽量减少人为因素对水源保护区的破坏和干扰</td></tr>
<tr><td>玉虚洞省级森林公园</td></tr>
<tr><td>洛南洛河湿地(省级)</td></tr>
<tr><td colspan="2">《陕西省生态功能区划》</td><td>秦岭南坡东段水源涵养区</td><td>在森林集中分布区进一步建立和完善自然保护区网络，形成合理的空间格局，有效保护生物多样性和森林资源；推进天然林保护工程建设和退耕还林工程，发展水土保持林和水源涵养林，提高区域土壤保持和水源涵养能力等</td></tr>
<tr><td colspan="3">《陕西省“十二五”环境保护规划》</td><td>环境优先，统筹发展，预防为主，防治结合；坚持以人为本，将民生问题摆上更加突出的战略位置，切实维护人民群众环境权益。正确处理环境保护与经济发展和社会进步的关系</td></tr>
</table>

表 3-5　河南省相关环境保护、生态保护规划情况一览表

<table>
<tr><th colspan="3">规划名称</th><th>保护原则及内容</th></tr>
<tr><td rowspan="12">《河南省主体功能区规划》</td><td>重点开发区域</td><td>洛阳、新安、孟津、偃师、巩义国家层面重点开发区域和伊川、义马、渑池、陕州、灵宝省级层面重点开发区域</td><td>保护生态环境。做好生态环境保护规划，减少工业化对生态环境的影响，避免出现土地过多占用、水资源过度开发和生态环境压力过大等问题，努力提高环境质量</td></tr>
<tr><td>生态保护区</td><td>卢氏、洛宁、宜阳、栾川、嵩县省级生态保护功能区</td><td>严格控制开发强度，腾出更多的空间用于保障生态系统的良性循环</td></tr>
<tr><td rowspan="10">禁止开发区</td><td>河南伏牛山国家级自然保护区</td><td rowspan="10">依据《自然保护区条例》《森林法》《森林法实施条例》《野生植物保护条例》《森林公园管理办法》，以及自然保护区规划、国家和省森林公园规划管理保护自然文化资源的重要区域、点状分布的生态功能区、珍贵动植物基因资源保护地</td></tr>
<tr><td>熊耳山省级自然保护区</td></tr>
<tr><td>卢氏大鲵省级自然保护区</td></tr>
<tr><td>宜阳花果山国家森林公园</td></tr>
<tr><td>嵩县白云山国家森林公园</td></tr>
<tr><td>嵩县天池山国家森林公园</td></tr>
<tr><td>洛宁神灵寨国家森林公园</td></tr>
<tr><td>新安郁山国家森林公园</td></tr>
<tr><td>洛阳国家牡丹公园</td></tr>
<tr><td>卢氏塔子山省级森林公园</td></tr>
<tr><td colspan="2" rowspan="3">《河南省生态功能区划》</td><td>小秦岭崤山中低山森林生态亚区</td><td>保护生物多样性、水源涵养能力与防治水土流失</td></tr>
<tr><td>豫西南中低山森林生态亚区</td><td>生物多样性保护与水土保持</td></tr>
<tr><td>洛阳伊洛河农业生态亚区</td><td>增加地表植被，防治水土流失</td></tr>
<tr><td colspan="3">《河南省环境保护“十二五”规划》</td><td>污染物排放总量持续减少，环境质量不断改善，重要生态功能区环境质量基本保持稳定，环境监管能力得到系统提升，保护生态环境，提高生态文明水平，推动中原经济区实现不以牺牲生态和环境为代价的“三化”协调科学发展</td></tr>
</table>

陕西省境内主要涉及洛南县，位于洛河上游源头区，水资源保护规划及水生态保护规划提出以水源涵养、陆面植被保护和自然生态修复、保护为主，加强洛南县城市污水处理

厂及配套管网建设,促进洛南县采选矿、冶炼行业清洁生产,与陕西省相关环保、生态规划对洛南县的保护和开发要求是一致的。

伊洛河流域河南省境内水资源保护规划及水生态保护规划提出:对源头及上游,以自然修复为主,减少人类开发干扰,加强源头水保护区、各类水源涵养保护区、自然保护区、珍稀濒危水生生物栖息地等保护,将敏感水生态保护对象分布河段依据相关法律法规划定为禁止或限制开发区域(河段),实施重点保护,禁止或严格限制开发;中下游应协调好开发与保护关系,加强流域水电开发的统一规划与管理,优化水电站运行方式,维持河流生态流量和河流水流连续性,加强重要水生生物栖息地保护,修复受损珍稀濒危水生生物栖息生境,维持河流廊道生态功能正常发挥,促进流域生态系统良性循环。

伊洛河流域综合规划综合考虑了河南省、陕西省流域内相关城市经济社会发展的需求,根据水资源支撑能力,为区域城镇生活、生产和生态配置水量,并制订了污染物总量控制方案,缓解伊洛河资源开发利用与生态保护的矛盾,促进流域国民经济和社会发展规划纲要、环境保护"十二五"规划的实施。

3.2.5 规划方案的内部协调性分析

社会经济发展是资源开发利用的驱动力,资源开发利用是社会经济发展的重要支撑。规划在支撑流域资源开发与区域经济社会发展的同时,还需考虑区域环境与生态功能的保护,以实现生态文明建设和社会经济可持续发展。

本次规划设置了防洪规划、水资源利用规划、灌溉规划、水资源保护规划、水生态保护规划、水土保持生态建设规划、水力发电规划等专题规划,以支撑伊洛河流域生态文明建设和经济社会的可持续发展。各规划之间总体上具有良好的协调性和互补性,但也存在一定的不协调因素。规划内部协调性分析见图3-1。

(1)水资源保护规划为水资源利用规划提供水质安全措施,是规划实施的基础保障,也是流域协调社会经济发展和环境保护关系的重要保障。

(2)水力发电规划编制过程中,在一定程度上考虑了水生态保护规划中对河流的开发定位要求,在自然保护区、源头水保护区等生态敏感区取消了规划水电站的布局。

(3)水力发电规划中新增电站以及现有电站的无序开发,将使水生态保护规划目标很难实现。

(4)水资源配置方案优先保证城镇生活和农村人畜用水,控制河流主要断面下泄水量,合理安排工农业和其他行业用水,强化水资源管理,提高用水效率,配置过程中不仅考虑了经济社会发展的需求,而且还根据水生态保护规划提出的河流生态需水要求,配置了河流生态用水。

然而,水资源配置方案未能充分考虑水环境承载能力,水资源保护规划目标实现难度较大,规划年流域水环境风险较大。规划年配置水量增加较大,即使在流域水污染治理达到国际先进水平的情况下,规划年流域COD、氨氮的入河量仍高于其纳污能力,流域水环境超载,水环境风险较大,污染物总量控制目标很难实现。

此外,规划年由于河道外配置水量的较大增加,河道内生态需水满足程度也较现状有一定程度的降低。

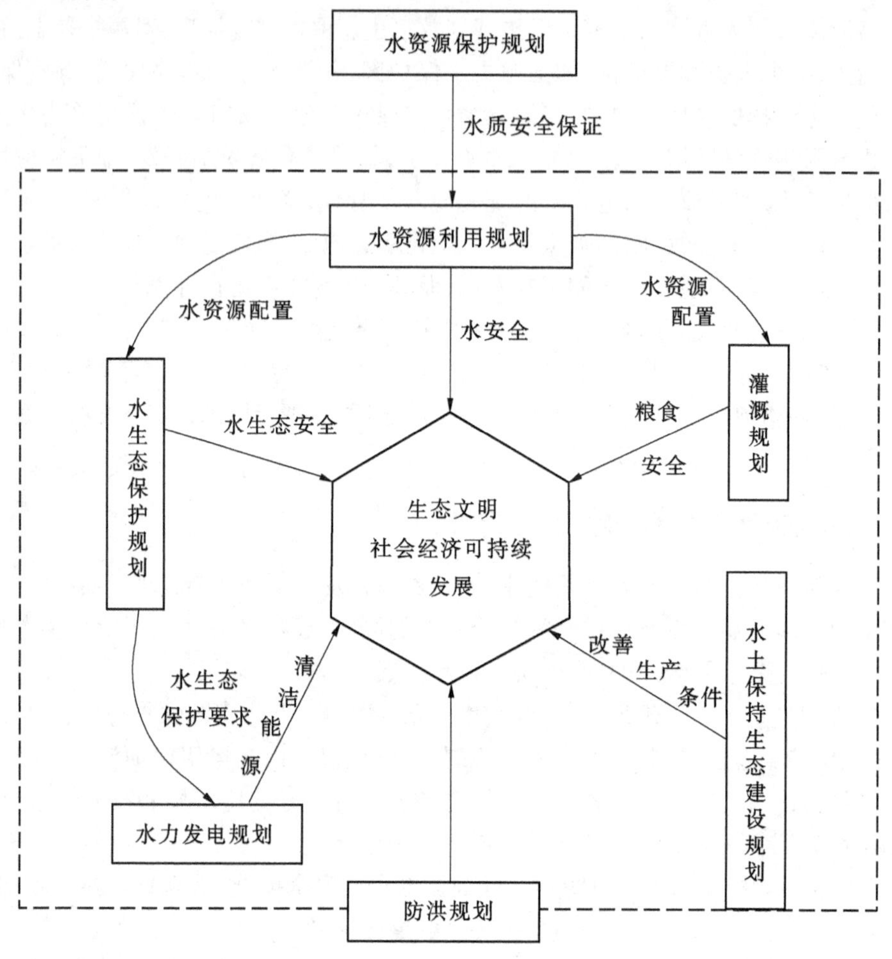

图 3-1 规划内部协调性分析

3.3 环境影响识别与筛选

3.3.1 规划环境影响简要分析

伊洛河流域综合规划由防洪规划、水资源利用规划、灌溉规划、水资源保护规划、水生态保护规划、水土保持生态建设规划、水力发电规划等部分组成,规划各体系环境影响简要分析见表 3-6。

3.3.2 规划环境影响识别

各河段区域环境影响识别见表 3-7 ~ 表 3-10。

表3-6 规划各体系环境影响简要分析

规划名称	主要有利影响	主要不利影响
防洪规划	保障流域及相关地区防洪安全,避免城镇、工业、农业、交通干线、生产生活设施遭到洪水破坏,为经济社会发展及社会安定提供防洪安全保障	1. 加剧河道渠化和人工化程度; 2. 堤防工程施工期对局部土地利用、植被产生的短期不利影响; 3. 部分规划工程可能涉及洛河鲤鱼国家级水产种质资源保护区、郑州黄河鲤国家级水产种质资源保护区、伊河特有鱼类国家级水产种质资源保护区、陕西省洛南大鲵省级自然保护区、洛河洛南源头水保护区、陕西洛南洛河湿地等环境敏感区
水资源利用及灌溉规划	1. 支撑经济社会可持续发展,协调生活、生产和生态环境用水的关系,缓解水资源供需矛盾,改善生活、生产供水条件,保障饮水安全; 2. 提高流域内用水效率,促进节水型社会建设; 3. 增加有效灌溉面积,促进农业生产发展,保障粮食安全; 4. 保障重要断面的生态环境用水; 5. 逐步退还平原区浅层地下水超采量	1. 河道外配置水量增加,导致河道内水量减少,重要断面下泄水量减少; 2. 水库等工程的径流调节改变河流的径流过程; 3. 河道内水量减少造成的水环境承载力下降; 4. 用水量增加带来的水环境风险; 5. 陆浑水库灌区向流域外供水、三门峡市洛河—窄口水库跨流域调水工程等对伊河陆浑水库及以下河段、洛河徐家湾及以下河段的不利影响,洛河—窄口水库调水工程可能涉及卢氏大鲵省级自然保护区; 6. 鸡湾、大石涧、佛湾水库对工程所在河段的淹没、河流阻隔等产生不利影响
水资源保护及水生态保护规划	1. 有利于改善河流水环境,促进水功能区水质达标; 2. 保障城镇饮用水供水安全; 3. 有利于缓解现状水生生态系统恶化的趋势	
水土保持规划	1. 减轻区域水土流失,提高植被覆盖率,维护和改善区域生态功能; 2. 增加坝地、改良土地,改善人民生活、生产条件,促进经济社会的发展	
水力发电规划	提供清洁能源	伊洛河流域现有密集的水电站群建设已造成河段脱流、鱼类及其栖息生境的破坏等生态环境问题。进一步的水电开发,将使河流连通性、水生生物生境遭到进一步破坏
管理体系	为防洪、水资源优化配置、水资源保护、水生态保护提供保障	

表 3-7 各河段区域环境影响识别(洛河上游区域)

河段区域	环境影响要素及因子		影响源	影响性质	影响时段	影响程度	影响范围	说明
洛河灵口以上河段区域	社会环境	经济社会发展	水资源配置	有利	长期	较小	本河段	为经济社会供水,规划年新增供水较少
			防洪规划	有利	长期	较小	本河段	本河段防洪工程数量较少
			灌溉规划	有利	长期	较小	本河段	本河段灌溉面积增加较少
	水资源	水文水资源	水资源配置	不利	长期	较小	伊洛河全河	河道内水量减少,河流天然径流过程改变
	水环境	水质	水资源保护规划	有利	长期	中等	全河	本河段现状水质较好,但规划年废水排放量增加
			水资源配置	不利	长期	中等	全河	河道水量减少导致水环境承载力下降,用水增加带来水环境风险
	水生生态	河流生态需水	水生态保护规划	有利	长期	中等	本河段	
			水资源配置	有利	长期	中等	本河段	配置中考虑生态需水
		鱼类及其生境	水生态保护规划	有利	长期	中等	本河段	
			水资源保护规划	有利	长期	中等	本河段	水质改善
	陆生生态	水土流失	水土保持规划	有利	长期	较大	本河段	
		植被覆盖率	水土保持规划	有利	长期	较小	本河段	
	环境敏感区	洛南大鲵省级自然保护区	防洪规划	不利	短期	较小	本河段	防洪工程
			水生态保护规划	有利	长期	较小	本河段	
		洛南源头水保护区、洛南洛河湿地	防洪规划	不利	短期	较小	本河段	防洪工程
洛河灵口至故县水库河段区域	社会环境	经济社会发展	水资源配置	有利	长期	较大	本河段	为经济社会供水
			防洪规划	有利	长期	中等	本河段	提供防洪安全
			灌溉规划	有利	长期	中等	本河段	提高粮食产量
	水资源	水文水资源	水资源配置	不利	长期	较大	伊洛河全河	河道径流减少、水库调度改变天然径流过程
	水环境	水质	水资源保护规划	有利	长期	中等	全河	
			水资源配置	不利	长期	较大	全河	河道水量减少导致水环境承载力下降,用水增加带来水环境风险
	水生生态	河流连通性	水电规划	不利	长期	较大	全河	进一步加剧连通性破坏
			水生态保护规划	有利	长期	较小	全河	现有电站整顿措施
		河流生态需水	水生态保护规划	有利	长期	较大	本河段	逐步消除脱流河段
			水资源配置	有利	长期	中等	本河段	配置中考虑生态需水
	陆生生态	水土流失	水土保持规划	有利	长期	较大	本河段	
		植被覆盖率	水土保持规划	有利	长期	较小	本河段	
	敏感区	卢氏大鲵省级自然保护区	水资源配置工程	不利	短期	较小	本河段	洛河—窄口水库调水工程
			水生态保护规划	有利	长期	较小	本河段	

表3-8　各河段环境影响识别(洛河中下游区域)

河段区域	环境影响要素及因子		影响源	影响性质	影响时段	影响程度	影响范围	说明
洛河中下游区域	社会环境	经济社会发展	水资源配置	有利	长期	较大	本河段	规划年供水量增加较大
			防洪规划	有利	长期	较大	本河段	防洪规划重点河段
			灌溉规划	有利	长期	较大	本河段	新增灌溉面积重点区域
	水资源	水文水资源	水资源配置	不利	长期	较大	伊洛河全河	河道径流减少、水库等工程改变天然径流过程
	水环境	水质	水资源保护规划	有利	长期	较大	全河	
			水资源配置	不利	长期	较大	全河	河道水量减少导致水环境承载力下降,用水增加带来水环境风险
	水生生态	河流连通性	水生态保护规划	有利	长期	较小	全河	现有电站整顿措施
		河流生态需水	水生态保护规划	有利	长期	较大	本河段	逐步消除脱流河段
			水资源配置	有利	长期	中等	本河段	在配置中考虑生态需水,多年平均情况下可保障重要断面年生态需水总量
				不利	长期	较大	本河段	规划年供水量增幅较大,中等枯水年无法满足重要断面年生态需水总量,但现状中等枯水年可满足
		鱼类及其生境	水生态保护规划	有利	长期	中等	本河段	
			水资源保护规划	有利	长期	中等	本河段	水质改善
	陆生生态	水土流失	水土保持规划	有利	长期	较大	本河段	
		植被覆盖率	水土保持规划	有利	长期	较小	本河段	
	环境敏感区	洛河鲤鱼、黄河鲤国家级水产种质资源保护区	防洪规划	不利	短期	较小	本河段	防洪工程
			水生态保护规划	有利	长期	较大	本河段	现有电站整顿措施
			水资源保护规划	有利	长期	中等	本河段	水质改善

表 3-9　各河段环境影响识别(伊河上游区域)

河段区域	环境影响要素及因子		影响源	影响性质	影响时段	影响程度	影响范围	说明
伊河上游区域	社会环境	经济社会发展	水资源配置	有利	长期	中等	本河段	为经济社会供水
			防洪规划	有利	长期	中等	本河段	提供防洪安全
			灌溉规划	有利	长期	较小	本河段	提高粮食产量
	水资源	水文水资源	水资源配置	不利	长期	较大	伊洛河全河	河道径流减少、天然径流过程改变
	水环境	水质	水资源保护规划	有利	长期	中等	全河	
			水资源配置	不利	长期	较大	全河	河道水量减少导致水环境承载力下降,用水增加带来水环境风险
	水生生态	河流连通性	水电规划	不利	长期	较大	全河	加剧连通性破坏
			水生态保护规划	有利	长期	较小	全河	现有电站整顿措施
		河流生态需水	水生态保护规划	有利	长期	较大	本河段	逐步消除脱流河段
			水资源配置	有利	长期	中等	本河段	配置中考虑生态需水
		鱼类及其生境	水生态保护规划	有利	长期	中等	本河段	
			水资源保护规划	有利	长期	中等	本河段	水质改善
	陆生生态	水土流失	水土保持规划	有利	长期	较大	本河段	
		植被覆盖率	水土保持规划	有利	长期	较小	本河段	
	敏感区	伊河特有鱼类种质资源保护区	防洪规划	不利	短期	较小	本河段	防洪工程
			水生态保护规划	有利	长期	较大	本河段	现有电站整顿措施

根据环境影响识别可以看出:

(1)洛河灵口以上河段区域。

该河段区域位于洛河上游陕西省境内,为洛河源头区域,区域内环境敏感区较多。规划在该河段的影响源主要为水资源配置和水生态保护规划,影响因子主要为社会经济和水生生态。

水资源配置对区域经济社会发展为长期的、区域性的有利影响,但河道外配置水量的增加,将导致河道内水量减少、水环境承载力下降等不利影响;水生态保护规划相关措施对河道生态需水、鱼类及其生境保护为长期有利影响,且水生态保护规划将该河段划为禁止开发河段,并禁止水电开发。

该河段区域规划工程涉及三处环境敏感区,防洪工程可能涉及洛南大鲵省级自然保护区、洛南源头水保护区、洛南洛河湿地。

表 3-10　各河段环境影响识别(伊河中下游区域)

河段区域	环境影响要素及因子		影响源	影响性质	影响时段	影响程度	影响范围	说明
伊河中下游区域	社会环境	经济社会发展	水资源配置	有利	长期	较大	本河段	为经济社会供水
			防洪规划	有利	长期	较大	本河段	提供防洪安全
			灌溉规划	有利	长期	较大	本河段	提高粮食产量
	水资源	水文水资源	水资源配置	不利	长期	较大	伊洛河全河	河道径流减少、天然径流过程改变
	水环境	水质	水资源保护规划	有利	长期	中等	全河	
			水资源配置	不利	长期	较大	全河	河道水量减少导致水环境承载力下降,用水增加带来水环境风险
	水生生态	河流连通性	水电规划	不利	长期	中等	全河	加剧现有不利影响
			水生态保护规划	有利	长期	较小	全河	现有电站整顿措施
		河流生态需水	水生态保护规划	有利	长期	较大	本河段	逐步消除脱流河段
			水资源配置	有利	长期	中等	本河段	在配置中考虑生态需水,多年平均情况下可保障重要断面年生态需水总量
				不利	长期	较大	本河段	规划年供水量增幅较大,中等枯水年无法满足重要断面年生态需水总量,但现状中等枯水年可满足
		鱼类及其生境	水生态保护规划	有利	长期	中等	本河段	
			水资源保护规划	有利	长期	中等	本河段	水质改善
	陆生生态	水土流失	水土保持规划	有利	长期	中等	本河段	
		植被覆盖率	水土保持规划	有利	长期	较小	本河段	

(2)洛河灵口至故县水库河段区域。

规划在该河段的影响源主要为水电规划、水资源配置、水生态保护规划,影响因子主要为水生生态、社会经济。

水电规划在该河段布置 4 座电站,将进一步加剧河流连通性的破坏,对水生生态造成较大不利影响;水资源配置对区域经济社会发展为长期的、区域性的有利影响,但河道外配置水量的增加，将导致河道内水量减少、水环境承载力下降等不利影响；水生态保护规划相关措施对河道生态需水、鱼类及其生境保护为长期有利影响，水生态保护规划针对河段现有电站亦提出整顿措施，要求各电站下泄一定的生态基流，有利于消除脱流河段，对水生生态为长期有利影响。

该河段区域规划工程涉及一处环境敏感区，水资源配置工程规划的洛河—窄口水库调水工程可能涉及卢氏大鲵省级自然保护区，应在项目设计阶段对该自然保护区进行绕避，避免对该敏感区造成不利环境影响。

(3)洛河中下游区域。

规划在该河段的影响源主要为水资源配置、防洪规划、水生态保护规划、水资源保护规划，影响因子主要为社会经济、水文水资源、水质、水生生态。

该河段为防洪规划重点河段，防洪规划对该河段为长期有利影响；水资源配置对区域经济社会发展为长期的、区域性的有利影响，但河道外配置水量的增加，将导致河道内水量减少、水环境承载力下降等不利影响。本河段区域河道外配置水量增加较大，故本河段该不利影响较大；且因规划年该河段区域供水量增幅较大，生态需水满足程度将较现状年有所降低。水生态保护规划相关措施对河道生态需水、鱼类及其生境保护为长期有利影响，水生态保护规划针对河段现有电站亦提出整顿措施，要求各电站下泄一定的生态基流，有利于消除脱流河段，对水生生态为长期有利影响；水资源保护规划对水环境为长期有利影响，有利于改善该区域水质较差的现状。

该河段区域防洪规划工程涉及两处环境敏感区，为洛河鲤鱼及黄河鲤鱼国家级水产种质资源保护区。水生态保护规划提出的现有电站整改措施及水资源保护规划对水环境的保护将对两处环境敏感区产生长期有利影响。

(4)伊河上游区域。

规划在该河段的影响源主要为水电规划、水资源配置、水生态保护规划、水资源保护规划，影响因子主要为水生生态、社会经济、水环境。

水电规划在该河段布置 3 座电站，将进一步加剧河流连通性的破坏，对目前已严重受损的水生生态将进一步造成较大不利影响；水生资源配置对区域经济社会发展为长期的、区域性的有利影响，但河道外配置水量的增加，将导致河道内水量减少、水环境承载力下降等不利影响；水生生态保护规划相关措施对河道生态需水、鱼类及其生境保护为长期有利影响，水生态保护规划针对河段现有电站亦提出整顿措施，要求各电站下泄一定的生态基流，有利于消除脱流河段，对水生生态为长期有利影响；水资源保护规划对水环境为长期有利影响，有利于改善该河段水质较差的现状。

该河段防洪规划工程涉及一处环境敏感区，为伊河特有鱼类国家级水产种质资源保护区。水生态保护规划提出的现有电站整改措施及水资源保护规划对水环境的保护将对该环境敏感区产生长期有利影响。

(5)伊河中下游区域。

规划在该河段的影响源主要为水资源配置、防洪规划、水生态保护规划，影响因子主要为社会经济、水文水资源、水生生态。

该河段为防洪规划重点河段，防洪规划对该河段为长期有利影响；水资源配置对区域经济社会发展为长期的、区域性的有利影响,但河道外配置水量的增加,将导致河道内水量减少、水环境承载力下降等不利影响,本河段区域河道外配置水量增加较大,故本河段该不利影响较大;水生态保护规划相关措施对河道生态需水、鱼类及其生境保护为长期有利影响;水电规划在本河段规划有 1 座电站,对水生生态将造成不利影响。

3.4　环境目标与评价指标

环境目标是开展规划环境影响评价的依据,而评价指标是环境目标的具体化描述(包括定量和定性指标)。规划的环境目标和评价指标一般根据规划影响区域的环境状况和环境保护要求来确定。

在本次评价指标构建过程中,评价在环境影响识别的基础上,首先考虑了流域“三线一单”划定建议中的指标,其次分析了规划提出的环境目标及其指标,以及流域目前亟待解决的主要环境问题,最终以易于获取、便于统计和量化等原则,对多项指标进行筛选和分析后,确定了本次评价的指标。

3.4.1　参考指标简介

3.4.1.1　流域“三线一单”划定建议中的指标

流域水资源利用上线指标:地表水供水量、地下水开采量、万元工业增加值用水量、灌溉水利用系数。

水环境质量底线指标:水功能区达标率、COD 入河量、氨氮入河量。

3.4.1.2　规划提出的环境目标及相应指标

规划从防洪、水资源管理、河道内生态环境用水等方面,选择了 11 项主要控制指标,包括防洪标准、地表水用水量、地表水耗水量、地下水开采量、万元工业增加值用水量、大中型灌区灌溉水利用系数、水质目标、COD 入河量、氨氮入河量、河道内生态环境用水量、断面下泄水量。

3.4.1.3　流域亟待解决的主要环境问题

目前,伊洛河流域存在的主要环境问题有:①水生态环境恶化;②城市河段水污染严重;③洪涝灾害威胁依然存在;④存在地下水超采问题。

其中,河流水流连续性遭到破坏、鱼类及其栖息生境的大量丧失这一水生态问题,是目前流域亟待解决的主要环境问题。

因此,本次评价除考虑上述国家和地方环境保护政策提出的总量控制、环境质量等环境目标要求外,亦将流域目前亟待解决的水生态恶化、水污染严重、防洪问题等列入环境目标的考虑范围。

3.4.2　评价确定的环境目标及评价指标

评价在环境影响识别的基础上,考虑国家及地方环境保护政策和要求,以及流域目前亟待解决的主要环境问题,结合规划提出的环境目标及其指标,综合确定了本次规划应达到的环境目标,并构建了相应的评价指标,具体见表 3-11。

表 3-11　伊洛河流域综合规划环境目标及评价指标

环境要素		环境目标	评价指标	现状年	规划年目标
水资源	地表水资源	1. 优化水资源配置，促进水资源可持续利用； 2. 提高水资源利用效率	地表水供水量(亿 m^3/a)	8.03	2030 年:13.45
			地表水资源开发利用率(%)	30.1	考虑经济社会发展需求与水环境承载力，适度增加
			万元工业增加值用水量(m^3/万元)	40	2030 年:16
			节灌率(%)	37.6	2030 年:90.8
			农田灌溉水利用系数	0.55	2030 年:0.64
	地下水资源	逐步退还超采地下水资源量，维持地下水采补平衡	地下水开采量(亿 m^3/a)	7.35	2030 年:7.41
			平原区浅层地下水开采量(亿 m^3/a)	4.80	2030 年:3.64
			平原区浅层地下水开采率(%)	132	100(不超采)
水环境	地表水环境	1. 满足水功能区水质要求； 2. 控制水污染，改善水环境	水功能区水质达标率(%)	60.5	2030 年:河南 93，陕西 100
			COD 入河量(t/a)	50 064	2030 年:18 710
			氨氮入河量(t/a)	6 967	2030 年:1 055

续表3-11

环境要素		环境目标	评价指标	现状年	规划年目标
生态环境	水生生态	控制河流连通性进一步破坏，保障重要断面生态需水，逐步消除脱流河段，保护鱼类资源及其生境	河流连通性	河流连通性破坏严重	控制河流连通性进一步破坏，遏制水生生态恶化趋势
			重要断面生态需水满足程度	近十年实测平均流量情况下可满足	保障重要断面生态需水
			不同河段生态需水满足程度	多个河段脱流，无法满足河道生态需水	逐步消除脱流河段，基本保障干流各河段生态需水
			鱼类资源及其生境变化情况	鱼类资源量锐减、生境萎缩且片段化	遏制鱼类资源及其生境破坏趋势
	环境敏感区	符合各相关环境敏感区的保护要求，重点保护大鲵及其栖息环境、鱼类资源及其生境等	大鲵、秦巴拟小鲵及其栖息地保护	面临人类干扰、矿产开发活动等威胁	按自然保护区相关保护要求，保护大鲵及其栖息地不受进一步破坏
			水产种质资源保护区生态功能维护	保护区内存在多个电站	整顿保护区内水电站，逐步恢复鱼类资源及其生境
	水土流失	防治流域水土流失	水土流失治理率(%)	45.85	2030年：新增17.61
			治理面积(km^2)	53.54	2030年：新增2 056.74
社会环境		完善防洪体系，提高流域防洪减灾能力； 协调经济发展与资源环境保护的矛盾，促进社会可持续发展	干流河段防洪标准	—	达到防洪标准要求
			供水量(亿m^3)	16.38	考虑经济社会发展需求与水环境承载力，适度增加
			灌溉面积(万亩)	222.3	2030年：新增153.1

第 4 章　流域已有治理开发环境影响回顾

伊洛河是黄河三门峡以下的最大支流，流域的水利建设作为经济社会发展的基础支撑之一，在防洪、水资源利用、灌溉、水土保持等方面取得较多成就，促进了经济社会的发展。但取得这些成就的同时，流域已有开发活动亦对水环境、生态环境等产生了较大的不利影响，尤其是干支流小水电的无序开发，使河流水生生态遭到严重破坏。

4.1　流域已有治理开发概述

4.1.1　防洪

伊洛河是黄河"下大洪水"的主要来源区之一，其洪水具有涨势猛、突发性强、预见期短等特点。历史上伊洛河洪水频发，洪灾严重，因此伊洛河流域的防洪治理历来都是流域治理的首要任务。

目前，通过对伊洛河流域的逐步治理，伊洛河基本形成了以水库及堤防和护岸等河道治理工程为主的"上拦、下排"的防洪减灾模式，在防洪减灾方面发挥了重要作用。

伊洛河流域已修建承担防洪任务的水库工程有伊河陆浑和洛河故县两座大型水库。其中，陆浑水库位于伊河嵩县陆浑村，控制流域面积 3 492 km^2，总库容 13.2 亿 m^3，防洪库容 2.5 亿 m^3；故县水库位于洛河洛宁县故县镇，控制流域面积 5 370 km^2，总库容 11.75 亿 m^3，防洪库容 4.9 亿 m^3。陆浑、故县水库所承担的防洪任务主要有两项：一是减缓伊洛河中下游河段的防洪压力，在 20 年一遇以下洪水时，水库控制下泄流量不超过1 000 m^3/s；二是配合三门峡、小浪底等水库联合调度运用，削减"三花"间洪水，以减轻黄河下游洪水威胁，确保黄河下游近千年一遇标准洪水的防洪安全。两座大型水库的防洪运用，不仅减缓了伊洛河中下游河段的防洪压力，而且对黄河下游洪水起到了较好的调节作用。

洛河干流及支流伊河干流已建河道治理工程 535.0 km。伊河已建河道治理工程 223.8 km，其中达标 146.8 km；洛河已建河道治理工程 311.2 km，其中达标 171.6 km。现有险工 150 多处。近年来，随着国家对中小河流治理的重视和资金投入力度的加大，中小河流防洪工程建设速度加快，流域重要支流现有堤防、护岸等 186 km。

山洪灾害防治非工程措施建设一期工程基本完成，在各个县（市、区）建立了县级监测预警平台，建设并安装有自动雨量站、自动水位站、手摇警报器、预警广播等措施装备。

此外，伊洛河夹滩地区由于地势低洼，历史上是一个天然滞洪区，《黄河下游防洪规划》将其界定为四大片，即洛阳龙门镇以下至杨村的夹滩洪泛区、伊河南岸东石坝洪泛区、杨村南岸洪泛区、杨村北岸洪泛区。当遇大洪水时，发生堤防决溢或洪水倒灌，洪水进入滩地，形成滞洪，对伊洛河黑石关、黄河小花间的洪峰和洪量具有一定的削减作用。目前，黄河下游设计洪水成果均已考虑了夹滩地区的自然滞洪作用。本次规划，根据各洪泛区内的地域名称和自然滞洪功能,将各洪泛区名称分别更名为夹滩自然滞洪区、东石坝自然滞洪区、安滩自然滞洪区和偃师老城区自然滞洪区四个自然滞洪区。

4.1.2　水资源利用

伊洛河流域水资源开发利用历史悠久,自 20 世纪 50 年代末期以来,伊洛河流域修建了大批水利工程,对促进伊洛河流域社会经济发展、改善人民生活条件发挥了重要的作用。截至 2013 年,伊洛河流域内共修建蓄水工程 1 063 座,其中大型水库 2 座、中型水库 10 座、小型水库 190 座、塘坝 861 座,引水工程 759 处,提水工程 440 处,机电井 2.1 万眼,污水处理利用工程 14 座,集雨工程 17 465 处,矿井水利用工程 8 处。现状有效灌溉面积达到 222.3 万亩,其中农田有效灌溉面积 212.6 万亩、林果灌溉面积 9.7 万亩。流域内设计灌溉面积万亩以上灌区有 30 处,设计灌溉面积 252.3 万亩,有效灌溉面积 126.5 万亩,占总有效灌溉面积的 56.9%。

2013 年,伊洛河流域的总供水量为 16.46 亿 m^3,其中向流域内供水 15.96 亿 m^3、向流域外供水 0.50 亿 m^3。流域外供水主要为引陆浑水库向淮河流域平顶山市供水。流域内各部门总用水量 15.96 亿 m^3,其中农业用水量 4.57 亿 m^3,占 28.6%;工业用水量 8.2 亿 m^3,占 51.4%;建筑业及第三产业用水量 0.57 亿 m^3,占 3.6%;生活用水量 2.06 亿 m^3,占 12.9%;生态环境用水量 0.56 亿 m^3,占 3.5%。供水量主要集中在故县水库、陆浑水库以下地区,故县水库—白马寺,龙门镇、白马寺—入黄口及陆浑水库—龙门镇三区供水量占全流域总供水量的 86.7%。

2013 年,伊洛河流域人均用水量 201 m^3,非火电工业万元增加值用水量 40 m^3,现状工业用水重复利用率 70% 左右;流域水浇地实灌定额 232 m^3/亩,农田灌溉水利用系数 0.55。现状工程节水灌溉面积 79.9 万亩,占有效灌溉面积的 37.6%。其中,渠道防渗占节水灌溉面积的 44.9%,管道输水占 45.2%,喷灌占 9.0%,微灌占 0.9%。

4.1.3　水资源保护

伊洛河流域的水功能区划于 2004 年先后由河南、陕西两省人民政府印发,其中重要水功能区划经《国务院关于全国重要江河湖泊水功能区划(2011—2030 年)批复》(国函〔2011〕167 号)批复,对流域内 20 条河流划分水功能一级区 24 个、二级区 45 个。水功能区批复后,水质监测能力得到加强,目前伊洛河流域水功能区监测覆盖率由之前的 51% 提高到 2013 年的 88%。2013 年,伊洛河流域水功能区水质达标率为 60.5%,达标河段主要分布在洛河干流洛阳以上河段、伊河干流栾川方村以下河段,以及官坡河、潘河、涧北河、陈吴涧、渡洋河、永昌河、蛮峪河、白降河等支流。豫陕省界断面、入黄水质断面现状水质满足水质目标。伊洛河入黄口的七里铺水质自动监测站于 2013 年开工建设。

2007 年年底,河南省人民政府以豫政办〔2007〕125 号批准实施了《河南省城市集中式饮用水源保护区划》,为伊洛河流域的 16 个水源地划定了保护区,饮用水水源地保护工作得到加强。伊洛河流域建成运行城镇污水处理厂 16 座,设计日污水处理能力达 64.2 万 t,实际日污水处理能力 49.74 万 t;设计日中水回用量 17.5 万 t,实际日中水回用量 7.15 万 t。2011 年,流域机构依法开展了入河排污口核查,基本摸清了流域入河排污口现状,水资源保护监督管理工作得到进一步落实。

4.1.4 水生态保护

伊洛河流域多处于山地与丘陵的过渡地带,生态环境脆弱。为保护伊洛河流域生态环境,环保和农业部门相继在伊洛河建立了陕西省洛南大鲵省级自然保护区、河南省卢氏大鲵自然保护区、洛河鲤鱼国家级水产种质资源保护区、伊河特有鱼类国家级水产种质资源保护区、黄河郑州段黄河鲤国家级水产种质资源保护区等各类保护区等,林业部门在洛河上划定了陕西洛南洛河湿地作为重要保护对象。水利部门制定的《黄河水量调度条例实施细则》明确规定了伊洛河入黄断面最小流量指标及保证率。以上各项政策与措施实施,在一定程度上促进了伊洛河流域及河流生态的保护。

4.1.5 水土保持

伊洛河流域是我国较早开展水土保持工作的地区之一,但前期水土保持治理工作开展力度相对较轻。近10多年来,国家加大了对水土流失的治理力度,伊洛河流域也相应开展了黄河水土保持坝系工程(卢氏县焦子河流域、宜阳县韩城河小流域)、坡耕地综合整治试点工程(嵩县闫坪项目区)、水土保持小流域综合治理(栾川县狮子庙项目区、偃师市北邙项目区)等水土保持工程项目。截至2013年年底,伊洛河流域累计治理水土流失面积53.54万 hm^2,其中,修建基本农田21.13万 hm^2、人工造林16.66万 hm^2、经果林6.39万 hm^2、种草0.3万 hm^2、生态修复9.06万 hm^2,修建骨干坝112座,中小型淤地坝466座,小型蓄水保土工程77 132座(眼、个)。

近年来,伊洛河流域相继开展了水土流失预防保护规范化建设。截至2013年,流域内开展封育治理90 659.50 hm^2,保护林草植被和水土保持设施。目前,已开始构架水土保持监测体系,开展了部分开发建设项目的水土流失监测,建立了水土保持监测公告制度,为综合治理、预防监督和开发建设项目水土保持措施设计、专项验收等提供了技术依据。

4.1.6 水电开发

根据《中华人民共和国农村水能资源调查评价成果报告》(2008年,陕西省卷、河南省卷,简称“2008年调查评价成果”),伊洛河流域干支流水力资源理论蕴藏量574.54 MW。目前,伊洛河干流(含支流伊河干流)已建、在建水电站46座,总装机容量194.88 MW,年发电量7.44亿kW·h。从两省的分布来看,伊洛河干流已建、在建水电站全部分布在河南省境内。从水系的分布来看,洛河干流已建、在建水电站34座,总装机容量162.01 MW,年发电量6.18亿kW·h,装机容量和年发电量分别占洛河和伊河干流已开发、正开发总量的83.1%和83.1%;支流伊河干流已建、在建水电站12座,总装机容量32.87 MW,年发电量1.26亿kW·h,装机容量和年发电量分别占洛河和伊河干流已开发、正开发总量的16.9%和16.9%。

4.2　流域已有治理开发取得的环境效益

伊洛河流域已有防洪工程、水资源利用工程，以及水土保持工程建设等治理开发活动取得了一定的成绩和环境效益。

4.2.1　防洪减灾效益

伊洛河流域现状基本形成了以水库及堤防为主的上拦下排的防洪减灾模式，在流域防洪减灾方面发挥了重要作用，减轻了洪灾对经济社会带来的灾害，保障了流域人民群众生命财产安全；而且陆浑、故县两座大型水库对黄河下游的洪水也起到了较好的调节作用，在黄河下游防洪减灾方面发挥了重要作用。

（1）保障伊洛河流域的防洪安全。

伊洛河流域历来是水旱灾害频发区，平均 5.8 年一次，其中造成河道决口、泛滥成灾的大水灾平均 20 年一次。流域涉及陕西、河南两省的 6 个地市 21 个县（市、区），截至 2013 年，伊洛河流域总人口 794 万人，耕地面积 683.9 万亩。流域内洛阳市建成区人口 170 万人，是国家级历史文化名城、河南省副中心城市、著名旅游城市、先进制造业基地。流域内宜阳、洛宁、伊川和孟津 4 个县是河南省 89 个粮食主产区重点县。

目前，流域内共修建各类型的水库 330 余座，总库容 29.8 亿 m^3，控制流域面积 1.3 万 km^2，占伊洛河流域面积的 68.4%；陆浑、故县两座大型水库在 20 年一遇以下洪水时，水库控制下泄流量不超过 1 000 m^3/s，可有效减缓伊洛河中下游河段的防洪压力；流域已建堤防工程总长 535.0 km，主要分布在栾川、嵩县、卢氏、洛宁、宜阳、伊川、洛阳、偃师、巩义等城镇河段。

流域现有防洪减灾体系，可有效保护流域内 794 万人、683.9 万亩耕地以及洛阳城区和粮食主产县等的安全，为流域经济社会的稳定发展提供防洪安全保障。

（2）减轻黄河下游洪水威胁。

陆浑、故县两座大型水库除减缓伊洛河中下游河段防洪压力外，还是黄河下游防洪体系和水沙调控系统的重要组成部分，配合三门峡、小浪底水库联合调度运用，削减“三花”间洪水，减轻黄河下游洪水威胁。

陆浑水库控制伊河流域面积 57.9%，曾多次发挥削减洪峰作用，1964 年 9 月 24 日削减 1 014 m^3/s，同年 10 月 6 日削减 1 140 m^3/s。1982 年 8 月，入库洪峰达 5 370 m^3/s，经陆浑水库调控口下泄流量 890 m^3/s，有效削减了洪峰，不仅保护了水库下游洛阳范围的防洪安全，同时减少了陇海、京广、焦枝铁路干线与下游诸城市的灾害损失。据计算，当发生万年一遇的洪水时，可削减花园口洪峰 1 530 ~ 5 770 m^3/s；千年一遇洪水时，可削减花园口洪峰 1 300 ~ 3 620 m^3/s；百年一遇洪水时，可削减花园口洪峰 510 ~ 1 680 m^3/s，对黄河下游防洪起到积极作用。

故县水库控制洛河 44.6% 的流域面积，占三门峡—花园口区间流域面积的 13%。坝址以上是三门峡—花园口区间洪水主要来源区之一，相应洪量占花园口 10 000 m^3/s 以上洪量的 18% ~ 32%。故县水库修建后，对黄河下游花园口水文站的洪峰流量，万年一遇时,削减 266 ~ 3 550 m^3/s;千年一遇时,削减 220 ~ 2 250 m^3/s;百年一遇时,削减 520 ~ 1 470 m^3/s,提高了下游大堤的防洪标准,减少了东平湖分洪区和北金堤滞洪区的分洪运用概率及分洪负担。

4.2.2 水资源开发利用效益

流域现有的蓄水、引水、提水工程等水资源利用工程,保障了流域生产生活用水,为流域社会经济发展提供了水资源支撑。

4.2.2.1 供水

随着流域国民经济的发展、城市化和工业化进程的加快,伊洛河流域的供水量不断增加。流域 2013 年总人口增加到 794 万人,流域 2013 年国内生产总值(GDP)达 3 585 亿元,非火电工业增加值为 1 467.2 亿元。为满足流域国民经济发展的需求,2013 年流域各类水资源利用工程总供水量达到 16.46 亿 m^3,其中流域内供水 15.96 亿 m^3。流域国民经济各部门用水分布情况为:农业用水量 4.57 亿 m^3,占总用水量的 28.6%;工业用水量 8.20 亿 m^3,占总用水量的 51.4%;生活用水量 2.06 亿 m^3,占总用水量的 12.9%。

除流域内供水外,还为淮河流域平顶山汝州市及洛阳汝阳县提供灌溉用水。据 1980 ~ 2000 年统计,引陆浑入淮平均供水量为 0.21 亿 m^3,该区现状有效灌溉面积 18.59 万亩,2013 年实际供水量 0.5 亿 m^3。

伊洛河现有水资源开发利用,为流域及相关区域经济建设和人民群众生活用水提供了水源保证,促进了流域社会经济的稳步发展。

4.2.2.2 灌溉

伊洛河流域总土地面积中,山地与丘陵所占面积比例较大,平原所占面积较少,受水土资源条件的制约,大型灌区建设难度较大。

1949 年,伊洛河流域灌溉面积仅为 37 万亩,20 世纪 90 年代,陆浑、故县两大水库建成,灌溉面积成倍增大,不仅浇灌伊河、洛河流域内的土地,而且跨流域浇灌淮河流域的汝阳、汝州、荥阳等县(市)的土地。

到 2013 年,流域内有效灌溉面积达到 222.3 万亩,其中农田有效灌溉面积 212.6 万亩,林果灌溉面积 9.7 万亩。设计灌溉面积万亩以上灌区有 31 处,总用水量 4.01 亿 m^3,占 2013 年总供水量的 24.4%。

在流域灌溉面积大幅提高的基础上,流域 2013 年实现粮食总产量 259.6 万 t,为国家粮食安全做出了一定贡献。

4.2.3 水土保持效益

伊洛河流域水土流失以轻度、中度侵蚀为主,前期水土保持治理工作开展力度相对较小,20 世纪 90 年代以后水土保持工作力度逐步加强,近 10 多年来,国家加大了对水土保持的治理力度,伊洛河流域也相应开展了黄河水土保持坝系工程(卢氏县焦子河流域、宜阳县韩城河小流域)、坡耕地综合整治试点工程(嵩县闫坪项目区)、水土保持小流域综合治理(栾川县狮子庙项目区、偃师市北邙项目区)等水土保持工程。

截至 2013 年年底,伊洛河流域累计治理水土流失面积 53.54 万 hm^2,治理度为

45.85%。其中,修建基本农田21.13万hm^2、人工造林16.66万hm^2、经果林6.39万hm^2、种草0.3万hm^2、生态修复9.06万hm^2,修建骨干坝112座,中小型淤地坝466座,小型蓄水保土工程77 132座(眼、个)。

通过流域水土保持工程,有效减缓了流域土壤面蚀,增加了地面植被,减少了入河泥沙,改善了当地群众生产生活条件。

(1)减缓土壤侵蚀。

伊洛河流域丘三区暴雨地表径流大,流速快,平时则流水很小,开发利用困难。进行治理后,暴雨时各种工程蓄水能力加大,地表径流变小减缓,减弱侵蚀发展。根据《伊洛河志》记载,嵩县德亭川小流域综合治理后,土壤侵蚀模数由治理前的3 800 t/(km^2·a)降到1 342 t/(km^2·a),降幅达64.7%,径流减少27.61%,泥沙减少65.79%。

(2)改良土壤性质。

流域除下游冲积平原区外,其他多数地区坡地占70%～90%,地力贫瘠,改成水平梯田后,土壤流失减轻90%以上,土壤空隙增加,容重减小,土壤水分及氮、磷、钾等含量显著增加,有利于农作物生长和增产。

(3)增加地面植被。

水土保持工程中的造林措施,增加了地面植被,保土涵水,降低风速,减少风暴次数,在一定范围和程度上改善了地面小气候。

4.3　流域已有治理开发不利环境影响

伊洛河流域现有治理开发活动在支撑流域社会经济发展的同时,也对流域环境造成了一定的不利影响,其中以两方面的不利影响最为显著:一是水资源开发利用带来的水环境污染,二是干支流水电无序开发造成的水生态环境恶化。

4.3.1　对水环境的不利影响

(1)水资源开发利用程度增加,废污水排放量不断增加。

20世纪90年代以来,伊洛河流域经济社会迅速发展,为了支撑流域经济发展,水资源开发利用程度不断增强,伊洛河流域的供水量由2000年的14.30亿m^3增加到2013年的16.46亿m^3,增加了15.1%,主要集中在洛河故县水库—白马寺河段。虽然近年来污染治理和环保工作逐渐加强,流域水污染状况得到一定程度改善,但污染治理速度及强度落后于经济社会和城市发展速度,流域废污水排放量逐年增加,流域水污染形势依然严峻。2013年,伊洛河流域点污染源废污水排放总量为3.47亿t,其中工业废水2.57亿t,占74%,城镇生活污水0.91亿t,占26%;伊河区间废污水排放量约占流域排放总量的18%,洛河约占82%。

(2)废污水排放河段较为集中,中下游城市河段水环境超载严重。

伊洛河废水污染物排放较为集中,多集中在流域人口稠密、工业集中分布的城市河段。根据2013年伊洛河流域主要城镇81个入河排污口调查,废污水年入河总量3.33亿t,主要污染物COD、氨氮年入河总量分别为5.08万t、0.70万t,入河排污口达标排放率

50%左右。入河废污水及主要污染物COD、氨氮的49%左右集中在支流涧河及洛河宜阳—白马寺河段,18%左右集中在洛河白马寺—黑石关河段;洛阳、义马、渑池、新安、偃师是流域水污染控制的重点城镇。

现状伊洛河流域污染物入河量已远超过流域的水体纳污能力,2013年伊洛河流域COD和氨氮纳污能力可利用量分别为2.3万t、1 011 t,而现状年流域水功能区污染物COD和氨氮实际入河量分别为5.08万t、0.7万t。除灵口(省界)以上河段外,其他河段的污染物入河量均超载,其中洛河宜阳以下、伊河陆浑以下及涧河以60%左右的纳污能力承载了约90%的污染负荷,入河污染物严重超过水域纳污能力,其中涧河纳污能力超载20倍以上,水质污染严重。

(3)流域采矿等行业的废水排放,造成水体存在重金属及氟化物超标问题。

伊洛河流域矿产资源丰富,是煤、铝土矿、耐火黏土等重要成矿区和矿产地,也是重要的金、银和有色金属矿产集中区与资源基地,矿采选行业历史悠久。部分采矿企业废水污染治理不到位、废弃物处置不当等原因,造成部分河段水体存在重金属及氟化物超标的问题。

伊河上游流经的栾川县、明白河流经的嵩县、白降河流经的伊川县、洛河中游的宜阳县等河段,重金属等特征因子偶有检出,这些区域主导行业为采选矿、冶炼、化工、电解铝等,部分企业治污能力低、设施落后。此外,这些区域矿采选行业及工业排污(如伊河上游栾川、嵩县区域内萤石选厂、氟化盐企业及栾川潭头工业园区)的存在,使地表水水质监测中出现氟化物超标的问题。

(4)流域水污染事故高风险行业分布较多,水污染事件时有发生。

流域内矿采选、冶炼、化工等行业水污染事故发生风险较高,近10年来发生数起突发性水污染事件。如2001年洛河发生氰化物污染事故,2006年河南卢氏县钼矿泄漏污染洛河,2006年1月的伊洛河油污染事故,2009年7月河南洛染股份有限公司爆炸致伊河污染等。

(5)水电无序开发及橡胶坝运行导致的河道脱流及减水,加剧水污染问题。

流域内水电站90%以上为引水式发电,且大部分电站在设计、运行中没有考虑预留河道自净水量,造成下游河段脱流及减水;橡胶坝景观工程的建设,改变了河道内水量的天然分布,使得景观工程下游河道内水量减少。河道脱流、减水现象导致水体自净能力下降甚至消失,加剧水体污染问题。

洛河干流中游河段水电站建设最为密集,其中洛河宜阳水文站—宜阳官庄5 km的河段全年及汛期为劣V类水质,主要超标因子为镉(超标倍数259.1~1 039)、锌(超标倍数5.8~26.0)。伊河干流上游河段水电站分布最为密集,也是水质超标的河段。

4.3.2　对水生生态的不利影响

由于缺乏统一规划和管理,伊洛河流域小水电无序开发现象严重。截至2013年,洛河及伊河干流已建、在建水电站46座(其中1998年之前建成17座,1998年之后建成29座,1998年之后建设的有25座无环评手续),这些已建、在建水电站对伊洛河干流水生生态产生了较大不利影响:一是部分河段水电站首尾相连,河流纵向连通性遭到严重破坏;

二是大部分引水式电站没有考虑下泄河道生态基流,多个河段在非汛期经常处于脱流状态,适合水生生物生活的生境数量锐减、面积萎缩且片段化。

4.3.2.1 河流连通性破坏严重

根据《水工程规划设计生态指标体系与应用指导意见》(水总环移〔2010〕248号)规定的河流纵向连通性评价标准 C_{l-2},其数学表达式为

$$C_{l-2} = N/L$$

式中 C_{l-2}——河流纵向连续性指数;

N——河流的闸、坝等断点或节点等障碍物数量;

L——河流的长度。

计算得出伊洛河干流河流纵向连通性指标阈值见表4-1。

表4-1 伊洛河干流河流纵向连通性指标阈值 (单位:个/100 km)

纵向连通性指数	优	良	中	差	劣
	<0.3	0.3~0.6	0.6~0.9	0.9~1.2	>1.2
伊河全河段	1	1~2	2	2~3	3
洛河全河段	1	1~3	3~4	4~5	5

根据表4-1可以看出,伊河干流、洛河干流若保持中等的河流连通性,挡水建筑物建设不超过2座和4座。目前,伊洛河干流已建、在建水电站46座,洛河现有水电站集中分布于故县水库—洛阳高新区河段,伊河现有水电站集中分布于栾川县城—陆浑水库河段,尤其是洛河洛宁涧口乡—洛阳高新区辛店镇河段,70 km长的河道集中分布着23座电站,平均3 km一座,伊洛河干流河流连通性破坏严重。

4.3.2.2 水生生物生境破坏严重

伊洛河干流已建、在建水电站,除故县、陆浑、禹门河等水库为坝式调节式外,其余绝大部分为引水式电站。引水式电站库容小,调节性能差,易产生脱水河段。伊洛河干流现有大部分引水式电站在设计、运行、管理中,没有考虑下泄河道生态基流,且大部分电站设计引水流量大于等于坝址处多年平均流量,造成坝址以下河段在非汛期经常处于脱流状态,枯水期尤其是春季灌溉期水电站下游河道脱流程度加剧。

洛河干流脱水、减水河段集中分布于故县水库—洛阳高新区河段,特别是洛河洛宁—宜阳河段尤为突出,减水、脱水河段长达110 km。伊河脱水、减水河段集中分布于栾川县城—陆浑水库河段。小水电无序建设破坏了河流纵向连通性,阻挡了能量及营养物质的传递,破坏了鱼类等水生生物迁徙的基本条件,造成水生生物数量锐减、生境面积萎缩且片段化。此外,水电站引水造成河道脱流,为采石、挖沙活动提供了条件,进一步加重了河道及河岸带生境的破坏。

可以看出,伊洛河现有水电的无序开发,造成河流水文、生物栖息地等发生较大改变,河流生态功能严重退化,水生生物栖息生境破坏严重。

4.3.3 累积影响分析

4.3.3.1 对水文情势的累积影响

伊洛河现有开发对水文情势的累积影响主要表现在以下两方面：

(1)河流形态方面,受水库及水电站大坝阻隔影响,天然河道变成由数个规模和调节性能不一的水库、减水河段、脱水河段和未开发河段组成的不连续水体。

(2)径流过程方面,梯级水电开发对流域径流过程的累积影响较为明显,出现多个脱水河段;故县水库和陆浑水库的调蓄作用改变了天然河道径流量的时间分配,枯水期流量增加,汛期流量减少,但对多年平均径流总量的影响不显著。

4.3.3.2 对鱼类生境的累积影响

鱼类重要生境水文条件的维持主要受制于水库建设和梯级开发强度。伊洛河现有水库和水电站的建设,尤其是水电的无序开发,已对流域生态产生了一定累积性影响,主要表现为鱼类遗传交流受到阻隔,鱼类多样性降低,漂流性卵鱼类产卵场减少等。

4.4 流域主要环境问题及环境发展趋势分析

4.4.1 流域存在的主要环境问题

根据本次流域环境现状调查及流域已有治理开发回顾性评价结果,评价对伊洛河流域现状存在的主要环境问题总结如下：

(1)水电无序开发严重,水生生态环境恶化。

近年来,伊洛河干支流水电无序开发严重,在洛河中游、伊河上游河段水电站首尾相连,多数为引水式电站且没有考虑生态基流下泄,使得河流的连通性与水流连续性受到破坏,河流水文、生物栖息地等发生较大改变,河流生态功能严重退化,水生生物数量锐减、生境面积萎缩且片段化。

伊洛河流域曾经是我国著名的经济鱼类洛鲤、伊鲂的出产地,是大鲵及多种地方土著鱼类的重要分布区。由于河流连通性及水生生物生境的破坏,水生生物数量及多样性也急剧减少。目前仅在水量较大的库区回水末端、伊洛河口留有小面积的鱼类栖息地与产卵场,但也受到人类捕捞、水环境污染等因素的威胁。而受采矿、采石等人类活动影响,洛河上游支流的大鲵栖息地面积大幅萎缩、数量锐减,卢氏县境内原淇河、官坡河大鲵生境完全丧失,大鲵资源量减少严重。

(2)中下游城市河段水环境超载严重,水污染事件时有发生。

随着流域经济社会的发展和城市建设规模的扩大,伊洛河流域废污水排放量逐年增加,伊洛河废污水排放较为集中,多集中在流域人口稠密、工业集中分布的城市河段。2013 年,废污水年入河总量 3.33 亿 t,主要污染物 COD、氨氮年入河总量分别为 5.08 万 t、0.70 万 t,入河排污口达标排放率 50% 左右。入河废污水及主要污染物 COD、氨氮的 49% 左右集中在支流涧河及洛河宜阳—白马寺河段,18% 左右集中在洛河白马寺—黑石关河段;洛阳、义马、渑池、新安、偃师是流域水污染控制的重点城镇。

此外,流域内矿采选、冶炼、化工等水污染事故高风险行业分布较多,水污染事件时有发生,近10年来发生数起突发性水污染事故。流域采矿等行业废水的排放及废弃物处置不当等原因,也造成部分河段水体存在重金属及氰化物超标的问题。

(3)防洪体系尚不完善,洪水灾害威胁依然存在。

伊洛河流域处在中国地理的南北分界线上,降水季节分布不均和年际变化大,导致伊洛河流域水旱灾害频繁。虽然现有的防洪体系为流域提供了一定防洪安全保障,但现状防洪体系尚不完善,存在堤防工程不连续、部分河段防洪标准偏低、出险险工多等问题。

流域上中游洛南、宜阳、嵩县、伊川等县城河段防洪工程数量不足,不能适应城市快速发展的需要。随着经济社会发展和对防洪要求的提高,部分河段现有工程防洪标准已不能满足防洪需求,流域仍然存在洪涝灾害威胁。2010年7月,伊洛河发生较大洪水过程,伊河栾川站洪峰流量1 280 m^3/s,为建站以来最大洪峰。栾川县14个乡(镇)普遍遭受了不同程度的灾害,其中陶湾镇、石庙镇和县城受灾最为严重。全县受灾15.7万人,倒塌房屋5 240间,农作物受灾50 586亩,电力线路受损950 km,通信和有线电视线路光缆受损1 895 km,财产损失约19.8亿元。

(4)水土资源分布不匹配,平原区浅层地下水存在超采现象。

伊洛河流域地势自西南向东北降低,海拔自草链岭的2 645 m下降到入黄口的101.4 m,相差2 543.6 m。由于山脉的分割,形成了中山、低山、丘陵、河谷、平川和盆地等多种自然地貌和东西向管状地形。在总面积中,山地占52.4%、丘陵占39.7%、平原占7.9%,因此称“五山四岭一分川”。流域降水受季风及地形影响,时空分布不均,4~10月集中了年降水量的85%~89%,11月至翌年3月降水量仅占年降水总量的11%~15%,经常造成冬小麦等农作物缺水受旱。根据以往统计资料,伊洛河流域春旱多而严重,其次是夏旱,下游两岸大旱频率最高。

伊洛河流域水资源从总量上看比较充足,但径流年际年内变化大,水土资源分布不匹配,占流域面积40%的丘陵地带,山高水低,当地群众的生产生活用水利用难度大。流域的地形条件限制使得流域用水区域相对集中,用水量最大的区域为伊洛河中下游的冲积平原区,其地表水开发利用程度相对较高,且浅层地下水存在超采现象。

2013年,伊洛河流域地下水开采量8.5亿m^3,其中平原区浅层地下水开采量为4.80亿m^3,占平原区浅层地下水可开采量3.64亿m^3的132%,部分地区地下水已经超采。

伊洛河流域多数水利设施在20世纪六七十年代建成,老化失修,供水能力下降,供水不足。现状仅有陆浑水库1处大型灌区,始建于1970年,1974年开始局部施灌,设计灌溉面积134.24万亩,目前有效灌溉面积62.7万亩,实际灌溉面积仅约32.2万亩,配套率为46.7%,实灌率为51.4%,在大型灌区中属较低水平。

此外,伊洛河流域现状农业灌水技术较为落后,以粗放的地面灌溉为主,灌水技术仍为传统的大水漫灌,节水灌溉面积较少。目前,伊洛河流域节水灌溉面积为79.92万亩,仅占总灌溉面积的37.6%,水资源利用效率较低,灌区节水潜力较大。

(5)水土流失治理度不高,局部地区人为新增水土流失较严重。

伊洛河流域属水力侵蚀类型中的西北黄土高原区,区内的黄土丘陵沟壑区主要位于伊洛河中游,包括洛宁、陕州、义马、渑池、嵩县等县(市、区)。由于该区山岭起伏,沟壑纵横,植被覆盖率低,气候干旱且多暴雨,土壤抗侵蚀强度差,少部分地区侵蚀模数达 4 000 ~ 6 500 t/(km^2 · a)以上。尤其坡耕地和开矿、修路弃渣表面,在汛期暴雨条件下,水土流失严重。

截至 2013 年年底,伊洛河流域累计治理水土流失面积 53.54 万 hm^2,治理度为 45.85%。伊洛河流域在整个黄河流域中水土流失情况相对较轻,加上治理难度大,效益周期长,使治理措施的建设进度受到影响。

此外,随着流域经济的快速发展,修路、建厂以及开矿等生产建设项目大规模展开,虽然有相应的建设项目水土保持措施,但无法完全消除其对生态环境的影响,破坏植被,倾倒废弃土石、矿渣等现象频繁发生,局部地区人为新增水土流失比较严重。

4.4.2 流域环境发展趋势分析

在伊洛河流域现有治理水平条件下,若不实施本次规划,伊洛河流域现有环境问题将进一步加剧,主要表现在以下几个方面:

(1)洪水威胁将制约流域经济社会发展。

虽然流域现有的防洪体系为流域提供了一定防洪安全保障,但现状防洪体系尚不完善,存在堤防工程不连续、部分河段防洪标准偏低、出险险工多等问题。

流域上中游洛南、宜阳、嵩县、伊川等县城河段防洪工程数量不足,不能适应城市快速发展的需要。随着经济社会发展和对防洪要求的提高,部分河段现有工程防洪标准已不能满足防洪需求。

此外,随着经济社会发展,部分河段出现人与河争地,缩窄河道的现象,河道过流能力减小,缩窄河道将会给当地带来更大的灾难,也会给其他河段防洪带来严重影响。

如果不实施本次规划,不进行有效的工程防护,流域防洪形势不容乐观,洪水将威胁人民群众生命财产的安全,制约流域的经济社会发展。

(2)水生生态环境恶化的趋势无法有效遏制。

伊洛河干流现有水电的无序开发,造成伊洛河干流河流连通性破坏严重,非汛期多个河段存在脱流、减流现象,水生生物数量锐减、生境面积萎缩且片段化,这已成为目前流域亟待解决的主要环境问题。

本次水生态保护规划对现有水电站提出了"整顿违法水电站、对已建合法水电站增设下泄基流设施、逐步恢复河道生境"等要求,同时对各河段的开发与保护也提出了明确要求。因此,水生态保护规划的实施,在一定程度上有利于保障河道生态基流,有利于缓解目前伊洛河水生生态环境恶化的趋势。

如果不实施本次水生态保护规划,流域水生生态环境恶化的趋势将不会得到有效遏制。

(3)水污染形势将仍然严峻。

伊洛河流域 70% 的污染物集中在 10% 左右的河段,污染物排放主要集中在洛阳、偃师等人口稠密的伊洛河干支流沿岸;流域内中水回用率仅 14.4%,工业入河排污口达标率为 50% 左右。随着洛南、栾川、义马等县(市)矿采选业、有色金属工业等主要行业的发展,水污染事件时有发生,造成了极大的经济社会损失,给流域和黄河中下游的供水安全带来严重威胁。2013年的水资源公报表明，流域47.7%的水功能区水质不达标，超标河段主要分布在洛河宜阳以下的洛阳、偃师和伊河陆浑以上的栾川、嵩县等主要城市河段，超标支流为涧河、坞罗河、后寺河、明白河、大章河。

水资源保护规划提出了不同水平年伊洛河流域的入河污染物总量控制方案和污染治理措施，这些对策措施是在国家有关环保政策基础上的强化措施，对流域水污染治理有积极的作用。

如果不实施本次水资源保护规划，流域水环境将无法得到有效治理，水污染形势将依然严峻。

4.5　流域资源与环境制约因素分析

综上所述，伊洛河流域规划实施存在着水生生态及水环境两个环境制约因素。

4.5.1　水生生态环境制约因素

伊洛河流域水电开发由于缺少统一规划，目前干支流水电开发无序现象严重，大部分现有电站为引水式电站，且在设计和运行中，没有考虑河道生态基流下泄，枯水期水电站下游河道脱流现象严重，水生生态环境破坏严重。

目前，伊洛河干流已建、在建水电站46座。洛河干流已建、在建水电站工程34座，主要分布在上中游河段，其中上游8座、中游25座、下游伊洛河口处1座。中游故县水库—洛阳高新区河段水电分布密集，110 km河段中集中分布着25座电站，平均4.4 km 1座，该河段水电站最密集的河段平均3 km 1座。支流伊河干流已建、在建工程12座，主要分布在上游河段，上游11座、中游1座。

伊洛河干流已建、在建水电站，除故县、陆浑、禹门河等水库为坝式调节式外，其余绝大部分为引水式电站。现有大部分引水式电站在设计、运行、管理中，没有考虑下泄河道生态基流，且大部分电站设计引水流量大于等于坝址处多年平均流量，造成坝址以下河段在非汛期经常处于脱流状态，枯水期尤其是春季灌溉期水电站下游河道脱流程度加剧。

洛河干流脱水、减水河段集中分布于故县水库—洛阳高新区河段，特别是洛河洛宁—宜阳河段尤为突出，减水、脱水河段长约110 km。伊河脱水、减水河段主要分布在上游河段。小水电无序建设破坏了河流纵向连通性，阻挡了能量及营养物质的传递，破坏了鱼类等水生生物迁徙的基本条件，造成水生生物数量锐减、生境面积萎缩且片段化。此外，水电站引水造成河道脱流，为采石、挖沙活动提供了条件，进一步加重了河道及河岸带生境的破坏。

可以看出，伊洛河流域现有密集的水电站群建设对河流生态系统破坏严重，鱼类及其栖息生境大量丧失。若水电无序开发进一步发展，河道生态将进一步遭到破坏，成为本次规划的主要环境制约因素之一。

4.5.2　水环境制约因素

2013年，伊洛河流域评价水功能区44个，评价河长1 178.4 km。达标水功能区23

个,个数达标率52.3%;达标河长694.7 km,河长达标率59%;不达标水功能区21个、河长483.7 km。超标河段主要分布在洛河中游宜阳—入黄口河段、伊河栾川河段,以及支流涧河等,其中,宜阳—入黄口河段(包括支流涧河)是流域用水集中河段,也是流域的主要排污河段。V类和劣V类水质主要分布在洛河干流宜阳以下的城市河段,伊河栾川河段以及支流涧河、坞罗河和后寺河等。

可以看出,伊洛河流域水质现状与水质目标差距较大。规划年流域用水总量将有较大程度增加,将对当地水环境保护带来更大压力,规划水平年实现水环境目标的难度较大。因此,现状城市河段水环境超载严重是规划实施的水环境制约因素。

第 5 章　水文水资源及水环境影响研究

5.1　水文水资源影响预测与评价

《伊洛河流域综合规划》在对伊洛河流域进行水资源供需分析的基础上，对流域 2020 年、2030 年的水资源进行了配置，统筹考虑流域河道内外用水需求，2020 年水平配置河道外总供水量 21.18 亿 m^3，其中地表水 10.44 亿 m^3、地下水 7.38 亿 m^3、中水回用等非常规水源 1.22 亿 m^3；多年平均从外流域引水量 2.14 亿 m^3。2030 年水平配置河道外总供水量 23.78 亿 m^3，其中地表水 12.24 亿 m^3、地下水 7.41 亿 m^3、中水回用等非常规水源 1.97 亿 m^3；多年平均从外流域引水量 2.16 亿 m^3。

与现状年相比，2020 年、2030 年流域总供水量、用水量均有所增加，将对流域水资源配置、开发利用格局产生一定影响，同时流域用水量的增加，将导致河道内水量、水文过程发生改变。水文情势的变化是河流湿地、水生生态等改变的原动力。因此，本节重点分析规划实施后对流域水资源、水文情势的影响。

5.1.1　水资源

5.1.1.1　与伊洛河分水指标的符合程度

为保护黄河健康，合理开发取用黄河水资源，解决好上下游、左右岸的用水矛盾，1987 年，《国务院办公厅转发国家计委和水电部关于黄河可供水量分配方案报告的通知》（国办发〔1987〕61 号，简称“87”分水方案），作为沿黄各省黄河可供水量分配的依据，要求沿黄各省（区）必须以此分水方案为依据，规划工农业生产和城市生活用水，安排建设项目不要超出水量分配方案，以减少上下游之间的用水矛盾，使黄河水资源得到合理利用，获得较好的经济效益、生态效益和社会效益。

根据《黄河可供水量分配方案》，陕西省分配的年耗水量为 38.0 亿 m^3，河南省分配的年耗水量为 55.4 亿 m^3。陕西省水利厅《关于调整陕西省黄河取水许可总量控制指标细化方案的请示》和河南省人民政府《关于批转河南省黄河取水许可总量控制指标细化方案的通知》，将两省黄河用水指标进行了细化。细化后，伊洛河总耗水指标为 15.5 亿 m^3，其中陕西省 0.63 亿 m^3、河南省 14.87 亿 m^3。按《黄河流域水资源综合规划》成果确定的折减系数 0.933 打折后，伊洛河总耗水指标为 14.46 亿 m^3，其中，陕西省 0.59 亿 m^3，河南省 13.87 亿 m^3。

根据本次规划的水资源配置方案，规划实施后 2020 年伊洛河地表水消耗量共计 9.4 亿 m^3，其中，陕西省 0.52 亿 m^3、河南省 8.88 亿 m^3；2030 年伊洛河地表水消耗量共计 11.57 亿 m^3，其中，陕西省 0.59 亿 m^3、河南省 10.98 亿 m^3。

伊洛河流域各地市地表水消耗量、耗水总量控制指标见表 5-1。

表 5-1　伊洛河流域各地市地表水消耗量、耗水总量控制指标　（单位：亿 m³）

省区	地市	伊洛河细化指标		2020 年伊洛河地表水消耗量			2030 年伊洛河地表水消耗量		
		打折前	打折后	流域内	流域外	合计	流域内	流域外	合计
河南省	三门峡	1.5	1.4	0.9		0.9	1.15	0.25	1.4
	郑州	2.4	2.24	0.89	0.12	1.01	1.25	0.15	1.4
	洛阳	9.97	9.3	6.32	0.07	6.39	7.37	0.09	7.46
	平顶山	1	0.93		0.58	0.58		0.72	0.72
	小计	14.87	13.87	8.11	0.77	8.88	9.77	1.21	10.98
陕西省	渭南	0.04	0.04	0.04		0.04	0.04		0.04
	商洛	0.59	0.55	0.48		0.48	0.55		0.55
	小计	0.63	0.59	0.52		0.52	0.59		0.59

从表 5-1 可以看出，规划实施后，2030 年伊洛河流域耗水量符合陕西省水利厅《关于调整陕西省黄河取水许可总量控制指标细化方案的请示》和河南省人民政府《关于批转河南省黄河取水许可总量控制指标细化方案的通知》对两省、四地市耗水指标的要求，耗水量没有超过耗水总量控制指标。

至 2030 年，陕西省地表耗水量已经达到耗水指标 0.59 亿 m³，河南省地表耗水量 10.98 亿 m³，还有剩余指标 2.89 亿 m³。

5.1.1.2　水资源开发利用程度的变化

水资源开发利用程度是指流域或一定区域内水资源被人类开发和利用的状况，一般用流域或区域用水量与水资源可利用量的比值表示。水资源开发利用程度以地表水资源开发利用率、水资源总量开发利用率两个指标具体表示。

伊洛河流域基准年、2020 年、2030 年不同水平年水资源开发利用程度的变化如表 5-2 所示。

表 5-2　伊洛河流域基准年、2020 年、2030 年水资源开发利用程度的变化

水平年	地表水资源开发利用率（%）	水资源总量开发利用率（%）
基准年	30.1	50.9
2020	39.6	59.6
2030	47.5	66.9

2013 年，伊洛河流域地表水资源开发利用率和水资源总量开发利用率分别为 30.1% 和 50.9%，规划实施后，伊洛河流域地表水资源开发利用率（包括流域外供水）由现状年的 30.1% 提高至 2020 年、2030 年的 39.6%、47.5%，水资源总量开发利用率（包括流域外供水）由现状年的 50.9% 提高至 2020 年、2030 年的 59.6% 和 66.9%，流域整体水资源开发利用程度偏高。

5.1.1.3　水资源配置格局的变化

1. 流域用水量的变化和主要用水增加河段

根据规划的水资源配置方案，基准年流域总用水量为 16.38 亿 m^3，其中陕西省用水量为 0.69 亿 m^3、河南省用水量为 15.69 亿 m^3，分别占总用水量的 4.0% 和 96.0%。从水资源分区来看，洛河的故县水库—白马寺河段和伊洛河的龙门镇、白马寺—入黄口河段用水量较大，分别为 7.86 亿 m^3 和 3.99 亿 m^3，占流域总用水量的 48.7% 和 23.5%。

规划实施后，伊洛河流域不同水平年各分区需水量的变化如表 5-3 所示。

表 5-3　伊洛河流域不同水平年各分区需水量的变化

分区/省区		基准年	2020 年			2030 年		
		用水量（亿 m^3）	用水量（亿 m^3）	增加量（亿 m^3）	占流域总增加量的比例（%）	用水量（亿 m^3）	增加量（亿 m^3）	占流域总增加量的比例（%）
伊河	陆浑水库以上	1.31	1.46	0.15	3.1	1.51	0.20	2.7
	陆浑水库—龙门镇	2.29	2.78	0.49	10.1	2.82	0.53	7.2
	小计	3.60	4.24	0.64	13.2	4.33	0.73	9.9
洛河	灵口（省界）以上	0.69	0.86	0.17	3.5	1.0	0.31	4.0
	灵口（省界）—故县水库	0.23	0.28	0.05	1.0	0.37	0.14	1.9
	故县水库—白马寺	7.86	10.72	2.86	59.6	12.29	4.43	59.9
	龙门镇、白马寺—入黄口	3.99	5.08	1.09	22.7	5.79	1.8	24.3
	小计	12.77	16.94	4.17	86.8	19.45	6.68	90.1
合计	陕西	0.69	0.86	0.17	3.5	1.0	0.31	4.0
	河南	15.69	20.32	4.64	96.5	22.78	7.10	96.0
	伊洛河流域	16.38	21.18	4.81	100	23.78	7.41	100

通过分析流域用水量的变化可知，2020 年、2030 年伊洛河流域用水量增加较大，流域基准年总用水量为 16.38 亿 m^3，2020 年、2030 年分别增加至 21.18 亿 m^3 和 23.78 亿 m^3，比基准年增加了 4.81 亿 m^3 和 7.41 亿 m^3，增加比例分别为 29% 和 45%。

从各分区需水量所占比例来看，2020 年、2030 年流域内用水量较多的河段为故县水库—白马寺河段和伊洛河的龙门镇、白马寺—入黄口河段。2030 年，这两个河段需水量占流域总用水量的 59.9% 和 24.3%。

用水量增加较多的河段仍主要集中在洛河的故县水库—白马寺河段和伊洛河的龙门镇、白马寺—入黄口河段。2020 年，在流域 4.8 亿 m^3 的用水增加量中，故县水库—白马寺河段和龙门镇、白马寺—入黄口河段用水增加量分别为 2.86 亿 m^3 和 1.09 亿 m^3，占总增加量的 59.6% 和 22.7%；2030 年，在流域 7.4 亿 m^3 的用水增加量中，故县水库—白马寺河段和龙门、白马寺—入黄口河段用水增加量分别为 4.43 亿 m^3 和 1.8 亿 m^3，占总增加量的 60% 和 24%。

综上，2020 年、2030 年，伊洛河流域用水量增加较大，用水增加河段主要集中在洛河的故县水库—白马寺河段和伊洛河的龙门镇、白马寺—入黄口河段。用水量的大量增加在支撑区域经济社会发展的同时，将加大伊洛河流域的水资源开发利用程度，并给水环境带来较大压力，增大了水环境保护的难度。

2. 用水结构的变化

根据规划的水资源配置方案，基准年伊洛河流域生活、工业、农业、河道外生态环境配置水量分别占总配置水量的 16.0%、50.1%、32.8% 和 1.1%，工业、农业配水共占总配水量的 82.9%。

对未来 20 年伊洛河流域用水结构发展趋势进行分析，结果具体见表 5-4。

表 5-4　伊洛河流域用水结构的变化

水平年		生活（包括建筑业及三产）		工业		农业		河道外生态环境	
		水量（亿 m^3）	比例（%）	水量（亿 m^3）	比例（%）	水量（亿 m^3）	比例（%）	水量（亿 m^3）	比例（%）
基准年		2.63	16.0	8.2	50.1	5.37	32.8	0.18	1.1
2020 年	配置水量	3.48	16.4	10.98	51.9	6.4	30.2	0.31	1.5
	与基准年相比的变化量	0.85	0.4	2.78	1.8	1.03	-2.6	0.13	0.4
2030 年	配置水量	4.53	19	11.49	48.3	7.28	30.6	0.48	2
	与基准年相比的变化量	1.90	2.9	3.29	-1.8	1.91	-2.2	0.3	0.9

注：变化量中，“-”为减少，下同。

从国民经济各部门配置水量变化来看，未来 20 年伊洛河流域生活、工业、农业、河道外生态环境用水量持续增加。2020 年、2030 年，生活用水量比基准年增加 0.85 亿 m^3、1.09 亿 m^3，工业用水量增加 2.78 亿 m^3、3.29 亿 m^3，农业用水量增加 1.03 亿 m^3、1.91 亿 m^3，河道外生态环境用水量增加 0.13 亿 m^3、0.3 亿 m^3。各类用水中，工业用水、农业用水增加较多，2020 年工业、农业用水增加量分别占用水总增加量的 56% 和 20%，2030 年工业、农业用水增加量占用水总增加量的 48.3% 和 30.6%。

从国民经济各部门用水所占比例的变化来看，生活用水（居民生活、建筑业及三产）和河道外生态环境用水占总用水量的比重持续上升，2030 年分别达到 19.0% 和 2.0%，分别比基准年提高了 2.9 个百分点和 0.9 个百分点；工业用水占总用水量的比重逐渐减少，2030 年下降到 48.3%，比基准年下降了 1.8 个百分点；2030 年农业用水（农田、林果、渔和牲畜)占总用水量的 30.6%,比基准年降低了 2.2 个百分点。

本次评价认为,在未来 20 年,虽然伊洛河流域的用水结构中,生活、生态用水量比重有所增加,工业用水量比重下降,但是工业、农业用水量与现状相比,增加较多,这与规划制定的工业、农业用水定额较低有一定关系。工业、农业用水量的增加,尤其是工业用水量的增加,将导致排污量的增大,伊洛河水环境压力增加。

5.1.2　水文情势

规划的水资源配置方案实施后,2030 年流域用水量、耗水量大幅增加,将导致伊河、洛河及伊洛河干流主要断面径流量、入黄水量的变化。

5.1.2.1　重要断面下泄水量的变化

规划水资源配置方案实施后,在多年平均来水条件下,2020 年、2030 年流域国民经济配置水量由基准年的 16.38 亿 m^3 增加至 21.18 亿 m^3、23.78 亿 m^3,伊洛河干流河道内水量将有一定程度的减少。不同水平年伊洛河重要断面下泄水量如表 5-5 和图 5-1 所示。

表 5-5　不同水平年伊洛河重要断面下泄水量

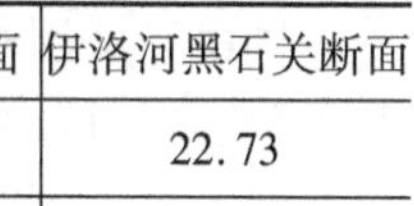
(单位:亿 m^3)

水平年	项目	洛河灵口断面	洛河白马寺断面	伊河龙门镇断面	伊洛河黑石关断面
2013	下泄水量	6.19	14.67	7.14	22.73
2020	下泄水量	6.09	13.16	6.41	20.07
	变化比例(%)	-1.6	-10.3	-10.2	-11.7
2030	下泄水量	6.02	11.85	6.15	17.90
	变化比例(%)	-2.7	-19.2	-13.9	-21.2

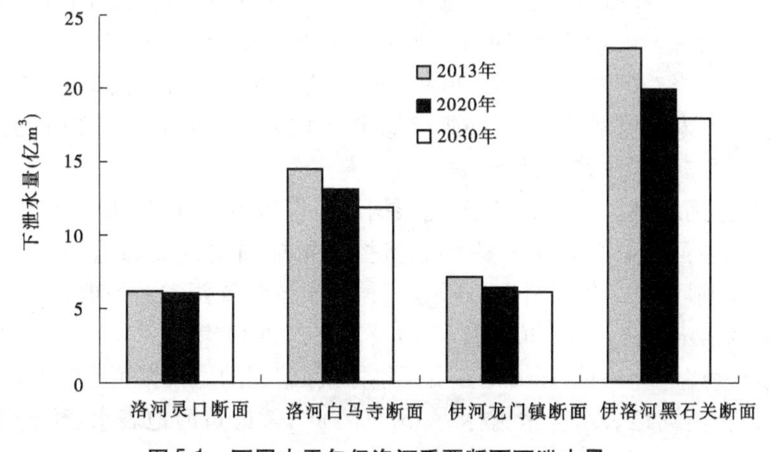

图 5-1　不同水平年伊洛河重要断面下泄水量

与基准年相比,多年平均来水条件下,2020 年、2030 年洛河灵口断面下泄水量分别减少了 1.6% 和 2.7%,减少幅度不大;洛河白马寺断面、伊河龙门镇断面和伊洛河黑石关断面下泄水量在 2020 年和 2030 年减少幅度相对较大,这主要是由于 2020 年、2030 年流域用水量增加河段主要集中在洛河故县—白马寺和伊洛河龙门镇、白马寺—入黄口,用水量的增加导致了重要断面下泄水量较大幅度的减少。

5.1.2.2　入黄水量的变化

1. 黑石关断面下泄水量的变化

根据规划不同来水条件下的水资源配置方案，2020 年、2030 年伊洛河入黄水量发生较大变化，具体见表 5-6。

表 5-6　不同来水条件下伊洛河入黄水量的变化　（单位：亿 m^3）

水平年	项目	多年平均	中等枯水年	特枯水年
2013	入黄水量	22.73	13.23	5.17
2020	入黄水量	20.07	10.5	3.69
	变化比例(%)	-11.7	-20.6	-28.6
2030	入黄水量	17.90	9.02	3.19
	变化比例(%)	-21.2	-31.8	-38.3

国民经济用水配置后，多年平均来水条件下，2020 年、2030 年伊洛河入黄水量为 20.07 亿 m^3、17.90 亿 m^3，比 2013 年减少了 11.7%、21.2%；中等枯水年，2020 年、2030 年伊洛河入黄水量下降至 10.5 亿 m^3、9.02 亿 m^3，与 2013 年相比，减少比例为 20.6%、31.8%；特枯水年，2020 年、2030 年伊洛河入黄水量下降至 3.69 亿 m^3、3.19 亿 m^3，减少比例为 28.6%、38.3%，伊洛河入黄水量减少幅度较大。

2. 与《黄河流域综合规划》的符合性分析

1)《黄河流域综合规划》要求的伊洛河入黄水量

《黄河流域综合规划》编制工作自 2006 年 4 月开始，2013 年国务院以国函〔2013〕34 号批复了该规划，该规划是今后一个时期黄河治理、开发、利用、保护的纲领性文件。

《黄河流域综合规划》采用 1956 ~ 2000 年系列评价，伊洛河多年平均地表水资源量 29.47 亿 m^3。在当时的经济社会发展情景下，河道外配置水量不大于 9.47 亿 m^3，因此该规划要求伊洛河入黄控制断面黑石关断面多年平均下泄水量不低于 20.0 亿 m^3。

2)本次《伊洛河流域综合规划》伊洛河入黄水量

本次《伊洛河流域综合规划》工作是根据河南省 2009 年 6 月 30 日印发的《河南省人民政府关于批转河南省黄河取水许可总量控制指标细化方案的通知》（豫政〔2009〕46 号）、陕西省水利厅 2012 年 4 月 20 日印发的《关于调整陕西省黄河取水许可总量控制指标细化方案的请示》（陕水字〔2012〕33 号）及河南省 2014 年 4 月 14 日印发的《河南省黄河干流取水许可总量控制指标细化方案调整方案》编制的。根据黄河"87 分水方案"及指标细化成果，伊洛河地表水耗水指标为 15.5 亿 m^3，考虑黄河地表水资源衰减后，伊洛河地表水耗水指标应为 14.46 亿 m^3。

本次规划配置河道外用水不突破黄河"87 分水方案"指标细化成果，伊洛河地表水消耗量为 11.57 亿 m^3，多年平均地表水资源量仍采用 1956 ~ 2000 年系列成果 29.47 亿 m^3 计算，入黄控制断面黑石关断面下泄水量为 17.9 亿 m^3。

从以上分析可以看出，《黄河流域综合规划》是在省区取水许可总量控制指标细化方案出台前提出的，而本次伊洛河流域综合规划是在省区取水许可总量控制指标细化方案基础上提出的，由于完成时间不一致，伊洛河流域国民经济发展和水资源管理形势均发生了一定的变化，从而导致伊洛河入黄断面水量发生了变化。但是，各省区总的黄河耗水总量不变，对黄河干流相关断面的下泄水量及入海水量影响不大。

3）下泄水量满足生态用水需求

采用 1956～2000 年天然径流系列，根据各河段保护目标分布、需水规律，采用改进的 Tennant 法，结合需水对象繁殖、生长对径流条件和水质条件的要求，考虑水资源配置实现可能性，提出各断面不同时段生态流量，灵口、白马寺、龙门镇、黑石关多年平均河道内生态需水量分别为 2.27 亿 m^3、7.52 亿 m^3、4.22 亿 m^3和 12.89 亿 m^3；在规划的水资源配置方案下，规划实施后多年平均来水条件下，2030 年水平下泄水量不少于 2.27 亿 m^3、7.52 亿 m^3、4.22 亿 m^3和 12.89 亿 m^3，均满足生态用水量需求。

在规划的水资源配置方案下，规划实施后多年平均来水条件下，2020 年入黄水量为 20.07 亿 m^3，可以达到《黄河流域综合规划》的有关要求，2030 年入黄水量为 17.9 亿 m^3，低于《黄河流域综合规划》提出的 20 亿 m^3的要求。尽管远期入黄水量低于《黄河流域综合规划》提出的 20 亿 m^3的要求，但该水量满足河道内生态环境用水及断面下泄水量控制指标要求，且也符合黄河用水总量控制指标要求。

鉴于规划水平年伊洛河流域水资源开发程度较高，为降低环境影响范围和程度，根据专家意见，《黄河流域综合规划》应实行最严格的水资源管理制度，不断优化水资源配置方案，控制水资源利用率，加强水资源保护管理，确保满足重要断面水质、水量要求。

5.1.2.3　水资源配置工程对水文情势的影响

伊洛河流域水资源配置工程包括蓄水工程、引水工程、提水工程和调水工程。在伊洛河干流兴建鸡湾水库，库容为 9 800 万 m^3，在伊洛河一级支流兴建大石涧水库和佛湾水库，库容分别为 3 199 万 m^3和 1 017 万 m^3。此外，还在一些主要支流，新建区域及地方性的中小型水库工程。规划续建、新建、主要引提水工程包括新安提黄工程、小浪底南岸灌区及故县水库灌区等，跨流域调水工程包括三门峡市洛河—窄口水库调水工程（2030 年调水量为 0.25 亿 m^3）。

根据初步分析，对伊洛河水文情势有影响的工程主要为水库工程和调水工程，由于拟建水库工程及调水工程规模不大，且大石涧、佛湾水库为支流水库工程。工程建成后，对水文情势的影响主要集中在局部河段，主要为：一是水库库区水深增加，水流速度变缓；二是工程所在河段即洛河上游河段、渡洋河、后寺河局部河段的河道内水量减少，流量趋于均匀化，主要表现为枯水期坝下流量可能增加，丰水期坝下流量减少。

5.2　水环境影响预测与评价

5.2.1　地表水环境

规划水资源配置方案实施后，规划水平年流域用水量的变化将引起排污量的变化，进而对伊洛河干支流水环境产生一定影响。

5.2.1.1 水污染现状

1. 现状年污染物排放量和主要排污河段

根据伊洛河流域现状年排放量的调查数据，结合供水、用水、耗水、排水平衡原则，2013 年伊洛河流域点污染源废污水、COD、氨氮排放总量分别为 3.47 亿 t、6.34 万 t 和 0.86 万 t。2013 年伊洛河流域各分区点污染源废污水及主要污染物排放量见表 5-7。

表 5-7 2013 年伊洛河流域各分区点污染源废污水及主要污染物排放量

分区/省区		废污水		COD		氨氮	
		排放量（万 m^3/a）	所占比例（%）	排放量（t/a）	所占比例（%）	排放量（t/a）	所占比例（%）
伊河	陆浑水库以上	2 730	7.9	1 348	2.1	233	2.7
	陆浑水库—龙门镇	3 707	10.6	2 586	4.1	479	5.6
	小计	6 437	18.5	3 934	6.2	712	8.3
洛河	灵口（省界）以上	713	2.1	994	1.6	137	1.6
	灵口（省界）—故县水库	295	0.8	581	0.9	69	0.8
	故县水库—白马寺	18 744	54.0	34 771	54.9	6 245	72.6
	龙门镇、白马寺—入黄口	8 540	24.6	23 093	36.4	1 437	16.7
	小计	28 292	81.5	59 439	93.8	7 888	91.7
合计	河南	34 016	97.9	62 379	98.4	8 463	98.4
	陕西	713	2.1	994	1.6	137	1.6
	伊洛河流域	34 729	100	63 373	100	8 601	100

2013 年，伊河区间废污水排放量约占流域总量的 18.5%，洛河约占 81.5%。伊河区间 COD、氨氮排放量约占流域排放总量不到 10%，洛河约占 90% 以上。从各省区来看，污染物排放量主要集中在河南省，约占流域总排放量的 98%，其中，洛阳市排污量最大，废污水及 COD、氨氮排放量占流域排放总量的 77% 左右，郑州市占 13% 左右，三门峡市占 7% 左右。从各分区来看，洛河故县水库—白马寺和伊洛河龙门镇、白马寺—入黄口两个区间的废污水、COD 和氨氮排放量分别占总量的 79%、91% 和 89%，是伊洛河流域的主要排污河段，其中，两个分区中，主要排污河段集中在支流涧河和洛河宜阳—白马寺及白马寺—黑石关河段，主要接纳了河南省洛阳市、偃师市的废污水。

2. 现状年污染物入河量、水域纳污能力和超载情况

现状年伊洛河流域各分区点污染源污染物入河量、纳污能力及超载比例见表 5-8。

表 5-8　现状年伊洛河流域各分区点污染源污染物入河量、纳污能力及超载比例

分区/省区		COD			氨氮		
		入河量(t/a)	纳污能力(t/a)	超载比例(%)	入河量(t/a)	纳污能力(t/a)	超载比例(%)
伊河	陆浑水库以上	1 051	1 634.3		79	45	76
	陆浑水库—龙门镇	2 457	1 376.4	79	412	65.2	532
	小计	3 508	3 010.7	17	491	110.2	346
洛河	灵口(省界)以上	835	4 292.3		110	244	
	灵口(省界)—故县水库	523	325.6	61	55	9.7	467
	故县水库—白马寺	33 380	6 222	436	5 058	238.4	2 022
	龙门镇、白马寺—入黄口	12 470	9 540.3	31	1 251	408.3	206
	小计	47 208	20 380.2	132	6 474	900.4	619
合计	河南	49 881	19 098.6	161	6 855	766.6	794
	陕西	835	4 292.3		110	244	
	伊洛河流域	50 716	23 390.9	116	6 965	1 010.6	589

2013 年,伊洛河流域 COD 和氨氮入河量分别为 50 716 t/a 和 6 965 t/a,其中,COD 入河量最大的区间为洛河的故县水库—白马寺和伊洛河的龙门镇、白马寺—入黄口河段,两个河段 COD 入河量占流域入河量的 91%;氨氮入河量最大的区间为故县水库和白马寺河段和伊洛河的龙门镇、白马寺—入黄口河段,两个河段氨氮入河量占流域入河量的 89%。

2013 年,伊洛河流域水域 COD、氨氮纳污能力分别为 23 390.9 t/a 和1 010.6 t/a,其中,伊河 COD、氨氮纳污能力分别为 3 010.7 t/a 和 110.2 t/a,约占伊洛河流域纳污能力的 15%;洛河 COD、氨氮纳污能力分别为 20 380.2 t/a 和 900.4 t/a,约占伊洛河流域纳污能力的 85%。排污量较大的河段故县水库—白马寺和龙门镇、白马寺—入黄口河段的纳污能力占伊洛河流域纳污能力的 65%左右。

对入河量和纳污能力进行对比分析,伊洛河流域入河污染物严重超过水域纳污能力。根据分析,2013 年,伊洛河流域 COD、氨氮的超载比例为 116%和 589%。除洛河灵口(省界)以上河段外,其他河段均出现不同程度的超载现象,超载最为严重的河段为故县水库—白马寺河段,COD、氨氮的超载比例达到了 436%和 2022%,该区间干支流城市河段(主要包括洛宁、宜阳、洛阳、渑池、义马、新安等)以 26%左右的纳污能力承载了全流域约 70%的入河污染负荷。

5.2.1.2　规划年污染物排放量、入河量的变化

1. 污染物排放量的变化

根据供水、用水、耗水、排水平衡原则,计算规划水平年 2030 年废污水排放量。根据规划不同分区水资源配置方案,2030 年流域用水量增加较多,用水量的增加将导致排污

量的变化，为了控制流域点污染源的大量排放，规划建议，2030 年伊洛河流域城市生活污水处理厂收水率达到 90% 以上，城市污水处理厂尾水达到一级 A 排放标准(GB 18918—2002)。

达到以上要求后，2020 年、2030 年伊洛河流域各分区点污染物排放量的变化如表 5-9 和表 5-10 所示。

表 5-9　2020 年伊洛河流域各分区点污染物排放量的变化

分区		废污水			COD			氨氮		
		排放量(万 m^3/a)	所占比例(%)	与 2013 年相比变化量(t/a)	排放量(t/a)	所占比例(%)	与 2013 年相比变化量(t/a)	排放量(t/a)	所占比例(%)	与 2013 年相比变化量(t/a)
伊河	陆浑水库以上	3 774	8.1	1 044	3 680.5	8.2	2 332.5	522.9	8.4	289.9
	陆浑水库—龙门镇	4 110	8.9	403	3 964.6	8.9	1 378.6	549.1	8.9	70.1
	小计	7 884	17.0	1 447	7 645.1	17.1	3 711.1	1 072	17.3	360
洛河	灵口(省界)以上	1 242.6	2.7	529.6	1 185.1	2.7	191.1	159.8	2.6	22.8
	灵口(省界)—故县水库	400.3	0.9	105.3	366.5	0.8	-214.5	44.4	0.7	-24.6
	故县水库—白马寺	26 246.7	56.8	7 502.7	25 304.5	56.5	-9 466.5	3 448	55.7	-2 797
	龙门镇、白马寺—入黄口	10 461.7	22.6	1 921.7	10 246.3	22.9	-12 846.7	1 469.6	23.7	31.6
	小计	38 351.3	83	10 059.3	37 102.4	82.9	-22 336.6	5 121.8	82.7	-2 767.2
伊洛河流域合计		46 235.3	100	11 506.3	44 747.5	100	-18 625.5	6 193.8	100	-2 407.2

从整个流域看，2020 年伊洛河流域废污水、COD、氨氮排放量分别为46 235.3万 m^3/a、44 747.5 t/a、6 193.8 t/a。与 2013 年相比，废污水排放量增加了 11 506.3 万 m^3/a，COD 排放量减少了 18 625.5 万 m^3/d，减少比例约 29.4%，氨氮排放量减少了 2 407.2 t/a，氨氮减少比例约为 28.0%。2030 年伊洛河流域废污水、COD、氨氮排放量分别为 44 406.3 万 m^3/a、38 679.1 t/a、5 515.4 t/a。与 2013 年相比，废污水排放量增加了 9 677.3 万 m^3/a，COD 排放量减少了 24 693.9 t/a，减少比例约为 39.0%，氨氮排放量减少了 3 085.6 t/a，减少比例约为 35.9%。

从各河流看，规划水平年伊河 COD、氨氮排放量有一定程度增加，伊河 2030 年 COD、氨氮排放量增加幅度大约为 51% 和 19%；洛河 COD、氨氮排放量有一定程度的减少，与 2013 年相比，洛河 2030 年 COD、氨氮排放量减少幅度大约为 45% 和 41%。洛河污染物排放量占流域排放量的 85% 左右。

从各分区看，2020 年、2030 年主要排污河段仍为洛河的故县水库—白马寺河段和伊洛河的龙门镇、白马寺—入黄口河段，这两个河段排污量约占流域排污量的 80%。

表 5-10　2030 年伊洛河流域各分区点污染物排放量的变化

分区		废污水			COD			氨氮		
		排放量(万 m^3/a)	所占比例(%)	与 2013 年相比变化量(t/a)	排放量(t/a)	所占比例(%)	与 2013 年相比变化量(t/a)	排放量(t/a)	所占比例(%)	与 2013 年相比变化量(t/a)
伊河	陆浑水库以上	3 190.5	7.2	460.5	2 827.1	7.3	1 479.1	405.9	7.4	172.9
	陆浑水库—龙门镇	3 655.1	8.2	-51.9	3 115.6	8.1	529.6	440.3	8.0	-38.7
	小计	6 845.6	15.4	408.6	5 942.7	15.4	2 008.7	846.2	15.4	134.2
洛河	灵口(省界)以上	1 594.5	3.6	881.5	1 349.1	3.5	355.1	190.1	3.4	53.1
	灵口(省界)—故县水库	440.1	1.0	145.1	299.3	0.8	-281.7	37.8	0.7	-31.2
	故县水库—白马寺	25 216.6	56.8	6 472.6	21 635.7	55.9	-13 135.3	3 066.4	55.6	-3 178.6
	龙门镇、白马寺—入黄口	10 309.5	23.2	1 769.5	9 452.3	24.4	-13 640.7	1 374.9	24.9	-63.1
	小计	37 560.7	84.6	9 268.7	32 736.4	84.6	-26 702.6	4 669.2	84.6	-3 219.8
伊洛河流域合计		44 406.3	100	9 677.3	38 679.1	100	-24 693.9	5 515.4	100	-3 085.6

2. 污染物入河量的变化

污染物入河量采用污染物排放量乘以入河系数进行计算。根据流域入河系数现状调查结果，结合流域各河段的特点，规划水平年各河段污染物入河系数取 0.7～0.9。

2020 年、2030 年伊洛河流域各分区点污染物入河量的变化如表 5-11 和表 5-12 所示。

从表 5-11、表 5-12 可以看出，2020 年、2030 年伊洛河流域 COD、氨氮入河量比 2013 年有不同程度的减少，其中，2020 年 COD、氨氮入河量减少了约 28% 和 30%，2030 年 COD、氨氮入河量减少了约 39.0% 和 35.9%。

从各河流看，规划水平年伊河 COD、氨氮入河量有一定程度增加，洛河 COD、氨氮排放量有一定程度的减少。从各分区看，2030 年主要排污河段仍为洛河的故县水库—白马寺河段和伊洛河的龙门镇、白马寺—入黄口河段，这两个河段排污量约占流域排污量的 80%。规划水平年，污染物入河量增加河段主要为伊河的陆浑水库以上、洛河的灵口(省界)以上河段，污染物入河量减少河段主要集中在洛河的故县水库—白马寺河段和伊洛河的龙门镇、白马寺—入黄口河段。

表 5-11　2020 年伊洛河流域各分区点污染物入河量的变化

分区/省区		COD			氨氮		
		入河量（t/a）	所占比例（%）	与2013年相比变化量（t/a）	入河量（t/a）	所占比例（%）	与2013年相比变化量（t/a）
伊河	陆浑水库以上	2 760.4	8.2	1 709.4	392.2	8.4	313.2
	陆浑水库—龙门镇	2 973.2	8.9	516.2	412	8.9	0
	小计	5 733.6	17.1	2 225.6	804.2	17.3	313.2
洛河	灵口(省界)以上	889	2.6	54	119.8	2.6	9.8
	灵口(省界)—故县水库	274.9	0.8	-248.1	33.3	0.7	-21.7
	故县水库—白马寺	18 978.3	56.6	-14 401.7	2 585.8	55.7	-2 472.2
	龙门镇、白马寺—入黄口	7 684.6	22.9	-4 785.4	1 102.1	23.7	-148.9
	小计	27 826.8	82.9	-19 381.2	3 841	82.7	-2 633
伊洛河流域合计		33 560.4	100	-17 155.6	4 645.2	100	-2 319.8

表 5-12　2030 年伊洛河流域各分区点污染物入河量的变化

分区/省区		COD			氨氮		
		入河量（t/a）	所占比例（%）	与2013年相比变化量（t/a）	入河量（t/a）	所占比例（%）	与2013年相比变化量（t/a）
伊河	陆浑水库以上	2 035.5	7.3	984.5	284.1	7.4	205.1
	陆浑水库—龙门镇	2 243.2	8.1	-213.8	308.3	8.0	-103.7
	小计	4 278.7	15.4	770.7	592.4	15.4	101.4
洛河	灵口(省界)以上	971.4	3.5	136.4	133	3.4	23
	灵口(省界)—故县水库	215.5	0.8	-307.5	26.5	0.7	-28.5
	故县水库—白马寺	15 577.6	55.9	-17 802.4	2 146.3	55.6	-2 911.7
	龙门镇、白马寺—入黄口	6 805.6	24.4	-5 664.4	962.5	24.9	-288.5
	小计	23 570.1	84.6	-23 637.9	3 268.3	84.6	-3 205.7
伊洛河流域合计		27 848.8	100	-22 867.2	3 860.7	100	-3 104.3

5.2.1.3　纳污能力的变化

纳污能力是指在设计水文条件下,满足计算水域的水质目标要求时,该水域所能容纳的某种污染物的最大数量。根据《水域纳污能力计算规程》,伊洛河流域纳污能力计算采用的设计水文条件为90%最枯月平均流量。

根据规划年伊洛河流域水资源配置方案,灵口、龙门镇、白马寺、黑石关等断面纳污能力设计流量较现状年基本保持不变(见表5-13),故规划年纳污能力保持现状年水平,见表5-14。

表5-13　伊洛河流域纳污能力计算主要断面设计流量　(单位:m^3/s)

断面名称	现状年	规划年
灵口	1.59	1.59
白马寺	10	10
黑石关	14	14
龙门镇	2.2	2.2

表5-14　伊洛河流域规划年水功能区纳污能力

<table>
<tr><th rowspan="2">水资源分区</th><th rowspan="2">河流</th><th rowspan="2">省区</th><th colspan="2">纳污能力(t/a)</th></tr>
<tr><th>COD</th><th>氨氮</th></tr>
<tr><td>陆浑水库以上</td><td>伊河</td><td>河南</td><td>1 634.3</td><td>45.0</td></tr>
<tr><td rowspan="2">陆浑水库—龙门镇
灵口(省界)以上</td><td>伊河</td><td>河南</td><td>1 376.4</td><td>65.2</td></tr>
<tr><td>洛河</td><td>陕西</td><td>4 292.3</td><td>244.0</td></tr>
<tr><td>灵口(省界)—故县水库</td><td>洛河</td><td>河南</td><td>325.6</td><td>9.7</td></tr>
<tr><td rowspan="2">故县水库—白马寺</td><td>洛河</td><td>河南</td><td>5 445.7</td><td>209.9</td></tr>
<tr><td>涧河</td><td>河南</td><td>776.3</td><td>28.5</td></tr>
<tr><td rowspan="2">龙门镇、白马寺—入黄口</td><td>伊河</td><td>河南</td><td>816.9</td><td>30.2</td></tr>
<tr><td>洛河</td><td>河南</td><td>8 723.4</td><td>378.1</td></tr>
<tr><td rowspan="3">合计</td><td colspan="2">陕西</td><td>4 292.3</td><td>244.0</td></tr>
<tr><td colspan="2">河南</td><td>19 098.6</td><td>766.6</td></tr>
<tr><td colspan="2">伊洛河流域</td><td>23 390.9</td><td>1 010.6</td></tr>
</table>

5.2.1.4　水质变化趋势分析

为保证实现水质目标,规划根据各河段的现状入河量和纳污能力,提出了各河段的污染物入河总量控制方案,2030年伊洛河流域COD、氨氮入河控制量分别为1.87万t、1 055 t。

在考虑水资源保护规划提出的水资源保护对策、污染物入河总量控制方案全部实施的前提下,预测规划水平年伊洛河流域水质变化趋势。

伊洛河流域污染物入河总量控制方案与纳污能力的对比分析见表5-15。

表5-15 伊洛河流域污染物入河总量控制方案与纳污能力的对比

河流	水资源分区	省区/地市	2020年		2030年	
			COD	氨氮	COD	氨氮
伊河	陆浑水库以上	河南省	1 344.96	106.11	820.15	36.79
	陆浑水库—龙门镇	河南省	2 193.29	95.32	2 193.30	95.32
	小计		3 538.25	201.43	3 013.45	132.11
洛河	灵口(省界)以上	陕西省	358.50	43.41	358.50	43.41
	灵口(省界)—故县水库	河南省	277.93	7.06	277.93	7.06
	故县水库—白马寺	河南省	8 203.67	1 311.52	5 445.71	209.86
	龙门镇、白马寺—入黄口	河南省	6 014.38	442.85	5 347.56	350.72
	小计		14 854.48	1 804.84	11 429.70	611.05
涧河	故县水库—白马寺	河南省	6 478.68	1 052.56	704.31	22.81
其他支流	灵口(省界)—故县水库	陕西省	2 185.10	241.33	2 164.70	241.12
	陆浑水库—龙门镇	河南省	911.00	23.46	911.00	23.46
	龙门镇、白马寺—入黄口	河南省	636.00	69.70	487.00	24.00
	小计		3 732.10	334.49	3 562.70	288.58
地市合计		商洛市	486.50	56.63	486.50	56.63
		渭南市	2 057.10	228.11	2 036.70	227.90
		洛阳市	18 380.49	2 192.84	12 317.77	555.21
		三门峡市	3 453.14	576.84	459.44	13.75
		郑州市	4 226.28	338.90	3 409.74	201.06
伊洛河流域合计			28 603.51	3 393.32	18 710.15	1 054.55

由表5-15可以看出,规划的入河总量控制方案实施后,2020年、2030年伊洛河流域COD、氨氮入河控制量能够达到纳污能力控制要求,流域水质将得到较大程度的改善,至2030年,陕西省境内全部实现水功能区水质目标,河南省境内93%以上水功能区水质达标。

为达到水资源保护规划提出的COD、氨氮入河控制量,流域COD、氨氮入河量的削减比例较大,经计算,2020年入河量比现状年入河量削减52%和82%,2030年入河量比现状年入河量削减63%和85%,流域存在较大的水环境风险。

5.2.1.5 水环境风险评价

通过对伊洛河流域污染物入河量、入河控制量和纳污能力的对比,分析规划水平年流域水质达标可行性与可能存在的水环境风险。

1. 入河污染物控制总量目标可达性分析

将流域入河污染物控制总量与预测的污染物入河总量相比较，可以看出，流域2030年在所有工业点源稳定达标排放、城镇生活污水处理率达到90%、中水回用率达到50%的情况下，污染物COD、氨氮还需要再削减0.9万t和2 806 t，削减量主要分布在洛阳市和涧河沿岸的渑池、义马、新安等城市，占削减总量的70%左右。

经分析，如果进一步加大水污染处理水平，在2030年前将洛阳市区和巩义、偃师、宜阳、伊川等市(县)的工业达标废污水集中收集进入污水处理厂继续二次处理。处理后生活、工业废污水COD浓度达到40 mg/L，氨氮浓度达到2 mg/L，中水回用率达到70%~80%，污水处理水平达到国际先进水平，经测算，2030年污染物COD、氨氮还需要削减18%和70%左右，方能达到规划提出的污染物总量控制要求。因此，从计算结果可以看出，在将污水处理水平提高到国际先进水平后，规划水平年伊洛河尤其是洛阳、巩义、偃师等城市河段水质仍然难以达到入河污染物控制总量目标。

2. 水环境风险分布河段

2020年、2030年伊洛河流域各分区点污染源污染物入河量、纳污能力及超载比例见表5-16和表5-17。

表5-16　2020年伊洛河流域各分区点污染源污染物入河量、纳污能力及超载比例

分区		COD			氨氮		
		纳污能力(t/a)	入河量(t/a)	超载比例(%)	纳污能力(t/a)	入河量(t/a)	超载比例(%)
伊河	陆浑水库以上	1 634.3	2 760.4	68.9	45	392.2	771.6
	陆浑水库—龙门镇	1 376.4	2 973.2	116.0	65.2	412	531.9
洛河	灵口(省界)以上	4 292.3	889		244	119.8	
	灵口(省界)—故县水库	325.6	274.9		9.7	33.3	243.3
	故县水库—白马寺(包括涧河)	6 222	18 978.3	205.0	238.4	2 585.8	984.6
	龙门镇、白马寺—入黄口	9 540.3	7 684.6		408.3	1 102.1	169.9
伊洛河流域合计		23 390.9	33 560.4	43.5	1 010.6	4 645.2	359.7

与2013年相比，流域在执行2030年流域城市生活污水处理厂收水率90%以上、中水回用率50%以上、工业点源稳定达标排放等措施的基础上，流域及各分区COD、氨氮的超载比例均有所下降，但虽然采取以上措施，至2030年伊洛河流域COD、氨氮的入河量仍远高于其纳污能力，流域存在较大的水环境风险。

表 5-17　2030 年伊洛河流域各分区点污染源污染物入河量、纳污能力及超载比例

分区		COD			氨氮		
		纳污能力（t/a）	入河量（t/a）	超载比例（%）	纳污能力（t/a）	入河量（t/a）	超载比例（%）
伊河	陆浑水库以上	1 634.3	2 035.5	24.5	45	284.1	531.3
	陆浑水库—龙门镇	1 376.4	2 243.2	63.0	65.2	308.3	372.9
洛河	灵口(省界)以上	4 292.3	971.4	-77.4	244	133	-45.5
	灵口(省界)—故县水库	325.6	215.5	-33.8	9.7	26.5	173.2
	故县水库—白马寺（包括涧河）	6 222	15 577.6	150.4	238.4	2 146.3	800.3
	龙门镇、白马寺—入黄口	9 540.3	6 805.6	-28.7	408.3	962.5	135.7
伊洛河流域合计		23 390.9	27 848.8	19.1	1 010.6	3 860.7	282.1

风险较大的河段集中在伊河的陆浑水库以上和陆浑水库—龙门镇河段，以及洛河的故县水库—白马寺河段（其中包括涧河）。其中，伊河存在较大水环境风险的水功能区集中在伊河洛阳开发利用区，主要为栾川饮用水水源区、栾川过渡区、栾川嵩县农业用水区、嵩县伊川农业用水区、伊川排污控制区和过渡区；洛河存在较大水环境风险的水功能区集中在洛河卢氏巩义开发利用区，主要为卢氏排污控制区、洛宁排污控制区、宜阳农业用水区和排污控制区、洛阳景观用水区、偃师农业用水区、巩义农业用水区、排污控制区和过渡区；涧河存在较大水环境风险的水功能区集中在涧河洛阳开发利用区，主要为渑池义马排污控制区、新安农业用水区、洛阳工业用水区、洛阳景观娱乐用水区。

从以上分析可以看出，伊河、洛河、涧河 39 个二级水功能区中，22 个在规划水平年存在一定程度的水环境风险，主要集中在伊河干流和洛河的故县水库—白马寺河段（包括涧河），流域整体水环境风险较大，水资源、水环境的保护压力很大。规划实施后，必须及时、全面、深入落实水资源保护规划提出的对策措施和污染物入河总量控制方案，以改善流域整体水环境，保证规划水质目标的实现。

5.2.2　地下水

2013 年伊洛河流域地下水开采量 8.53 亿 m^3，其中山丘区地下水开采量 3.71 亿 m^3、平原区浅层地下水开采量 4.82 亿 m^3。根据地下水可开采量评价成果，伊洛河流域平原区浅层地下水可开采量为 3.64 亿 m^3，现状平原区浅层地下水开采量占可开采量的 132%，故县水库至白马寺及龙门镇、白马寺至入黄口地下水已经超采。

规划水平年伊洛河流域各分区地下水开采量如表 5-18 所示。

表 5-18　规划水平年伊洛河流域各分区地下水开采量　（单位:亿 m^3）

分区/省区		平原区地下水可开采量	规划开采量					
			基准年		2020 年		2030 年	
			规划开采量	其中:平原区	规划开采量	其中:平原区	规划开采量	其中:平原区
伊河	陆浑水库以上		0.42		0.42		0.42	
	陆浑水库—龙门镇	0.47	0.71	0.47	0.71	0.47	0.71	0.47
	小计	0.47	1.13	0.47	1.13	0.47	1.13	0.47
洛河	灵口(省界)以上		0.17		0.20		0.23	
	灵口(省界)—故县水库		0.12		0.12		0.12	
	故县水库—白马寺	2.15	3.41	2.15	3.41	2.15	3.41	2.15
	龙门镇、白马寺—入黄口	1.02	2.52	1.02	2.52	1.02	2.52	1.02
	小计	3.17	6.22	3.17	6.25	3.17	6.28	3.17
合计	陕西省		0.17		0.20		0.23	
	河南省	3.64	7.18	3.64	7.18	3.64	7.18	3.64
	伊洛河流域	3.64	7.35	3.64	7.38	3.64	7.41	3.64

逐步退还平原区浅层地下水超采量;山丘区地下水开采量参照现状年统计数据,河南省基本维持现状开采量,陕西省山丘区地下水开采量采用《伊洛河流域水资源调查评价》评价的山丘区可开采量 0.23 亿 m^3。

规划实施后,伊洛河流域地下水开采量在现状基础上退减浅层地下水超采 1.16 亿 m^3,主要退减区域有两处:一处为故县水库—白马寺的洛阳市,需退减水量 0.73 亿 m^3;另一处为龙门镇、白马寺—入黄口的巩义市和偃师市,巩义市需退减水量 0.17 亿 m^3,偃师市需退减水量 0.27 亿 m^3。基准年规划开采量 7.35 亿 m^3,到 2030 年水平达到 7.41 亿 m^3,其中平原区浅层地下水开采量为 3.64 亿 m^3、山丘区地下水开采量为 3.77 亿 m^3。

规划实施后,现状平原区浅层地下水开采量占可开采量的比例由现状的 132% 下降至 100%,将遏制故县水库—白马寺及龙门镇、白马寺—入黄口地下水超采现象,提升地下水位,减轻和避免由于地下水超采而出现的环境地质问题和生态恶化问题。

5.3　对饮用水水源地的影响

伊洛河流域共有城市饮用水水源地 38 个,其中河道型 3 个、水库型 6 个、地下水型 29 个,主要包括河南省洛阳市洛河地下水水源地、陆浑水库等。水源地现状年供水人口 192.9 万人、综合生活供水量 1.06 亿 m^3。伊洛河流域城市饮用水水源地供水情况见表 5-19。38 个饮用水水源地中,河南省、陕西省人民政府对 17 个水源地划分了水源保护区。

表 5-19　伊洛河流域城市饮用水水源地供水情况

省	水源地合计			其中地下水型			其中河道型			其中水库型		
	个数	供水量（万 m^3）	人口（万人）	个数	供水量（万 m^3）	人口（万人）	个数	供水量（万 m^3）	人口（万人）	个数	供水量（万 m^3）	人口（万人）
河南省	37	10 396.6	188.4	29	10 030.9	180.4	3			5	365.7	8.1
陕西省	1	158.5	4.5	0	0	0	0	0	0	1	158.5	4.5
总计	38	10 555.1	192.9	29	10 030.9	180.4	3			6	524.2	12.6

针对已划分水源保护区的 17 处水源地，规划提出了非点源治理，生态修复与建设，生物、物理隔离工程，标识工程，整治工程等措施，针对尚未划分保护区的 21 个水源地，规划提出应划分饮用水水源保护区，全面加强饮用水水源地保护区保护和环境综合整治。规划提出的水资源保护措施和水源地安全保障措施落实后，将对饮用水水源地保护区带来有利影响，保障城镇饮用水水源地水质安全。

第 6 章　生态环境影响研究

6.1　陆生生态影响分析

从宏观层面来看，规划实施不会改变伊洛河流域生态系统的结构和功能，不会对流域现状土地利用和植被分布产生明显影响，且规划实施对流域陆生生态的影响有一定的有利影响，不利影响是局部的、暂时的。

规划实施对陆生生态的有利影响主要为水土保持规划对水土流失及植被覆盖率的有利影响；不利影响主要为规划的具体工程，主要是防洪工程、水资源配置工程等对局部陆生生态的施工期短期影响。

6.1.1　规划实施对流域主要生态功能的影响

伊洛河流域主要生态系统为森林生态系统和农业生态系统，主要生态服务功能包括水源涵养、水土保持、农产品和矿产资源提供、生物多样性保护等。总体上来看，规划实施不会改变流域生态系统的结构和功能，并对流域主要生态功能有一定的维护和保护作用，见表 6-1。

6.1.1.1　防洪安全保障对农业生态系统的保护作用

伊洛河防洪规划的实施，将全面提高流域的防洪能力，可以有效减少伊洛河流域因洪水灾害带来的生态与环境的破坏，维持伊洛河流域的生态稳定，有利于保护陆生生态的结构和功能，尤其是有利于保护流域中下游农业生态系统的稳定。

伊洛河中下游的冲积平原区，地势比较平坦，土层深厚肥沃，是重要的农业基地。洪水一旦致灾，将对该区域农业生态系统产生较为严重的破坏。本次防洪规划，对洛河长水以下、伊河陆浑水库以下全河段实施防护，有利于该区域城市人居生态系统和农业生态系统的稳定。规划实施后，可对流域内栾川、嵩县、伊川、洛南、洛宁、卢氏、宜阳、洛阳、偃师、巩义共计 95.1 万亩的耕地提供防洪安全保障，有利于该区域农产品提供功能的维护。

同时，支沟洪水及山洪灾害得到进一步控制，有利于土石山区及黄土丘陵区陆生生态系统的稳定和生态功能的维护。

6.1.1.2　水土保持规划有利于流域水土流失的控制

本次规划对伊洛河流域中游地区，包括伊川、洛宁、宜阳、嵩县、洛阳等县（市），总面积为 9 327.46 km^2（河南省 7 847.94 km^2、陕西省 1 479.52 km^2）的区域的水土流失实施重点治理。该区域内沟壑纵横，沟深坡陡，岭窄峁尖，地形破碎，气候干旱且多暴雨，土壤抗侵蚀强度差，加之人类对区域植被破坏较大，是伊洛河流域水土流失较为严重的区域，年侵蚀模数在 2 500 $t/(km^2 \cdot a)$ 以上，少部分地区侵蚀模数高达 4 000 $t/(km^2 \cdot a)$ 以上。

表 6-1　伊洛河流域涉及的生态功能分区及各区生态功能

河流	河段	区域	生态特征	生态系统主要服务功能	规划对该区域生态功能的影响
洛河	上游（源头—长水）	灵口以上河段，陕西境内，主要为洛南县	洛河源头区域森林覆盖率高	水源涵养、水土保持	水土保持规划有利于该区生态功能的维持和保护
		灵口—长水河段，主要包括卢氏、洛宁等	深山区植被覆盖率高，浅山区矿产开发活动活跃，浅山丘陵区以林果业为主	水源涵养、水土保持、林果产品提供	水土保持规划有利于该区生态功能的维持和保护
			农业生态系统	农林产品提供	防洪规划对农业生态系统及农产品提供功能提供了防洪安全保障
	中下游（长水—入黄口）	主要包括渑池、义马、新安等	矿产储藏较为丰富	农产品和矿产资源提供	规划对该区生态功能基本无影响，水土保持规划有利于矿产开发区人为水土流失的控制
		主要包括宜阳、洛阳市辖区、偃师等	黄土丘陵地区、农业生态系统	农产品提供	灌溉规划有利于维持该区农产品提供的生态功能； 防洪规划对农业生态系统及农产品提供功能提供了防洪安全保障
伊河	上游（陆浑水库以上）	主要包括栾川、嵩县等	生物多样性保护区域外围区，伊河的源头区	水源涵养	水生态保护规划及水土保持规划有利于该区水源涵养功能的维持和保护
			过渡带山地森林生态系统类型，生物资源丰富	生物多样性保护	规划对该区生态功能基本无影响
	中下游（陆浑水库—龙门镇）	主要包括伊川、宜阳、洛阳市辖区等	黄土丘陵地区、农业生态系统	农产品提供	灌溉规划有利于维持该区农产品提供的生态功能； 防洪规划对农业生态系统及农产品提供功能提供了防洪安全保障

规划拟建设以骨干坝为主，中小型淤地坝相配套的沟道坝系工程，结合坡面林草植被建设和坡耕地整治，坡沟兼治，综合治理。规划实施后，可有效控制该区域的水土流失。

同时，规划对伊洛河和伊河上中游的秦岭山区、伏牛山区水土流失主要实施预防保护的措施，该区地貌类型为深山区和中山区，年平均降水量800 mm，平均气温12 ℃左右。土壤类型以山地棕壤为主，土壤抗蚀性较强。自然条件适合植物生长，人口密度小，植被覆盖率高，水土流失量较小，年均侵蚀模数在2 500 t/(km^2 · a)以下。对于该区域，水土保持规划措施以保护现有植被、预防水土流失为主，对植被遭到破坏、有明显水土流失的局部地区进行治理，采取的措施以生态修复为主，布置适量坡面林草地植被建设和坡耕地整治工程。

可以看出，规划通过对流域内不同区域分别实施重点治理、预防保护等措施，可有效控制流域内水土流失，加强流域水土保持的生态功能。

6.1.2 规划实施对土地利用和植被覆盖率的影响

规划实施不会对流域土地利用和植被分布产生明显影响，规划对土地利用和植被的影响主要有三个方面：一是水土保持规划有利于增加流域的植被覆盖率；二是灌溉规划实施将新增灌溉面积（但新增灌溉面积主要是将无灌溉条件的耕地发展为灌溉地，并不会造成土地利用性质的改变）；三是防洪、水资源配置等具体工程永久及临时占地的影响。因防洪及水资源配置等具体工程占地对流域整体土地利用结构和方式基本不会造成影响，因此在此不做具体分析。

6.1.2.1 水土保持规划对流域土地利用及植被覆盖率的影响

1. 生态修复

伊洛河流域自然条件较好，降水充沛，植被自然生长条件良好，适宜开展生态修复建设。本次规划对立地条件较差、土层较薄、植被稀疏、坡面较陡、不适宜营造水土保持林的荒山荒坡进行封禁治理；对疏幼林地进行封禁治理，依靠自然能力自我修复；对稀疏林地实施补植补种；同时，结合布设网围栏、封禁标志牌等措施，设置专职管护人员，以提高林草覆盖度，达到保持水土的目的。

规划安排的生态修复范围主要包括秦岭山脉和熊耳山的部分地区，主要涉及陕西省的洛南县，河南省的卢氏、栾川等县。规划新增生态修复面积1 875.05 km^2，其中，河南省面积为1 605.02 km^2、陕西省面积为270.03 km^2。伊洛河流域生态修复措施规划见表6-2。

本次水土保持规划通过人工造林种草和依靠自然修复能力恢复植被等措施，可以在一定程度上提高伊洛河流域的植被覆盖率，改善区域的生态环境，但影响比例较小，不会对流域土地利用和植被分布产生明显影响。

2. 水土保持林建设

水土保持林建设以涵养水源、保持水土为目的，也可在一定程度上增加区域的植被覆盖率。

根据土地利用现状，伊洛河流域林地现状面积为6 845.32万hm^2，本次规划将增加林地面积约15.39万hm^2，占现状林地面积的0.22%，可少量增加流域植被覆盖率，但不会对流域土地利用和植被分布产生明显影响。

表 6-2　伊洛河流域生态修复措施规模　（单位：km^2）

区划	县（市、区）	2030 年较现状新增
秦岭北麓山地区	洛南县	216.00
	蓝田县	4.49
	华县	34.56
	丹凤县	14.98
	小计	270.03
豫西南山地丘陵区	陕州区	129.60
	卢氏县	172.80
	渑池县	100.80
	义马市	2.40
	灵宝市	23.06
	洛宁县	273.60
	新安县	187.20
	偃师县	20.02
	伊川县	155.52
	宜阳县	178.56
	栾川县	23.04
	孟津县	24.91
	嵩县	109.44
	洛阳市郊	100.80
	巩义市	48.58
	汝阳县	34.05
	登封市	20.64
	小计	1 605.02
伊洛河流域合计		1 875.05

3. 坡改梯工程

规划区坡耕地面积大、比例高，通过坡改梯工程，可以控制水土流失，保护耕地资源，提高土地生产率，巩固退耕还林还草成果。在 25°以上的坡地全部实现退耕的基础上，对适宜改造成梯田的坡耕地进行改造，修筑水平梯田。规划期内伊洛河流域共完成坡改梯工程 1 744.23 km^2，其中河南 1 677.22 km^2、陕西 67.01 km^2。因其由坡耕地发展而来，因此不改变土地利用性质，对土地利用不造成影响。

6.1.2.2　灌溉规划对流域土地利用的影响

伊洛河流域总土地面积中,山地与丘陵所占面积比例较大,平原所占面积比例较小,俗称“五山四岭一分川”。受水土资源条件的制约,现状流域耕地灌溉率仅有31.1%。

本次灌区续建配套与节水改造发展灌溉面积主要考虑陆浑灌区、新安提黄灌区、龙脖灌区、卢氏县洛北灌区、洛惠渠灌区等大中型灌区。新建灌区发展灌溉面积主要集中在小浪底南岸灌区和故县水库灌区,结合中小型水库建设,逐步开发张坪水库灌区、卢氏鸡湾水库灌区和陕州大石涧水库灌区(含山口河灌区)。根据县(区)农田水利规划,利用小型水库塘坝、提灌站、井灌等发展零星灌溉面积。伊洛河流域主要新建、续建灌溉工程见表6-3。

表6-3　伊洛河流域主要新建、续建灌溉工程　(单位:万亩)

项目名称	设计灌溉面积	已有灌溉面积	2030年水平			说明
			净增		达到	
			农田	林果		
陆浑水库灌区续建配套及节水改造	88.94	44.11	40.53	4.30	88.94	陆浑水库灌区设计灌溉面积134.24万亩,已建有效灌溉面积62.7万亩
龙脖灌区续建配套与改造	8.5(自流6.5,提灌2.0)	4.51	3.99	0.00	8.50	
新安提黄灌区续建配套及节水改造	16.46	5.21	10.25	1.00	16.46	
卢氏洛北渠续建配套及改造、幸福渠灌区续建等			3.83	0.00		
洛南洛惠渠等灌区续建配套及节水改造	5.30	2.28	1.50	0.00	3.78	
宜阳伊洛南渠、寻村灌区续建配套与改造			1.17	0.00		
故县水库灌区	132.00	44.00	34.67	2.50	81.17	
小浪底南岸灌区	39.08	23.20	13.88	2.00	39.08	小浪底南岸灌区设计灌溉面积61.77万亩,在伊洛河流域面积39.08万亩
卢氏鸡湾水库灌区			1.50	0.00		
陕县大石涧水库灌区	10.00		5.00	0.00		
张坪水库灌区	2.50		2.50	0.00		
县(区)农田水利规划			21.94	2.56		小型水库塘坝、提灌站、井灌等发展零星灌溉面积
合计			140.76	12.36		

注:农田水利规划发展灌溉面积主要指小型水库塘坝、提灌站、井灌等发展零星灌溉面积。

规划实施后,比现状新增灌溉面积 153.1 万亩。但新增灌溉面积主要是将无灌溉条件的耕地发展为灌溉地,并不造成土地利用性质的改变,对流域土地利用基本无影响。但是,在增加灌溉条件的同时,地方政府应配套落实相应的污染防治措施,防治新增灌区的新增污染。

6.1.3 规划对水土流失的影响

6.1.3.1 水土流失治理措施

规划采取分区治理的布局治理水土流失,防治措施主要包括淤地坝工程、小型蓄水保土工程、基本农田建设、水土保持林建设及生态修复等。

1. 秦岭北麓—渭河中低山阶地保土蓄水区与丹江口水库周边山地丘陵水质维护保土区

该区以保护天然林、次生林为主,采取封山育林、封坡禁牧等措施,依法保护森林和水土资源;对已有的水土保持成果,搞好管理、维护、巩固和提高,使之充分发挥效益。坡面治理以植物措施为主,在山坡上土层较厚的地方修水平梯田;沟边修边埂或沟头防护工程,在 V 字形沟道内修建谷坊、淤地坝等工程,在"U"字形沟道内修建淤地坝等骨干工程,建设高产基本农田,同时营造沟底防冲林。从上游到下游、从坡面到沟底层层设防、节节拦蓄,形成工程措施与植物措施相结合的防护体系。

2. 豫西黄土丘陵保土蓄水区

该区在伊洛河流域内占主导地位,地形涉及土石山区、丘陵区和冲积平原区。在丘陵区,兴建基本农田,积极营造各种防护林体系,绿化荒山荒坡。农地布置在梁峁缓坡地上,以距村庄较近、土壤侵蚀较轻、地面坡度小于25°的现有耕地实施坡改梯;对大于25°的坡耕地实施退耕还林,在退耕陡坡地或梁顶荒地以水平沟整地方式发展水土保持林;在村庄周围、交通方便的平缓退耕坡地上发展经济林;沟道措施的布置宜尽可能拦截洪水、泥沙,充分利用水沙资源,在沟道布设淤地坝工程;有条件的地方修建水窖、涝池等小型蓄水保土工程。在平原区,水土保持治理以植物措施为主,在基本农田内营造农田防护林带,在道路、村庄、水利工程周围栽树,提高植被覆盖度,逐步实现农田林网化。

3. 伏牛山山地丘陵保土水源涵养区

在伊洛河流域内,该区与豫西黄土丘陵保土蓄水区中丘陵区地形相似,参照豫西黄土丘陵保土蓄水区丘陵区的水土保持措施进行工程布置。

除上述分区治理措施外,因伊洛河流域矿产资源丰富,众多的矿产开发项目造成较大的人为水土流失,特别是一些大中型采矿企业,由于建矿早,年开采量较大,对区域地貌及植被破坏极为严重。因此,规划通过工矿区恢复治理示范点建设等措施,为矿区恢复治理提供经验和示范,推动伊洛河流域开发建设项目水土保持治理,把人为水土流失减小到最低限度。

6.1.3.2 治理规模及效果

规划开展水土流失治理面积 3 283.15 km^2,其中河南省 2 958.41 km^2、陕西省 324.74 km^2。新增水土流失治理率 17.61%,林草覆盖率由现状的 32.59% 提高至 39.49%。

这些治理措施的实施,可有效减缓土壤面蚀,逐步控制流域水土流失,保护流域生态环境。将有效控制新增水土流失及其危害,降低侵蚀强度,减少水土流失面积;同时,可增加流域内地面植被,改善农业生产条件,提高规划区群众生活水平,实现区域经济可持续发展。

6.2　水生生态影响分析

本次水生生态现状调查显示,伊洛河干流河流连通性破坏严重,非汛期多个河段存在脱流、减流现象,水生生物数量锐减、生境面积萎缩且片段化,这已成为目前流域亟待解决的主要环境问题。

造成这一生态严重破坏的主要原因是现有水电的无序开发,本次规划包含的"水生态保护规划"对现有水电站提出了"整顿违法水电站、对已建合法水电站增设下泄基流设施、逐步恢复河道生境"等要求,同时对各河段的开发与保护也提出了明确要求。因此,水生态保护规划的实施,在一定程度上有利于缓解目前伊洛河水生生态系统恶化的趋势,有利于保障河道生态基流,为鱼类的生长繁育、水生生态系统的维持创造一定的水资源条件。此外,水资源保护规划的实施,可改善水环境,为水生生态系统提供适宜的水环境条件。

规划中水电规划的实施,将对河流生态与环境产生较为显著的不利影响,将进一步破坏河流连通性,破坏水生生物生境。此外,规划年河道外配置水量尤其是中下游供水量增幅较大,对于伊洛河干流中下游生态需水的保障程度有一定的不利影响。

6.2.1　规划实施对水生生态的有利影响

6.2.1.1　规划实施后有利于保障河道生态需水

1.伊洛河干流各河段生态需水

本次规划的生态需水量指的是多年平均来水情况下,较为适宜的生态流量(水量)。以Tennant法为基础,根据伊洛河各河段不同保护对象对河川径流条件的需水要求,考虑伊洛河水资源条件和水资源配置实现的可能性,综合确定重要断面生态需水量。

分析水生态保护目标与伊洛河水力联系及补给关系,伊洛河生态需水要求包括鱼类需水、河流基本生态环境功能维持需水。伊洛河流域内的鱼类产卵期为每年4~6月,河谷植被需水关键期为每年4~5月,河岸带植被生长期为6~9月。因此,伊洛河生态需水的关键期为4~9月,考虑河流年内径流变化规律,将每年划分为4~6月、7~10月、11月至次年3月三个水期进行生态需水分析,其中4~6月重点保证敏感生态需水。

在伊洛河主要断面天然径流量与实测径流量分析的基础上,选择流域尚未大规模开发的1956~1975年的天然流量作为基准,以Tennant法为基础,根据各河段保护目标分布,按照较为适宜的流量要求,选择4~6月平均流量的30%~50%作为该期多年平均的生态流量初值、7~10月平均流量的40%~60%作为该期多年平均的生态流量初值、非汛期11月至次年3月多年平均流量的20% ~30%作为该期多年平均生态流量初值。在此基础上,分析需水对象繁殖期和生长期对水深、流速、水面宽等要求,选择满足保护目标生境需求的流量范围,考虑水资源配置实现的可能性,结合自净需水,综合提出伊洛河重要控制断面多年平均适宜生态环境需水量(见表6-4)。

表6-4　伊洛河主要断面多年平均适宜生态需水计算

河流	河段	代表断面	需水对象	时段	多年平均适宜生态需水量			水质要求
					流量(m^3/s)	水量(亿 m^3)	流量过程	
洛河	源头—灵口	灵口	土著鱼类 河谷植被	4~6月	6.0	2.27	维持河流自然流量过程	Ⅱ
				7~10月	14.5			
				11月至次年3月	2.0			
	灵口—杨村	白马寺	土著鱼类 植被需水 自净需水 景观需水	4~6月	16.6	7.52	4~6月有淹及岸边的流量过程	Ⅲ
				7~10月	48.3			
				11月至次年3月	8.2			
伊河	源头—杨村	龙门镇	土著鱼类 植被需水 自净需水 景观需水	4~6月	10.3	4.22	4~6月有淹及岸边的流量过程	Ⅲ
				7~10月	27.4			
				11月至次年3月	3.8			
伊洛河	杨村—入黄口	黑石关	土著鱼类 植被需水 自净需水	4~6月	28.0	12.89	4~6月有淹及岸边的流量过程	Ⅲ
				7~10月	80.5			
				11月至次年3月	14.0			

注:生态需水量中的流量为长系列各时段月平均流量。

考虑伊洛河径流年际丰枯变化的自然特点,以上计算的生态需水量为多年平均适宜生态需水量,不同年份生态水量随着径流的丰枯变化而变化。

断面生态水量(流量)根据有关生态水量的标准和有关研究成果,适时优化调整。

2. 现状伊洛河干流河段生态需水满足程度

小水电无序开发造成的河道减水、脱流是目前伊洛河水生生态存在的主要问题之一,现状伊洛河不同河段生态需水满足程度见表6-5。

表 6-5　现状伊洛河不同河段生态需水满足程度

河流	河段	水电站分布	实际下泄生态流量	生态需水满足程度	说明
洛河	源头—灵口	无	—	可以满足	干流尚未进行水电开发
	灵口—长水	石墙跟、曲里、火炎	非汛期拦水、坝截蓄引水，河道脱流	河道脱流，无法满足	引水式电站引水流量大于等于坝址多年平均流量，非汛期拦水坝将来水完全截断，河道拦水坝至水电站间河段脱流严重，仅余部分山涧溪水汇入
		故县水库	坝后式电站，发电尾水回归河道	在合理调度下基本可以满足	坝后式电站，生态需水基本满足，但阻隔了河道生境连通性
		崇阳河（在建）、黄河（左岸）	非汛期无水量下泄	河道脱流，无法满足	引水式电站引水流量大于等于坝址多年平均流量，河道脱流
		禹门河	坝后式电站，发电尾水回归河道	在合理调度下基本可以满足	坝后式电站，生态需水基本满足，但阻隔了河道生境连通性
	长水—杨村	长水、张村、富民、崛山、温庄、金海湾、龙泉、龙腾、乘祥、辉煌、宜发、洪发、龙祥、鑫水源、忠诚、兴宜、乘龙、灵山（在建）、高峰、锦山、河下、龙祥李营上（在建）、龙祥李营下（在建）、亚能、龙源、金水堰等	非汛期河道脱流、减流严重	河道脱流，无法满足	引水式电站引水流量大于等于坝址多年平均流量，非汛期拦水坝将来水完全截断，河道拦水坝至水电站间河段脱流严重，仅余部分山涧溪水汇入

续表 6-5

河流	河段	水电站分布	实际下泄生态流量	生态需水满足程度	说明
伊河	源头—陆浑	黄石砭、金牛岭(在建)、龙王庄、松树岭、月亮湾、马路湾、拨云岭、前河、栗子坪、新城、山峡(在建)	非汛期基本无水量下泄，河道脱流严重	河道脱流，无法满足	引水式电站引水流量大于等于坝址多年平均流量，非汛期拦水坝将来水完全截断，河道拦水坝至水电站间河段脱流严重，仅余部分山涧溪水汇入
	陆浑以下	陆浑	坝后式电站，发电尾水回归河道	在合理调度下基本可以满足	坝后式电站，生态需水基本满足，但阻隔了河道生境连通性
		铺沟	非汛期基本无水量下泄	河道脱流，无法满足	引水流量大于等于坝址多年平均流量，河道脱流
伊洛河	杨村以下	五龙	河床式电站、橡胶坝抬高水位发电	河道脱流，无法满足	巩义市区蓄水导致水电站前时有脱流，未脱流时蓄积水面用以发电

从表 6-5 可以看出，由于伊洛河水电的无序开发且分布密集，部分水电站首尾相连，造成水电密集开发河段脱流现象十分严重，伊洛河河道生态基流满足程度很差。

这些脱流河段集中在水电密集开发河段，如伊河上游栾川—潭头河段(约 50 km 河段分布了 7 座引水式电站，平均每 7 km 就有 1 座水电站)、洛河中游长水—洛阳西河段(约 110 km 河段分布 26 座引水式电站，平均每 4.2 km 就有 1 座水电站，密集处平均每 3 km 就有 1 座水电站，每座水电站下游脱流长度为 3 ~ 5 km)。水电站建设带来的河道脱流与侵占是目前伊洛河河流生态用水得不到保障的主要原因。

3. 规划实施后伊洛河干流河段生态需水满足程度

为实现生态水量目标，本次水生生态保护规划提出了基于生态环境保护的水电站运行调度方案，将水电站下泄生态水量纳入水电站日常运行管理，优化水电站的运行方式，确保水电站下泄生态流量；依法整顿伊洛河水电站群建设，对不符合生态环境保护要求的小水电站按照相关法律法规规定处理，保持重点河段河道水流自然连续性；对于协调开发与保护关系河段，因地制宜采取引水口建立基流墩、挡水建筑物设置泄水装置、建设基流管道、安装下泄生态流量在线监控和远程传输装置等措施，确保水电站下泄生态流量；枯水年份，当实际来水量小于下泄生态流量时，电调服从水调，禁止水电站引水发电，来水全部下泄。

评价认为，在严格落实上述措施的基础上，伊洛河各河段河道内基本可以保障一定的生态基流，有利于改善目前河道脱流、减水的现状，为鱼类的生长繁育、水生生态系统的维持创造一定的水资源条件；同时，对于引水式电站增设下泄基流设施这一措施，必须严格加强对下泄流量的监控管理，避免河道脱流。但是，虽然上述措施可以在一定程度上改善河道脱流、减水的现状，伊洛河干流依然存在河流连通性破坏、水生生物生境片段化和破碎化的问题。

6.2.1.2　规划实施后有利于恢复干流河段水生生态系统基本功能

伊洛河流域近年来经济社会发展迅速，资源开发已造成了河流连通性受阻、自然生境破碎化等水生态问题，威胁着流域与河流的生态安全。河流连通性破坏，非汛期脱流、减流河段较多，原有水生生物物种赖以生存的径流和水文条件遭到破坏，适合水生生物生活的栖息环境萎缩、数量锐减、片段化甚至丧失，鱼类种群数量减少和个体小型化，是目前伊洛河流域水生生态系统存在的主要问题。

为解决流域水生态现状破坏严重的问题，本次规划统筹协调了伊洛河流域经济社会发展和水生态保护之间的关系，在国家及两省对伊洛河流域的生态功能定位和保护要求的基础上，提出了伊洛河各河段开发与保护的定位和具体要求，见表6-6。

评价认为，在落实规划提出的各河段开发保护要求的基础上，有利于恢复伊洛河干流的水生生物生境状况，有利于遏制河流水生态的恶化趋势，保护干流水生生态系统基本功能。

1. 洛河

洛河分布有中国濒危、特有水生动物重要栖息地，水生生态保护应以濒危鱼类栖息地保护和河流基本生态功能维持为重点，保证生态流量，改善水质，修复鱼类栖息生境条件。

洛河上游源头至豫陕省界之间河段为洛河的源头区和重要水生保护动物栖息地，以维持河道廊道功能、保护河道生境为主，修复受损珍稀濒危水生生物栖息地。该河段有洛河洛南源头水保护区、洛南大鲵省级自然保护区及卢氏大鲵省级自然保护区等重要环境敏感保护目标。

洛河上游省界至长水河段分布有水生生物的产卵场和栖息地，以保护河道连通性、水流连续性、修复河道生境为主，禁止不合理开发。规范水电开发及运行管理，保障生态流量，维持梯级开发集中河段河流基本生态功能。

伊洛河口（黑石关至入黄口）河段为黄河特有土著鱼类黄河鲤的重要栖息地和产卵场，以保护为主，禁止或严格限制各类开发建设活动，维持河流连通性，保护河流及河漫滩。

2. 伊河

伊河分布有我国著名经济鱼类和伊河特有土著鱼类伊鲂的栖息地，水生生态保护以栖息地保护和河流基本生态功能维持为重点，保证生态流量、改善水质、维持河道基本生态功能。

伊河上游源头至栾川段以水源涵养功能和河流廊道生态功能为重点，其中伊河源头至栾川陶湾镇禁止水电开发；伊河源头栾川至陆浑水库河段规划以保护土著鱼类栖息地和产卵场为主，协调河流开发与生态保护的关系，保证河流基本流量，维持河流水流连续性，

表 6-6　伊洛河流域水生态保护规划方向

河流	区域	全国主体功能区规划	全国重要水功能区	重要水生态保护目标	存在问题	威胁因子	规划方向
洛河	上游	限制开发区	洛河洛南源头水保护区 洛河陕豫缓冲区 洛河卢氏、巩义开发利用区	洛河源头水保护区 洛南大鲵省级自然保护区 卢氏大鲵省级自然保护区 土著鱼类栖息地	矿业资源开发，水源涵养能力下降等；河流连通性和水流连续性遭到一定程度破坏	矿业开采、小水电无序开发等	以保护河道和水生态系统为主，重要河段禁止开发，并采取措施修复受损资源
	中游	重点开发区	洛河卢氏、巩义开发利用区	洛河鲤鱼国家级水产种质资源保护区	水环境质量下降，洛阳河段水体污染，河流连通性和水流连续性遭到破坏，土著鱼类生境萎缩	水污染、小水电无序开发、城市开发侵占河道	以保护河流连通性和水流连续性为重点，协调开发与保护的关系，规范水电开发与运行管理，保证河道生态环境流量及下泄生态流量，改善水环境质量
	下游	重点开发区	洛河卢氏、巩义开发利用区	黄河郑州段黄河鲤国家级水产种质资源保护区	水体环境质量较差、河流连通性和水流连续性遭到一定破坏	污染物超标排放、小水电不合理开发	以伊洛河口生态功能和鱼类栖息生境条件保护为重点，加强保护与修复，确保河道水流连续性和入黄生态流量过程

续表 6-6

河流	区域	全国主体功能区规划	全国重要水功能区	重要水生态保护目标	存在问题	威胁因子	规划方向
伊河	上游	限制开发区	伊河栾川源头水保护区	伊河特有鱼类国家级水产种质资源保护区	矿产资源开发,水源涵养能力下降;河段河流连通性遭到破坏,鱼类生境萎缩	煤矿资源不合理开采、水电梯级开发等	以水源涵养功能和土著鱼类栖息地保护为重点,协调开发与保护的关系,保证河道生态环境流量及下泄生态流量
	中游	重点开发区	伊河洛阳开发利用区	土著鱼类栖息地及河道	水环境质量下降,河流连通性和水流连续性遭到破坏,土著鱼类物种栖息地严重萎缩,河道被侵占等	河道挖沙采石,侵占河道等	以维持河流廊道生态功能、保护土著鱼类栖息地为重点,遏制河道退化趋势,确保河流生态流量和水流连续性
	下游	重点开发区	伊河洛阳开发利用区	土著鱼类栖息地及河道	水环境质量恶化,河流连通性和水流连续性遭到破坏	城市景观开发建设,污染物超标排放等	以保护河流连通性和水流连续性为重点,限制不合理开发和开垦,改善水环境质量

规范水电运行管理；伊河中下游河段在确保防洪安全的前提下，加强保护与修复，维持河流廊道生态功能，改善水质，保护河流生境。

6.2.1.3　规划实施有利于为水生生态系统提供适宜的水环境条件

规划中水资源保护规划的实施，有利于各水功能区污染物总量控制和削减，有利于实现规划的水质目标，实现水环境的改善。本次规划提出的伊洛河流域水功能区水质达标率控制目标为：2030 年河南达到 93%，陕西达到 100%。

评价认为，水环境的改善将对水生生物生境产生有利影响，改善水生生物的栖息环境，有利于水生生态系统基本生态功能的恢复。

6.2.2　规划实施对水生生态的不利影响

伊洛河现状水生生态已受到严重破坏，突出表现是河流连通性破坏、河道脱水减水、水生生物生境破碎化等，这已成为目前流域亟待解决的主要环境问题。规划中水电规划的实施，将进一步破坏河流连通性，破坏水生生物生境。

此外，规划年河道外配置水量尤其是中下游供水量增幅较大，对于伊洛河干流中下游生态需水的保障程度有一定的不利影响；防洪工程的建设也将加剧河道渠化和人工化程度；调水工程、供水水库等的实施也将对水生生态产生一定的不利影响。

6.2.2.1　水电规划实施后将进一步破坏河流连通性

1. 规划电站

本次规划基于以往成果和省区意见，对伊河及洛河干流规划了 7 座电站，见表 6-7 及表 6-8。

表 6-7　洛河干流河段规划电站情况

所在级数	电站名称	建设地点	坝址控制流域面积（km^2）	坝址多年平均流量（m^3/s）	开发方式	调节性能	装机容量（MW）	年发电量（万 kW·h）
3	鸭鸠河	河南卢氏县	3 758.5		引水式	径流式	4.8	2 297
8	黄河（右岸）	河南洛宁县			引水式	径流式	1	400
11	磨头	河南洛宁县			引水式	径流式	0.6	240

表 6-8　支流伊河干流河段规划电站情况

所在级数	电站名称	建设地点	坝址控制流域面积（km^2）	坝址多年平均流量（m^3/s）	开发方式	调节性能	装机容量（MW）	年发电量（万 kW·h）
8	九龙山	河南栾川县	1 691		引水式	径流式	3.1	1 329
10	任岭	河南嵩县	2 265		引水式	径流式	2	750
11	山峡	河南嵩县	2 590	19.61	引水式	径流式	4.8	2 259
16	芦头	河南嵩县	3 492		引水式	径流式	2	879

由表 6-7、表 6-8 可以看出,这 7 座均为引水式电站,且电站大多库容小、装机规模小。

2. 规划电站对洛河干流河流纵向连通性的不利影响

洛河干流规划的 3 座电站,全部位于目前水电开发强度相对较弱的上游河段。

目前,洛河干流已建、在建电站共 34 座,主要分布在中游河段。洛河上游河段现状水电开发强度相对较弱,其中源头至卢氏徐家村河段基本处于未开发状态。规划实施后,洛河干流共布局 37 座水电站(干流全长 446.9 km),全部位于河南省境内(河南省境内河段长 335.5 km),其中上游河段将由目前的 8 级电站增加到 11 级电站。

按照《水工程规划设计生态指标体系与应用指导意见》(水总环移〔2010〕248 号)规定的河流纵向连通性评价标准进行评价,洛河全河段若超过 5 座梯级,河流连通性即为劣。而规划后,洛河干流河南省境内共分布 37 座电站,每 100 km 河长水电站个数为 110 个。若想达到纵向连通性为良,河南境内洛河河段电站个数不能超过 2 个,若想达到连通性为优,电站个数不能多于 1 个。

表 6-9　河流纵向连通性指标阈值　　(单位:个/100 km)

指标名称	阈值标准				
	优	良	中	差	劣
纵向连通性	<0.3	0.3~0.6	0.6~0.9	0.9~1.2	>1.2

洛河干流规划的 4 座电站建成后,河南境内上游自豫陕两省分界处至长水河段共长 140.6 km 的河段,将由现状 8 座电站变为 11 座,河流纵向连通性指数由每 100 km 河长 5.7 座电站达到 7.8 座,进一步破坏了河流的纵向连通性。

规划的黄河(右岸)电站,装机容量仅为 1 MW,并与已开发的黄河(左岸)电站分别位于河两岸;规划的磨头电站,装机容量仅为 0.6 MW,且与已开发的长水电站分别位于河两岸。总之,黄河(右岸)电站、磨头电站、鸭鸠河电站的建设将进一步加剧河流纵向连通性的破坏,并加剧该河段脱流、减流的问题。

3. 规划电站对伊河干流河流纵向连通性的不利影响

伊河干流规划的 4 座电站,3 座位于上游河段,1 座位于中游河段。

伊河干流目前已建、在建电站共 12 座,其中 11 座分布在上游河段,1 座位于中游河段。规划实施后,伊河干流共布局 16 座水电站(干流全长 265 km),其中上游河段(169.5 km)将由目前的 11 级电站增加到 14 级电站。

按照河流纵向连通性评价标准进行评价,伊河全河段若超过 3 座梯级,河流连通性即为劣。若想达到纵向连通性为良,伊河干流河段电站个数不能超过 1.5 个,若想达到连通性为优,电站个数不能多于 0.8 个。而规划后,伊河干流共分布 16 座电站,每 100 km 河长水电站个数为 6 个。

伊河干流规划的 4 座电站建成后,上游长 169.5 km 的河段,将由现状 11 座电站变为 14 座,河流纵向连通性指数由每 100 km 河长 6.5 座电站达到 8.3 座,将进一步破坏河流的纵向连通性。

规划的芦头电站,装机容量仅为 2 MW,并与已开发的铺沟电站分别位于河两岸,电站的建设将进一步加剧河流纵向连通性的破坏,并加剧该河段脱流、减流的问题。

九龙山、任岭、山峡3座规划电站位于本次现状调查结果中鱼类潜在产卵场分布的河段,电站的建设、3座连续挡水建筑物的建设及河道减流等,将破坏鱼类栖息环境,影响这一河段鱼类产卵场的形成。

6.2.2.2　水电规划实施后将进一步破坏鱼类栖息环境

1. 鱼类及其生境现状

伊洛河流域曾经是我国著名经济鱼类洛鲤、伊鲂的出产地,也是多种地方土著鱼类的重要分布区。因伊洛河水生生境已遭到严重破坏,因此鱼类及其生境也受到显著不利影响。

目前,洛河干流卢氏徐家湾乡以上河段属于未开发河段,尚未有水电、水库建设,处于相对自然状态,保留了鱼类生存较好的栖息生境。洛河干流卢氏徐家湾以下至故县水库,是开发相对较弱河段,水质条件良好,但受水电站建设蓄水影响,部分河段鱼类栖息生境受到破坏,仅在较大支流入汇处残存有小范围的鱼类栖息生境;故县水库库尾由于条件较好,是洛河干流河段内较好的鱼类栖息环境之一;故县水库以下河段,水电无序开发严重,挡水建筑物连续建设,河段脱流、减流,鱼类生境条件受到严重破坏,仅在支流汇入的河口段保留有小范围的鱼类栖息环境。历史上,伊洛河入黄口段由于水量充足,营养丰富,一直为伊洛河的传统产卵场,但近年来由于受水污染等影响,鱼类生境状况变差。

伊河上游栾川以下水电无序开发严重,对河道水流形态产生较大影响,挡水建筑物连续建设,河段脱流、减流,鱼类栖息环境遭到严重破坏,仅在陆浑水库回水末端保留有一定范围的鱼类栖息地。

2. 规划实施对鱼类的影响

规划中水电规划的实施,将进一步破坏河流连通性,破坏水生生物生境。挡水建筑物连续建设,河段脱流、减流,鱼类栖息环境将遭到进一步破坏。

洛河干流规划的3座电站,全部位于目前水电开发强度相对较弱的上游河段。伊河干流九龙山、任岭、山峡3座规划电站亦位于现状水电开发强度较弱的河段,也是本次现状调查中鱼类潜在产卵场分布的河段,3座挡水建筑物的连续建设及引水式电站造成的河道减流问题,将破坏鱼类栖息环境,影响这一河段鱼类产卵场的形成。

6.2.2.3　规划年配置水量的增加将降低河道内生态需水满足程度

规划年河道外配置水量尤其是中下游配置水量增幅较大,对于伊洛河干流中下游生态需水的保障程度有一定的不利影响。

因规划阶段无法对规划年水量调度情况进行精确推算和预测,故无法准确预测规划年主要断面逐月流量过程。因此,评价未分析规划年生态流量逐月满足程度,仅按断面全年下泄总水量来分析规划年生态水量的满足程度。

与水生态保护规划提出的入黄断面12.89亿m^3的生态水量相比,在中等枯水年情况下,黑石关断面2013年可满足生态水量要求,但2030年(9.02亿m^3)不能满足12.89亿m^3的要求。

可以看出,按入黄断面全年总水量进行评价,现状年在来水频率75%的情况下,可满足12.89亿m^3的生态水量要求。但规划年仅能在多年平均(来水频率约为50%)情况下满足12.89亿m^3的生态水量要求,在来水频率75%的情况下,不能满足12.89亿m^3的生态水量要求。

综上所述,由于规划年河道外配置水量的大幅增加,导致河道内生态需水保障程度较现状年降低。

因此,评价建议,水资源配置应协调经济发展与环境保护的矛盾,在支撑区域经济社会发展、提高河道外配置水量的同时,也应考虑河道内生态用水的需求,适当减少河道外配置水量,提高河道内生态需水的保障程度。

6.2.2.4 水生态现状问题解决建议

根据以上分析可以看出,即使伊洛河干流现有各水电站落实规划提出的下泄生态流量的要求,河流依然存在拦河建筑物过多、河流连通性破坏、水生生物生境片段化与破碎化的问题。评价建议当地政府应采取措施对现有电站进行综合整治,并开展伊洛河流域水电开发专项规划编制及规划环评工作,协调河段水电开发与生态保护的关系,恢复伊洛河的水生生态系统的基本生态功能。具体建议如下:

(1)对《建设项目环境保护管理条例》(1998年)颁布后建设且未取得环评审批文件的水电工程,由相关主管部门依法进行整改。

(2)对1998年之前建成的水电站,以及1998年后建设且已取得环评审批文件水电站,应由相关主管部门开展环境影响回顾性评价,并根据环境影响回顾性评价结果对各电站进行整改和调整。水电站整改工作主要包括:要求各电站采取必要措施保障下泄生态流量、消除脱流河段,并采取合理措施保护鱼类资源和生境。整改完成后,当地政府应加强对各水电站的监督管理工作。

现有电站整改措施建议见表6-10。

表6-10 现有电站整改措施建议

类别	级数	电站名称	建成(年)时间	是否在敏感区	环评建议
1998年以前建成	伊河1	黄石砭	1966	否	已不运行,建议拆除(规划建议)
	伊河3	龙王庄	1992	否	1. 由相关主管部门开展环境影响回顾性评价; 2. 根据环境影响回顾性评价结果对各电站进行整改和调整; 3. 各电站应采取必要措施保障下泄生态流量、消除脱流河段,并采取合理措施保护鱼类资源和生境
	伊河5	月亮湾	1979	否	
	伊河6	马路湾	1996	否	
	伊河9	前河	1997	否	
	伊河12	栗子坪	1975	伊河特有鱼类国家级水产种质资源保护区	
	伊河13	新城	1976		
	伊河14	陆浑	1982		
	伊河15	铺沟	1983	否	
	洛河2	石墙根	1991	否	
	洛河3	曲里村	1988	否	
	洛河5	火炎	1972	否	
	洛河6	故县	1992	否	
	洛河10	长水	1980	否	
	洛河12	张村	1975	否	
	洛河13	富民	1998	否	
	洛河14	崛山	1995	否	
1998年以后建成,有环评文件	伊河2	金牛岭	2003	否	
	洛河7	崇阳河	在建	否	
	洛河7	黄河(左岸)	2010	否	
	洛河9	禹门河	2003	否	

续表 6-10

类别	级数	电站名称	建成(年)时间	是否在敏感区	环评建议
1998 年以后建成,无环评文件	伊河 4	松树岭	2004	否	由当地政府依法进行整改
	伊河 7	拨云岭	2000	否	
	洛河 15	温庄	2004	否	
	洛河 16	金海湾	2006	位于洛河鲤鱼国家级水产种质资源保护区实验区	由相关主管部门依法进行整改[《建设项目环境保护管理条例》规定:建设项目环境影响报告书(报告表、登记表)未经批准或者未经原审批机关重新审核同意,擅自开工建设的,由环境保护行政主管部门责令停止建设,限期恢复原状]
	洛河 17	龙泉	2005		
	洛河 18	龙腾	2005		
	洛河 19	乘祥	2005		
	洛河 20	辉煌	2005		
	洛河 21	宜发	2005		
	洛河 22	洪发	2005		
	洛河 23	龙祥	2004		
	洛河 24	鑫水源	2006		
	洛河 25	忠诚	2007		
	洛河 26	兴宜	2003		
	洛河 27	乘龙	2004		
	洛河 28	高峰	2006		
	洛河 30	锦山	2005		
	洛河 31	河下	1977		
	洛河 32	龙祥李营(上)	2006		
	洛河 33	龙祥李营(下)	2006		
	洛河 34	亚能	2002		
	洛河 35	灵山	在建		
	洛河 29	龙源	2006	位于洛河鲤鱼国家级水产种质资源保护区核心区	
	洛河 36	金水堰	2006		
	洛河 37	五龙	2007	位于黄河鲤鱼国家级水产种质资源保护区核心区	

(3)应适时开展伊洛河流域水电开发专项规划编制及规划环评工作,规范伊洛河的水电开发,落实生态环境部关于水电开发“生态优先、统筹考虑、适度开发、确保底线”的

原则,将生态环境保护纳入流域水电规划、审批、工程设计、建设、管理等全过程。

伊洛河流域水电梯级布局及新的水电开发项目,应以正式批复的流域水电开发专项规划及规划环评为准。

(4)伊洛河流域新的水电站开发项目,应在开展现有水电站环境影响回顾性评价、现有水电站完成整改并妥善解决现有水电站开发造成的水生生态破坏等环境问题的前提下,方可进行。

在伊洛河流域现有水电站未完成环境影响回顾性评价和整改之前,原则上不再建设新的水电开发项目。

此外,为减缓规划年由于河道外配置水量增加导致的河道内生态需水满足程度降低这一不利影响,评价建议水资源配置应协调经济发展与环境保护的矛盾,适当减少河道外配置水量,提高河道内生态需水的满足程度。

第7章　规划方案环境合理性论证与优化调整建议

7.1　规划布局的环境合理性论证

本节主要从主体功能区划、水功能区划、生态功能区划等相关要求,以及环境敏感区的制约性等方面来论证规划布局的环境合理性。

7.1.1　相关功能区划对伊洛河流域发展定位和环境保护要求

7.1.1.1　国家与流域层面对伊洛河流域发展定位要求

1.《全国主体功能区规划》

根据《全国主体功能区规划》,伊洛河源头区为国家禁止与限制开发区,功能定位是保证国家生态安全的重要区域,人与自然和谐相处的示范区,生态环境保护与修复为其首要任务,要对各类开发活动进行严格管制;中下游大部为国家重点开发区,下游的洛阳市属于重点开发区中原经济区的副中心,下游河谷平原位于黄淮海平原主产区(国家限制开发区)的东部,发展经济的同时要协调保护好生态环境,避免因出现土地过多占用、水资源过度开发和生态环境压力过大等问题;流域内的国家级自然保护区、国家森林公园、国家地质公园等属于国家禁止开发区,要依据相关法律法规规定实施强制性保护。

伊洛河流域各类功能区基本情况见表7-1。

表7-1　伊洛河流域各类功能区基本情况

<table>
<tr><th>类型</th><th>河段</th><th>名称(范围)</th><th>功能定位</th><th>管制(保护)原则</th></tr>
<tr><td>重点开发区</td><td>伊河、洛河中下游</td><td>中原经济区的洛阳市地区</td><td>高新技术产业、先进制造业和现代服务业基地,能源原材料基地等</td><td>加强黄河生态保护,推进平原地区和沙化地区的土地治理</td></tr>
<tr><td>限制开发区</td><td>伊河、洛河中下游</td><td>黄淮海平原主产区(主要包括伊洛河洛阳市至偃师东境的河谷平原等)</td><td>保障农产品供给安全的重要区域,社会主义新农村建设的示范区</td><td>限制进行大规模高强度工业化、城镇化开发,以保持并提高农产品生产能力</td></tr>
<tr><td rowspan="6">禁止开发区</td><td>伊河上游</td><td>伏牛山国家级自然保护区</td><td rowspan="6">我国保护自然文化资源的重要区域,珍稀动植物基因资源保护地</td><td rowspan="6">依据法律法规规定和相关规划实施强制性保护,严格控制人为因素对自然生态和文化自然遗产原真性、完整性的干扰,严禁不符合主体功能定位的各类开发活动</td></tr>
<tr><td rowspan="3">伊河、洛河中游</td><td>河南神灵寨国家森林公园</td></tr>
<tr><td>河南花果山国家森林公园</td></tr>
<tr><td>河南天池山国家森林公园</td></tr>
<tr><td>伊河上游</td><td>河南龙峪湾国家森林公园</td></tr>
<tr><td>涧河上游</td><td>新安县郁山国家森林公园</td></tr>
</table>

2.《全国重要江河湖泊水功能区划》

根据《全国重要江河湖泊水功能区划》,伊洛河流域有 6 个水功能一级区,其中保护区 2 个,为洛河洛南源头水保护区、伊河栾川源头水保护区;缓冲区 1 个,为洛河陕豫缓冲区;开发利用区 3 个。伊洛河水功能区以开发利用为主,但两个源头水保护区对下游水量、水质有着十分重要的影响,应加强保护。《全国重要江河湖泊水功能区划》提出"保护区内禁止进行不利于水资源及自然生态保护的开发利用活动,保留区作为今后开发利用预留的水域,原则上应维持现状;在缓冲区内进行开发利用活动,原则上不得影响相邻水功能区的使用功能。如果对相邻水功能区水资源质量产生影响,需履行必要的审批或论证程序,流域机构应提出处理意见"等保护要求。

3.《黄河流域综合规划》

《黄河流域综合规划》提出对黄河中下游湿地及土著鱼类栖息地进行特别保护,将"洛河洛南源头、伊河栾川源头列为限制开发河段,保护土著鱼类栖息地,严格遵守《水功能区管理办法》,禁止不利于水资源和水生态功能保护的活动",提出"伊洛河河口是黄河土著鱼类黄河鲤重要栖息地,河口整治要在满足行洪要求前提下,充分考虑黄河鲤繁殖对生境条件的要求,保持一定的浅滩宽度和植被带,保护黄河鲤重要产卵场"。

7.1.1.2　地方层面对伊洛河流域发展定位要求

1.《陕西省主体功能区规划》

根据《陕西省主体功能区规划》,伊洛河流域陕西省境内的丹凤县、华县属关中—天水经济区,为重点开发区域;洛南县属洛南特色农业区,为限制开发区域;流域内的陕西省洛南大鲵省级自然保护区、玉虚洞省级森林公园、洛南洛河湿地为禁止开发区域。陕西省伊洛河流域主体功能区规划及功能定位见表 7-2。

表 7-2　陕西省伊洛河流域主体功能区规划及功能定位

<table>
<tr><th>类型</th><th>名称</th><th>功能定位</th><th>保护原则</th></tr>
<tr><td>限制开发区</td><td>洛南特色农业区</td><td>保障农产品供给,现代农业发展核心区</td><td>积极发展生态、文化旅游业;在保护好生态环境的前提下,适度开采优势矿产资源</td></tr>
<tr><td rowspan="2">禁止开发区</td><td>陕西省洛南大鲵省级自然保护区</td><td rowspan="2">保护自然文化资源的重要区域,珍稀动植物基因资源保护地</td><td>按《自然保护区条例》对保护区分类管理的要求;新建基础设施不得穿越核心区</td></tr>
<tr><td>洛南洛河湿地</td><td>未经批准不得擅自改变湿地用途,不得破坏湿地生态系统的基本功能,不得破坏野生动植物栖息和生长环境等</td></tr>
</table>

2.《河南省主体功能区规划》

根据《河南省主体功能区规划》,伊洛河流域河南省境内的洛阳、巩义、偃师、新安、灵宝、陕县、义马、渑池、孟津、伊川为重点开发区域,卢氏、洛宁、宜阳、栾川、嵩县为国家级农业重点开发区和生态保护区,分布于其中的各级各类自然文化资源保护区域,以及其他需要特殊保护的地区，属于禁止开发区。河南省伊洛河流域主体功能区规划及功能定位见表 7-3。

表 7-3　河南省伊洛河流域主体功能区规划及功能定位

<table>
<tr><th>类别</th><th>名称</th><th>功能定位</th><th>保护原则</th></tr>
<tr><td>重点开发区</td><td>洛阳、新安、孟津、偃师、巩义国家层面重点开发区域和伊川、义马、渑池、陕州、灵宝省级层面重点开发区域</td><td>河南省乃至全国经济发展的重要增长极，新型工业集聚区，全国重要的人口和经济聚集区</td><td>保护生态环境，做好生态环境保护规划，减少工业化对生态环境的影响，避免出现土地过多占用、水资源过度开发和生态环境压力过大等问题，努力提高环境质量</td></tr>
<tr><td>生态保护区</td><td>卢氏、洛宁、宜阳、栾川、嵩县省级生态保护功能区</td><td>保障全省生态安全的主体区域，全省重要的生态功能区</td><td>严格控制开发强度，腾出更多的空间用于保障生态系统的良性循环</td></tr>
<tr><td rowspan="10">禁止开发区</td><td>河南伏牛山国家级自然保护区</td><td rowspan="10">保护自然文化资源的重要区域，点状分布的生态功能区，珍贵动植物基因资源保护地</td><td rowspan="3">依据《自然保护区条例》以及自然保护区规划进行管理</td></tr>
<tr><td>熊耳山省级自然保护区</td></tr>
<tr><td>卢氏大鲵省级自然保护区</td></tr>
<tr><td>宜阳花果山国家森林公园</td><td rowspan="7">依据《森林法》《森林法实施条例》《野生植物保护条例》《森林公园管理办法》，以及国家和省森林公园规划进行管理</td></tr>
<tr><td>嵩县白云山国家森林公园</td></tr>
<tr><td>嵩县天池山国家森林公园</td></tr>
<tr><td>洛宁神灵寨国家森林公园</td></tr>
<tr><td>新安县郁山国家森林公园</td></tr>
<tr><td>洛阳国家牡丹公园</td></tr>
<tr><td>卢氏塔子山省级森林公园</td></tr>
</table>

3.《陕西省生态功能区划》

根据《陕西省生态功能区划》，伊洛河流域陕西省境内部分被划入秦岭山地水源涵养与生物多样性保育生态功能区中的秦岭南坡东段水源涵养区，生态保护对策为：在森林集中分布区进一步建立和完善自然保护区网络，形成合理的空间格局，有效保护生物多样性和森林资源；推进天然林保护工程建设和退耕还林工程，发展水土保持林和水源涵养林，提高区域土壤保持和水源涵养能力等。

4.《河南省生态功能区划》

根据《河南省生态功能区划》，伊洛河流域被划入豫西山地丘陵生态区。根据流域内的不同生态特征,将河南省境内上中游北部划分为小秦岭崤山中低山森林生态亚区,生态保护目标是保护生物多样性、水源涵养能力与防治水土流失;其余为豫西南中低山森林生态亚区,生态保护目标主要是生物多样性保护与水土保持。洛阳盆地及以下地区为洛阳伊洛河农业生态亚区,生态保护目标主要是增加地表植被,防止水土流失。

7.1.1.3　流域内环境敏感区分布

伊洛河流域内分布有自然保护区、饮用水水源保护区、水产种质资源保护区、源头水保护区等环境敏感区,流域内环境敏感区分布情况具体见本书第 2 章相关内容。

本次规划可能涉及环境敏感区的规划包括防洪规划、水资源利用规划和水力发电规划。

防洪规划可能涉及洛河鲤鱼国家级水产种质资源保护区、黄河鲤国家级水产种质资源保护区、伊河特有鱼类国家级水产种质资源保护区、陕西省洛南大鲵省级自然保护区、洛河洛南源头水保护区、陕西洛南洛河湿地等环境敏感区。

水资源配置工程中的洛河—窄口水库调水工程,可能涉及卢氏县大鲵省级自然保护区。

水力发电规划经调整后,规划的新建电站已不涉及环境敏感区,但现有水电工程仍涉及环境敏感区。

7.1.2　专项规划布局环境合理性分析

7.1.2.1　防洪规划布局环境合理性分析

1.防洪规划总体布局

伊洛河中上游治理河段多为山区型河道,比降大,洪水淹没范围小,规划以城镇为重点保护区,建设堤防及护岸工程。

下游治理河段为平原河道,比降小,部分河段已经形成了地上河,且该地区也是流域经济中心,城镇较多,人口密集,经济发达,是中原城市群的重要组成部分,洪水一旦致灾,损失大,影响深远,是流域防洪的重点防护河段。通过水库调节,在现状堤防工程基础上,通过新建、加固,形成连续防洪工程,局部易冲河段辅以险工工程,形成以水库调节及堤防防护为主的防洪工程体系,确保下游地区特别是城市河段防洪安全。夹滩地区治理,既兼顾本区域经济发展要求,也考虑黄河下游防洪的总体布局。

2.防洪规划布局与相关功能区划对伊洛河流域发展定位要求的相符性

按照《全国主体功能区规划》《陕西省主体功能区规划》《河南省主体功能区规划》等相关区划,以及国家关于中部崛起及中原经济区建设的战略布局,伊洛河流域重点建设的地区,一是以洛阳为中心,实施中原城市群发展战略,融入区域,辐射豫西,建设省域副中心城市,发挥自身优势,携手周边地区,建设中部地区重要制造业基地,加强历史文化遗产保护与展示,传承华夏文化,建成国内重要旅游节点城镇;二是充分利用伊洛河流域矿产资源丰富的优势,加快金属矿产及煤炭资源开发建设,建成以钼、煤、电、铝等工业为重点的综合性工业开发区;三是以伊洛河流域中部和东部黄土丘陵和川原为主轴的重要经济发展区,也是重要的农业区,今后将建成全国重要的粮食生产基地。

目前,伊洛河防洪工程体系主要由伊河陆浑水库、洛河故县水库及堤防、护岸等河道治理工程组成。本次防洪规划以建设完善城市及重要保护区等重点河段的防洪工程为目标进行防洪工程布局，使重点防洪治理河段防洪标准达到国家规定要求，同时协调本流域防洪与黄河下游防洪的关系。

规划在确定重点防洪治理河段时，根据流域洪水灾害、经济社会发展现状以及《全国主体功能区规划》《陕西省主体功能区规划》《河南省主体功能区规划》等相关功能区划对伊洛河发展定位的相关要求，将伊河龙门镇以下、洛河洛阳市以下人口密集、经济发达的平原河段，布局为本次防洪规划的重点河段。同时，考虑到下游洛阳市的重要程度及夹滩地区在黄河下游防洪中的重要作用，对洛阳以下河段的防洪标准及工程布局进行了重点规划。规划实施后，能够进一步保障伊洛河流域尤其是流域中下游地区的防洪安全，将为流域经济社会的稳定发展提供基础条件，避免洪灾对区域经济社会造成的不利影响，保障流域内中原经济区的洛阳市地区、黄淮海平原主产区等区域的发展与建设。

综上所述，在防洪规划布局中，将《全国主体功能区规划》《陕西省主体功能区规划》《河南省主体功能区规划》等相关区划确定的伊洛河流域重点建设区域，包括中原经济区的洛阳市地区、黄淮海平原主产区（主要包括伊洛河洛阳市至偃师东境的河谷平原等），布局为防洪重点区域，保障这些区域的防洪安全，保障这些区域的经济发展与重点建设，与相关功能区划对伊洛河流域发展定位及要求相符合。

3.环境敏感区对防洪规划布局的制约和影响

本次规划确定的干流防洪河段为伊河陆浑水库、洛河长水以上城市河段及部分乡村河段，陆浑水库以下、洛河长水以下全河段。

（1）洛河长水以下全河段的防洪工程规划，将涉及洛河鲤鱼国家级水产种质资源保护区、黄河鲤国家级水产种质资源保护区。

（2）洛河灵口段防洪工程涉及陕西省洛南大鲵省级自然保护区。

（3）洛河洛南段防洪工程的建设，将涉及洛河洛南源头水保护区、陕西洛南洛河湿地等环境敏感区。

（4）伊河干流嵩县下箭河口至陆浑库区河段防洪工程的建设，将涉及伊河特有鱼类国家级水产种质资源保护区。

涉及自然保护区的项目，不能在自然保护区核心区及缓冲区设置工程，否则将违反《中华人民共和国自然保护区条例》相关规定。项目若涉及自然保护区的“实验区”，则须取得自然保护区管理机构及行政主管部门的同意，并在项目环评阶段编制项目对自然保护区影响的专题报告，专题报告须通过自然保护区行政主管部门组织的专家论证。同时，项目也不能在保护区内设立取弃土场、施工场地和施工营地。

涉及水产种质资源保护区的项目，在项目环评阶段，需由业主委托专业机构编制项目对水产种质资源保护区的影响专题论证报告，并通过渔业行政主管部门组织的专家审查。同时，业主必须征得水产种质资源保护区主管部门出具的书面同意意见。

7.1.2.2　水资源利用及灌溉规划布局环境合理性分析

1.水资源利用及灌溉规划总体布局

伊洛河水资源开发利用的总体布局为：一是全面推行节水措施，建设节水型社会。以陆浑水库灌区、龙脖灌区及新安提黄灌区等续建配套和节水改造为重点，建设节水型农业、节水型工业和城市。二是实行最严格的水资源管理制度,提高用水效率。加强用水定额管理,转变用水模式,促进经济结构调整和经济增长方式的转变。三是多渠道开源,增加供水能力。加强必要的水资源开发利用工程建设,与已建的骨干水库联合运用,增强水资源的调节和配置能力,通过水资源的合理配置和优化调度,提高供水保证率,协调好生活、生产、生态用水;逐步实施鸡湾水库、大石涧水库、佛湾水库、槐扒黄河提水二期、小浪底南岸灌区、故县水库灌区、三门峡市洛河—窄口水库调水等工程,加大非常规水源的利用,发展丘陵区灌溉,新增流域粮食生产能力,有效缓解流域内及流域邻近地区水资源供需矛盾。

2.规划布局与相关功能区划对伊洛河流域发展定位要求的相符性

根据《全国主体功能区规划》《陕西省主体功能区规划》《河南省主体功能区规划》等相关功能区划关于中部崛起及中原经济区建设等的战略布局,伊洛河流域属国家层面的重点开发区域中的一部分,尤其是洛阳市将提升区域副中心的地位。重点建设洛阳新区;建设郑汴洛(郑州、开封、洛阳)工业走廊和沿京广、南太行、伏牛东产业带;加强粮油等农产品生产和加工基地建设,发展城郊农业和高效生态农业,建设现代化农产品物流枢纽。

规划根据中部崛起及中原经济区建设等的战略布局,考虑相关功能区划确定的伊洛河流域经济社会发展布局,对伊洛河流域水资源开发利用进行了规划布局。本次水资源利用规划中的主要用水增加河段为洛河的故县水库—白马寺河段,伊洛河的龙门镇、白马寺—入黄口河段。2030 年,两个河段用水增加量达到总增加量的 63%和 21%。这两个河段均为《全国主体功能区规划》确定的中原经济区的洛阳市地区、黄淮海平原主产区(主要包括伊洛河洛阳市至偃师东境的河谷平原等)等重点发展区域,规划布局为流域重点发展区域的经济发展提供了水资源支撑。

同时,规划实施后, 2030 年伊洛河流域地下水开采率由现状年的 132%下降至 100%,平原浅层地下水超采现象得到遏制,符合国家相关环境保护的要求。

但是,本次水资源利用规划中的主要用水增加河段,亦是目前水环境承载力超载的河段,规划年用水量的增加,将增加该河段的水环境承载压力,增大了水环境风险及水环境保护的难度。

3.环境敏感区对规划布局的制约和影响

水资源配置中的洛河—窄口水库调水工程,可能涉及卢氏大鲵省级自然保护区。

规划拟实施的三门峡市洛河—窄口水库调水工程,规划从洛河干流徐家湾乡境内取水,沿北偏东方向打隧洞 32 km,自流输水至灵宝市朱阳镇南 2 km 处,进入宏农涧河,然后顺河入窄口水库,设计引水流量 5 m^3/s,年引水量 1.5 亿 m^3 左右。本次规划按 2030 年生效考虑,规划 2030 年三门峡市洛河—窄口水库调水工程调水量为 0.25 亿 m^3。

目前规划的调水线路,将涉及卢氏大鲵省级自然保护区。评价认为应在项目环评阶段详细论证其线路替代方案,避免对卢氏大鲵省级自然保护区产生不利影响。

7.1.2.3　水资源保护规划布局环境合理性分析

本次水资源保护规划在布局的过程中,考虑了相关功能区划及环境保护的要求,以及流域发展和水环境现状情况:①对伊洛河流域上游以水源涵养、陆面植被保护和自然生态修复与保护为主,以保障流域上游持续稳定来水水源和良好水质。同时,针对伊河上游水电站密集分布的现状，要求加强下泄水量监控，满足水体自净需求。②对伊洛河流域中下游采取综合措施进行污染治理和修复：以伊河、洛河、涧河沿河洛南、伊川、巩义、洛阳等县（市）为重点，强化城市污水处理设施建设，提高污水处理率和中水回用率；以渑池、义马及洛阳所辖县（市）为重点，加大工业污染源深度处理；以洛阳市建成区为重点，加强工业园区废污水的集中处理、回用、排放监管和控制；以城镇河段为重点，进行涧河、伊河、洛河的水污染生态修复；进行入河排污口截留改造；推进工业企业污染深度治理，保障伊洛河入黄断面水质达标。同时，规划针对伊洛河矿产资源丰富以及河流重金属污染特征，以《重金属污染综合防治规划（2010—2015 年）》中的重金属污染重点防控区、重点防控企业为主，从沿河堆存的矿渣固废和尾矿库入手，实施综合防治，严格污染源监督。

评价认为，水资源保护规划布局充分考虑和落实了相关功能区划及环境保护的要求，规划布局合理。

7.1.2.4　水生态保护规划布局环境合理性分析

伊洛河流域大部分位于国家限制开发区和重点开发区，流域内经济社会发展迅速，但资源开发已造成了河流连通性受阻、自然生境破碎化等生态问题，威胁着流域与河流的生态安全。本次水生态规划，根据国家及两省对伊洛河流域的生态功能定位和保护要求，统筹协调伊洛河流域经济开发与水生态保护之间的关系，规定了流域不同区域的开发与保护要求如下。

1.洛河

（1）将洛河上游源头至豫陕省界之间的河段划为禁止开发河段，以维持河道廊道功能、保护河道生境为主，禁止进行破坏水生态的开发活动，修复受损珍稀濒危水生生物栖息地。

（2）将洛河上游省界至长水河段划为限制开发河段，以保护河道连通性、水流连续性为主，修复河道生境，限制水电开发。

（3）将长水至伊河口河段划为适度开发河段，协调开发与保护之间的关系，在维持河道生态水量、保护土著鱼类栖息地的基础上，适度开发，合理开展城市河段景观建设，规范水电开发和运行管理，维持河流基本功能。

（4）将伊河口至入黄口之间河段划为生态保护河段，禁止水电开发，维持河流连通性，保护黄河鲤等鱼类栖息地。

2.伊河

（1）将伊河上游源头至栾川段划为禁止开发河段，以保护河流生态功能为主，禁止进行破坏水生态的开发活动。

（2）将伊河源头栾川至陆浑水库河段划为适度开发河段，协调河流开发与生态保护关系，保证河流基本流量，维持河流水流连续性，适度开发，规范水电开发和运行管理。

（3）将伊河中下游河段划为适度开发河段，在确保防洪安全的前提下，维持河流廊道生态功能，保护河流生境。

评价认为，水生态保护规划制定的各河段生态保护与开发功能定位，符合《全国主体功能区规划》《陕西省主体功能区规划》等相关功能区划的要求，符合《自然保护区条例》等环境保护要求，符合流域环境特点，规划布局合理。

7.1.2.5　水土保持规划布局环境合理性分析

本次水土保持规划分区和布局主要依据《全国水土保持区划(试行)》相关要求制定,流域主要涉及豫西黄土丘陵保土蓄水区和秦岭北麓—渭河中低山阶地保土蓄水区。因《全国水土保持区划(试行)》在制定时已考虑《全国主体功能区规划》和各省区主体功能区规划的相关要求,因此本次水土保持规划布局与相关功能区划要求相符合。

同时,规划针对伊洛河流域矿产资源丰富、众多的矿产开发项目人为水土流失及植被破坏严重的特点,规划了工矿区恢复治理示范点建设,在采矿业较为集中的伊河上游栾川县设立工矿区恢复治理示范点。评价认为,该规划方案布局环境合理且针对性较强。

7.1.2.6　水电规划布局环境合理性分析

1.规划电站布局环境合理性分析

伊洛河现状水生生态已受到较大破坏,突出表现是河流连通性破坏、河道脱水减水、水生生物生境破碎化等,这已成为目前流域亟待解决的主要环境问题。本次水电规划中新建电站的实施,将进一步破坏河流连通性、水生生物生境。

列入本次规划的洛河干流的 3 座新建电站,全部位于目前水电开发强度相对较弱的上游河段,均为装机容量小的引水式电站,鉴于伊洛河水生态系统河水生态功能严重破坏的现状,评价建议取消这 3 座电站的建设。

伊河干流规划的芦头电站,装机容量仅为 2 MW,并与已开发的铺沟电站分别位于河两岸,电站的建设将进一步加剧河流纵向连通性的破坏,并加剧该河段脱流、减流的问题。伊河干流九龙山、任岭、山峡 3 座规划电站位于本次现状调查结果中鱼类潜在产卵场分布的河段,3 座电站挡水建筑物的建设及河道减流问题,将破坏鱼类栖息环境,影响这一河段鱼类产卵场的形成。

因此,评价认为本次规划新建电站布局,未完全考虑环境保护的相关要求,未落实生态环境部关于水电开发“生态优先、统筹考虑、适度开发、确保底线”的原则。评价建议从水生生态环境保护的角度,取消列入本次规划的新建电站。

2.涉及环境敏感区的已建、在建水电工程

伊洛河干流共 24 座已建、在建水电工程涉及国家级水产种质资源保护区,已建、在建电站与环境敏感区的位置关系见表 7-4。

环境影响评价对这些位于国家级水产种质资源保护区的已建、在建电站要求如下:

(1)对《建设项目环境保护管理条例》(1998 年)颁布后建设且未取得环境影响评价审批文件的水电工程,由相关主管部门依法进行整改。

(2)对 1998 年之前建成的水电站,以及 1998 年后建设且已取得环境影响评价审批文件的水电站,由相关主管部门组织开展各电站的环境影响回顾性评价,并根据环境影响回顾性评价结果对各电站进行整改和调整,落实生态流量下泄保障措施,并采取增殖放流、增设过鱼设施等补救措施。

(3)开展伊洛河流域水电开发专项规划编制及规划环境影响评价工作,规范伊洛河的水电开发,最终保留的电站,以正式批复的《伊洛河流域水电开发专项规划》为准。

表7-4 已建、在建电站与环境敏感区的位置关系

序号	电站名称	建设地点	开发方式	装机容量（MW）	年发电量（万kW·h）	开发状况	生态保护目标
1	金海湾	河南宜阳县	引水式	1.2	850	已建	洛河鲤鱼国家级水产种质资源保护区实验区
2	龙泉	河南宜阳县	引水式	1	500	已建	
3	龙腾	河南宜阳县	引水式	1	500	已建	
4	乘祥	河南宜阳县	引水式	1	480	已建	
5	辉煌	河南宜阳县	引水式	1	480	已建	
6	宜发	河南宜阳县	引水式	1.28	620	已建	
7	洪发	河南宜阳县	引水式	1.25	500	已建	
8	龙祥	河南宜阳县	引水式	0.8	320	已建	
9	鑫水源	河南宜阳县	引水式	1.5	460	已建	
10	忠诚	河南宜阳县	引水式	2	700	已建	
11	兴宜	河南宜阳县	引水式	0.8	387	已建	
12	乘龙	河南宜阳县	引水式	1	400	已建	
13	灵山	河南宜阳县	引水式	1.5	600	在建	
14	高峰	河南宜阳县	引水式	0.75	450	已建	
15	锦山	河南宜阳县	引水式	1.2	581	已建	
16	河下	河南宜阳县	引水式	1	484	已建	
17	龙祥李营(上)	河南宜阳县	引水式	1.5	600	在建	
18	龙祥李营(下)	河南宜阳县	引水式	1.5	600	在建	
19	亚能	河南宜阳县	引水式	0.32	160	已建	
20	龙源	河南宜阳县	引水式	0.75	360	已建	洛河鲤鱼国家级水产种质资源保护区核心区
21	金水堰	河南宜阳县	引水式	4	2 500	已建	
22	五龙	河南巩义市	引水式	1.2	564	已建	黄河鲤种质资源保护区核心区
23	栗子坪	河南嵩县	引水式	1.6	700	已建	伊河特有鱼类国家级水产种质资源保护区核心区
24	新城	河南嵩县	引水式	0.32	120	已建	

3.涉及环境敏感区的规划新建水电工程

1）洛南洛河源头水保护区

原规划布局的白洛水电站位于洛南洛河源头水保护区范围内，考虑源头水保护区的保护要求，在规划编制过程中，环境影响评价建议取消白洛水电站的建设，规划采纳了该建议并做出相应修改，取消了白洛水电站。

2）陕西省洛南大鲵省级自然保护区

原规划布局的黄塬、灵口、代川 3 座水电站位于陕西省洛南大鲵省级自然保护区范围内，规划编制过程中，根据环境影响评价的建议取消了这 3 座水电站的建设，因此规划不会对陕西省洛南大鲵省级自然保护区产生明显不利影响。

3）洛南洛河湿地

白洛、官桥、柏峪寺、黄塬、灵口、代川 6 个梯级电站均位于洛南洛河湿地区域内，为《陕西省主体功能区规划》划定的禁止开发区域。因此，在规划调整后，环境敏感保护区范围内无规划的水电工程。

7.2　规划规模的环境合理性论证

本节主要从水资源、水环境和生态环境承载力，生态与环境保护要求，经济社会与环境的协调性等方面论证规划规模的合理性。考虑本次规划实施的环境影响预测结果，本节主要分析水资源配置规模和水电开发规模的环境合理性。

7.2.1　水资源配置规模环境合理性分析

7.2.1.1　规划年流域水资源配置量增幅和主要用水增加河段

2030 年，伊洛河流域水资源配置量增加较大，用水量增加较多的河段主要集中在洛河的故县水库—白马寺河段和伊洛河的龙门镇、白马寺—入黄口河段。水资源配置量的大量增加在支撑区域经济社会发展的同时，加大了伊洛河流域的水资源开发利用程度，并给水环境带来较大压力和风险。

7.2.1.2　规划年水资源开发利用程度的增加幅度

伊洛河流域 2013 年、2030 年不同水平年水资源开发利用程度的变化见表 7-5。

表 7-5　伊洛河流域 2013 年、2030 年不同水平年水资源开发利用程度的变化　（%）

水平年	地表水资源开发利用率	水资源总量开发利用率
2013	30.1	50.9
2030	47.5	66.9

规划实施后，根据水资源配置方案，伊洛河流域地表水开发率（包括流域外供水）由现状的 30.1%提高至 2030 年的 47.5%，流域整体地表水资源开发利用程度偏高，增幅较大。

7.2.1.3　规划年重要断面下泄水量的变化

规划水资源配置方案实施后，伊洛河干流河道内水量将有一定程度的减少，不同水平年伊洛河重要断面下泄水量的变化如表 7-6 所示。

表 7-6 不同水平年伊洛河重要断面下泄水量的变化 （单位：亿 m^3）

水平年	项目	洛河灵口断面	洛河白马寺断面	伊河龙门镇断面	伊洛河黑石关断面
2013	下泄水量	6.19	14.67	7.14	22.73
2030	下泄水量	6.02	11.85	6.15	17.90
	变化比例（%）	-2.7	-19.2	-13.9	-21.2

与基准年相比，多年平均来水条件下 2030 年洛河白马寺断面、伊河龙门镇断面和伊洛河黑石关断面下泄水量减少幅度较大，这主要是由于流域用水量增加河段主要集中在洛河故县—白马寺和伊洛河龙门镇、白马寺—入黄口，用水量的增加导致了重要断面下泄水量的较大幅度减少。

7.2.1.4 **规划年入黄水量的变化**

根据规划不同来水条件下的水资源配置方案，2030 年伊洛河入黄水量发生较大变化，具体见表 7-7。

表 7-7 不同来水条件下伊洛河入黄水量的变化 （单位：亿 m^3）

水平年	项目	多年平均	中等枯水年	特枯水年
2013	入黄水量	22.73	13.23	5.17
2030	入黄水量	17.90	9.02	3.19
	变化比例（%）	-21.2	-31.8	-38.3

国民经济用水配置后，多年平均来水条件下，2030 年伊洛河入黄水量为 17.90 亿 m^3，比 2013 年减少了 21.2%；中等枯水年，2030 年伊洛河入黄水量下降至 9.02 亿 m^3，与 2013 年相比，减少比例为 31.8%；特枯水年，2030 年伊洛河入黄水量下降至 3.19 亿 m^3，与 2013 年相比，减少比例为 38.3%，伊洛河入黄水量减少幅度较大。

在规划的水资源配置方案下，规划实施后多年平均来水条件下，2030 年入黄水量为 17.90 亿 m^3，低于《黄河流域综合规划》提出的 20 亿 m^3 的要求，但符合黄河取水许可总量控制指标细化方案要求。

经与黄河水利委员会有关部门沟通，国家“八七分水方案”分配给河南省的黄河耗水指标为 55.4 m^3，这个指标是严格控制的，本次规划伊洛河耗水增加，在黄河干流或是其他支流流域河南省的耗水指标将有所减少，整体上河南省耗水指标不变，黄河干流河南省出境水量基本可以得到保证。

7.2.1.5 **规划年流域水环境承载风险**

规划年配置水量的较大幅度增加，导致规划年流域 COD、氨氮的入河量远高于其纳污能力，流域水环境严重超载，水环境风险较大。

将预测的流域污染物入河总量与入河污染物控制总量目标相比，可以看出，2030 年在所有工业点源稳定达标排放，城镇生活污水处理率达到 90%、中水回用率达到 50% 的情况下，污染物 COD、氨氮还需要再削减 0.9 万 t 和 2 806 t，削减率高达 40% 和 80% 左右。

削减量主要分布在洛阳市和涧河沿岸的渑池、义马、新安等城市，占削减总量的 70%左右。

经进一步分析，如果进一步加大水污染处理水平，2030 年将洛阳市区、巩义、偃师、宜阳、伊川等的工业达标废污水集中收集进入污水处理厂继续二次处理。处理后，生活、工业废污水 COD 浓度达到 40 mg/L，氨氮浓度达到 2 mg/L，中水回用率达到 70%~80%，污水处理水平达到国际先进水平。经测算，2030 年污染物 COD、氨氮还需要再削减 18%和 70%左右，方能达到规划提出的污染物总量控制要求。因此，从计算结果可以看出，在将污水处理水平提高到国际先进水平后，规划水平年伊洛河尤其是洛阳、巩义、偃师等城市河段仍然难以达到入河污染物控制总量目标。

因此，评价建议规划水资源配置应考虑流域水环境承载能力，优化水资源配置方案，适当降低规划年配置水量，降低规划年水环境风险。

综上所述，规划年伊洛河流域河道外配置水量增幅较大，将导致规划年地表水开发利用率大幅增加、河道内生态需水满足程度降低、水环境超载等环境问题。因此，评价建议规划在支撑区域经济社会发展、提高河道外配置水量的同时，也应考虑流域水环境承载能力和河道内生态用水的需求，进一步优化水资源配置方案，适当减少规划年配置水量，以实现流域水资源的可持续利用，协调好经济发展与环境保护的关系。

7.2.2　水力发电规模环境合理性分析

7.2.2.1　洛河干流水力发电规模合理性分析

目前，洛河干流已建、在建电站共 34 座，主要分布在中游河段。洛河上游河段现状水电开发强度相对较弱，其中源头至卢氏徐家村河段基本处于未开发状态。本次洛河干流规划有 3 座新建电站，全部位于目前水电开发强度相对较弱的上游河段。

规划实施后，洛河干流共布置 37 座水电站(干流全长 446.9 km)，全部位于河南省境内(河南省境内河段长 335.5 km)。其中，上游河段将由目前的 8 级电站增加到 12 级电站。

按照《水工程规划设计生态指标体系与应用指导意见》(水总环移〔2010〕248 号)规定的河流纵向连通性指标进行评价，洛河全河段若超过 5 座梯级，河流连通性即为劣；若想达到纵向连通性为良，河南省境内洛河河段电站数不能超过 2 座；若想达到连通性为优，电站数不能多于 1 座。

而规划后，洛河干流河南省境内共分布 37 座电站，每 100 km 河长水电站数为 11 座，洛河干流水力发电布设梯级数量过多，应予以优化调整。

7.2.2.2　伊河干流河流水力发电规模合理性分析

伊河干流目前已建、在建电站共 12 座，其中 11 座分布在上游河段，1 座位于中游河段。本次伊河干流规划的 4 座新建电站，3 座位于上游河段，1 座位于中游河段。规划实施后，伊河干流共布局 16 座水电站(干流全长 265 km)，其中上游河段(169.5 km)将由目前的 11 级电站增加到 14 级电站。

按照河流纵向连通性指标进行评价，伊河全河段若超过 3 座梯级，河流连通性即为劣。若想达到纵向连通性为良，伊河干流河段电站数不能超过 1.5 座；若想达到连通性为优,电站数不能多于 0.8 座。而规划后,伊河干流共分布 16 座电站,每 100 km 河长水电站数为 6 座。

伊河干流规划的 4 座电站建成后,上游长 169.5 km 的河段,将由现状 11 座电站变为 14 座,河流纵向连通性指数由每 100 km 河长 6.5 座电站达到 8.3 座,将进一步破坏河流的纵向连通性。

评价认为伊河干流水力发电布设梯级数量过多,建议进一步优化调整。

此外,《关于进一步加强水电建设环境保护工作的通知》(环办〔2012〕4 号)要求:

(1)流域水电开发规划必须依法开展规划的环境影响评价,并作为流域水电开发规划决策的依据;对水电开发历史较早,未开展水电开发规划环境影响评价的流域,应及时组织开展流域水电开发的环境影响回顾性评价研究。

(2)受理、审批水电项目“三通一平”工程和水电建设项目环境影响评价文件必须有发展改革部门同意水电建设项目开展前期工作的意见、流域水电开发规划环境影响评价的审查意见或流域水电开发环境影响回顾性评价研究成果支持。

因此,伊洛河流域新的水电开发项目建设前,需先开展流域水电开发规划环境影响评价或流域水电开发环境影响回顾性评价研究工作。

7.3 规划实施环境保护目标可达性分析

根据规划环境影响评价结果,结合规划方案优化调整和环境保护措施,分析规划环境保护目标的可达性,具体见表 7-8。

7.3.1 水资源利用上线指标可达性分析

本次水资源利用上线指标建议见表 7-9。

根据水资源配置方案,2030 年,流域地表水供水量为 13.44 亿 m^3,其中流域内配置 12.23 亿 m^3,通过陆浑水库向外流域供水 0.96 亿 m^3,三门峡市洛河—三门峡市区调水工程补水 0.25 亿 m^3。供水量未超过 13.44 亿 m^3 的上线要求。

2030 年地下水供水量为 7.41 亿 m^3,未超过 7.41 亿 m^3 的上线要求。

7.3.2 水环境质量底线指标可达性分析

7.3.2.1 指标要求

2030 年,伊洛河流域水功能区水质达标率达到 94%,其中河南达到 93%,陕西达到 100%;2030 年,伊洛河重要水功能区水质达标率达到 92%,其中河南达到 91%,陕西达到 100%;2030 年,全流域每年 COD 入河量控制在 1.87 万 t 以内,氨氮入河量控制在 1 055 t 以内。

7.3.2.2 指标可达性

在规划年流域水污染治理达到国际先进水平后,2030 年 COD、氨氮还需要再削减 18%和 70%左右,方能达到规划提出的污染物总量控制要求。因此,水环境目标较难实现。

表 7-8　伊洛河流域综合规划环境保护目标可达性分析

环境要素		评价指标	现状年	规划年目标	目标可达性
水资源	地表水资源	地表水供水量(亿 m^3/a)	8.03	2030 年:13.45	可达
		地表水资源开发利用率(%)	30.1	考虑经济社会发展需求与水环境承载力,适度增加	现状年为 30.1%,2030 年 47.5%;规划年地表水开发利用率提高较多,未充分考虑水环境承载力,建议优化水资源配置方案,降低规划年地表水开发率
		万元工业增加值用水量(m^3/万元)	40	2030 年:16	可达
		节灌率(%)	37.6	2030 年:90.8	可达
		农田灌溉水利用系数	0.55	2030 年:0.64	可达
	地下水资源	地下水开采量(亿 m^3/a)	7.35	2030 年:7.41	可达
		平原区浅层地下水开采量(亿 m^3/a)	4.80	2030 年:3.64	可达
		平原区浅层地下水开采率(%)	132	100(不超采)	可达
水环境	地表水环境	水功能区水质达标率(%)	60.5	2030 年:河南 93,陕西 100	在规划年流域水污染治理达到国际先进水平后,2030 年 COD、氨氮还需要再削减 18%和 70%左右,方能达到规划提出的污染物总量控制要求,水环境目标较难实现
		COD 入河量(t/a)	50 064	2030 年:18 710	
		氨氮入河量(t/a)	6 967	2030 年:1 055	

续表 7-8

环境要素		评价指标	现状年	规划年目标	目标可达性
生态环境	水生生态	河流连通性	河流连通性破坏严重	控制河流连通性进一步破坏，遏制水生生态恶化趋势	在落实规划和环评提出的“水电开发生态保护要求”的基础上可达
		重要断面生态需水满足程度	近10年实测平均流量情况下可满足	保障重要断面生态需水	在多年平均来水条件下可达
		不同河段生态需水满足程度	多个河段脱流，无法满足河道生态需水	逐步消除脱流河段，基本保障干流各河段生态需水	在地方政府依法整顿现有水电站后，目标基本可达
		鱼类资源及其生境变化情况	鱼类资源量锐减、生境萎缩且片段化	遏制鱼类资源及其生境破坏趋势	在全面落实水生态保护规划及环评提出的相关措施和建议的基础上，基本可达
	环境敏感区	大鲵、秦巴拟小鲵及其栖息地保护	面临人类干扰、矿产开发活动等威胁	按自然保护区相关保护要求，保护大鲵及其栖息地不受进一步破坏	在全面落实水生态保护规划及环评提出的相关措施和建议的基础上，基本可达
		水产种质资源保护区生态功能维护	保护区内存在多个电站	整顿保护区内水电站，逐步恢复鱼类资源及其生境	
	水土流失	水土流失治理率(%)	45.85	2030年:新增17.61	可达
		治理面积(km^2)	5 354	2030年:2 056.74	可达
社会环境		干流河段防洪标准	—	达到防洪标准要求	可达
		供水量(亿m^3)	16.38	考虑经济社会发展需求与水环境承载力，适度增加	规划年水资源配置主要考虑了经济社会发展需求，未充分考虑水环境承载能力，水资源配置量增幅较大
		灌溉面积(万亩)	222.3	2030年:新增153.1	可达

表7-9　伊洛河流域水资源利用上线指标建议

省区		供水量(亿 m^3/a)			用水效率	
		地表水供水量		地下水开采量	万元工业增加值用水量(m^3/万元)	灌溉水利用系数
		合计	其中：流域外			
2030年	陕西	0.69		0.23	17	0.62
	河南	12.75	1.21	7.18	16	0.64
	伊洛河流域	13.44	1.21	7.41	16	0.64

7.4　规划方案优化调整建议

7.4.1　水资源利用规划

规划年伊洛河流域河道外配置水量增幅较大，导致规划年水环境严重超载、水环境风险极大、河道内生态需水满足程度降低等问题。因此，评价建议规划应协调经济发展与环境保护的矛盾，在支撑区域经济社会发展提高河道外配置水量的同时，也应考虑流域水环境承载能力和河道内生态用水的需求，同时根据“最严格水资源管理制度”的要求，进一步优化水资源配置方案，适当减少规划年配置水量，以实现水资源保护目标和流域水资源的可持续利用。

(1)考虑流域水环境承载能力，进一步优化水资源配置方案。

规划年河道外配置水量尤其是中下游配置水量增幅较大，规划年配置水量的大量增加，导致规划年即使在流域水污染治理达到国际先进水平的情况下，流域COD、氨氮的入河量仍远高于其纳污能力，流域水环境严重超载，水环境风险极大。伊河、洛河、涧河的39个二级水功能区中，22个在规划年存在超载问题，主要集中在：①伊河的栾川及伊川段；②洛河的洛宁、宜阳、洛阳、偃师段；③涧河的渑池、义马、新安、洛阳段。

因此，评价建议规划在支撑区域经济社会发展、提高河道外配置水量的同时，考虑流域水环境承载能力，降低规划年水环境超载程度和水环境风险，优化水资源配置方案，适当降低规划年配置水量，以实现本次规划提出的污染物总量控制目标。

(2)进一步优化水资源配置方案，提高河道内生态需水的满足程度。

规划年由于河道外配置水量的大幅增加，导致河道内生态需水满足程度较现状年有较大程度的降低。

按入黄断面黑石关全年总水量进行评价，在来水频率75%的情况下，2030年不能满足水生态保护规划提出的入黄断面12.89亿 m^3 的生态水量要求，而基准年2013年可满足该生态水量要求。

因此，评价建议进一步优化水资源配置方案，提高规划年河道内生态需水的保障程度。

(3)根据最严格的水资源管理制度,优化水资源配置方案。

根据水资源配置方案,规划年虽未超过耗水总量控制指标,但不符合目前"实行最严格的水资源管理制度、促进水资源的可持续利用"这一要求。

评价建议,规划应根据最严格的水资源管理制度,科学划定水资源开发利用控制红线,考虑水资源和水环境承载能力,实现水资源的有序开发、有限开发和高效可持续利用,为2030年之后经济社会发展留有一定的水资源支撑条件。

7.4.2　水力发电规划

伊洛河现状水生生态已受到较大破坏,突出表现是河流连通性破坏、河道脱水减水、水生生物生境破碎化等,这已成为目前流域亟待解决的主要环境问题。本次水电规划中新建电站的实施,将进一步破坏河流连通性、水生生物生境。

列入本次规划的洛河干流的3座新建电站,全部位于目前水电开发强度相对较弱的上游河段。均为装机容量很小的引水式电站,鉴于伊洛河水生态系统严重破坏的现状,评价建议取消本次规划新建的电站。

伊河干流规划的芦头电站,装机容量仅为2 MW,并与已开发的铺沟电站分别位于伊河两岸,电站的建设将进一步加剧河流纵向连通性的破坏,并加剧该河段脱流、减流的问题。伊河干流九龙山、任岭、山峡3座规划电站位于本次现状调查结果中鱼类潜在产卵场分布的河段,3座电站挡水建筑物的建设及河道脱流、减流问题,将破坏鱼类栖息环境,影响这一河段鱼类产卵场的形成。因此,评价建议取消本次规划新建的电站。

此外,《关于进一步加强水电建设环境保护工作的通知》(环办〔2012〕4号)要求:

(1)流域水电开发规划必须依法开展规划的环境影响评价,并作为流域水电开发规划决策的依据;对水电开发历史较早,未开展水电开发规划环境影响评价的流域,应及时组织开展流域水电开发的环境影响回顾性评价研究。

(2)受理、审批水电项目"三通一平"工程和水电建设项目环境影响评价文件必须有发展改革部门同意水电建设项目开展前期工作的意见、流域水电开发规划环境影响评价的审查意见或流域水电开发环境影响回顾性评价研究成果支持。

因此,伊洛河流域新的水电开发项目建设前,需先开展流域水电开发规划环境影响评价或流域水电开发环境影响回顾性评价研究工作。

7.5　规划调整状况

在规划环境影响评价报告编制过程中,评价根据环境影响分析的结果提出了若干调整建议。目前,规划已根据环境影响评价优化调整意见进行了修改、补充和完善。涉及规划环境影响评价优化调整建议的相关调整情况如下:

(1)取消了涉及环境敏感区的规划新建水电工程。

①取消了陕西省洛南大鲵省级自然保护区内的规划新建水电工程。

原规划布局的黄塬、灵口、代川3座水电站位于陕西省洛南大鲵省级自然保护区范围内,规划编制过程中,根据环境影响评价的报告,建议取消了这3座水电站的建设。

②取消了洛南洛河源头水保护区内的规划新建水电工程。

原规划布局的白洛水电站位于洛南洛河源头水保护区范围内,考虑源头水保护区的保护要求,在规划编制过程中,环境影响评价报告建议规划取消白洛水电站的建设,规划采纳了该建议并做出相应修改,取消了白洛水电站。

③取消了洛南洛河湿地内的规划新建水电工程。

白洛、官桥、柏峪寺、黄塬、灵口、代川 6 个梯级电站均位于洛南洛河湿地区域内,为《陕西省主体功能区规划》划定的禁止开发区域。规划编制过程中,根据环境影响评价的建议取消了洛南洛河湿地内水电站的建设。

在规划调整后,环境敏感区范围内无规划的水电工程。

(2)在一定程度上优化了水资源配置,并调减了部分配置水量。

规划在一定程度上优化了水资源配置,见表 7-10。

表 7-10　规划对水资源配置方案的调整

内容	调整前	调整后
配置水量	2030 年流域配置水量 24.77 亿 m^3	2030 年流域配置水量 23.78 亿 m^3
地表水资源开发利用率	2030 年 52.7%	2030 年 47.5%

在规划环境影响评价报告审查后,规划采纳了环境影响评价报告提出的“取消本次规划新建水电站”的建议,取消了鸭鸠河、黄河(右岸)、磨头、九龙山、任岭、山峡、芦头共 7 座水电站的建设。

第 8 章　环境保护措施研究

8.1　水资源及水环境保护对策措施

8.1.1　控制性指标要求

为了规范流域不同河段的开发利用活动、控制开发强度，规划从“地表水用水量、地表水耗水量、地下水开采量、万元工业增加值用水量、大中型灌区灌溉水利用系数、水质目标及水功能区水质达标率控制目标、COD 和氨氮入河控制量”等方面，制定了流域水资源开发利用控制红线、用水效率控制红线和水功能区限制纳污红线等。在规划的实施过程中，应严格落实这些控制性指标的要求，实现伊洛河流域的可持续发展。

8.1.1.1　水资源利用控制性指标

以《黄河流域水资源综合规划》为依据，考虑流域水资源量的变化，统筹协调河道外经济社会发展用水和河道内生态环境用水之间的关系，提出流域及有关省市地表水供水量和消耗量、地下水开采量等用水控制指标，万元工业增加值用水量、灌溉水利用系数等用水效率控制指标，见表 8-1。

表 8-1　伊洛河流域供水量及用水效率控制指标

省区		供水量(亿 m^3/a)			用水效率	
		地表水供水量		地下水开采量	万元工业增加值用水量(m^3/万元)	灌溉水利用系数
		合计	其中：流域外			
2030 年	陕西	0.69		0.23	17	0.62
	河南	12.75	1.21	7.18	16	0.64
	伊洛河流域	13.45	1.21	7.41	16	0.64

8.1.1.2　水功能区水质目标及入河污染物总量指标

根据流域两省人民政府批复的水功能区划以及确定的规划目标，伊洛河主要区界断面水质达到其相应的水功能区水质目标要求，见表 8-2。

2030 年，伊洛河流域水功能区水质达标率达到 94%，其中河南达到 93%、陕西达到 100%；2030 年，伊洛河重要水功能区水质达标率达到 92%，其中河南达到 91%、陕西达到 100%；2030 年，全流域每年 COD 入河量控制在 1.87 万 t 以内，氨氮入河量控制在 1 055 t 以内，见表 8-3。

表 8-2　伊洛河流域重要区界断面水质目标

河流	代表断面名称	水功能区	水质目标
洛河	马沟	洛河陕豫缓冲区	Ⅲ
	故县水库	洛河卢氏洛宁渔业用水区	Ⅲ
	回郭镇火车站	洛河偃师巩义农业用水区	Ⅳ
	七里铺	洛河巩义过渡区	Ⅳ
涧河	铁门	涧河渑池义马过渡区	Ⅲ

表 8-3　伊洛河流域入河污染物总量控制指标　（单位：t/a）

省区		COD 入河量	氨氮入河量
2030 年	陕西	2 523	285
	河南	16 187	770
	小计	18 710	1 055

8.1.1.3　水环境功能区水质目标

根据《河南省水环境功能区划》及确定的水质目标，伊洛河主要控制断面水质还应达到其相应的水环境功能区划水质目标要求，见表 8-4。

表 8-4　伊洛河流域水环境功能区划重要监控断面及水质目标

河流	监测断面	水环境功能区	水质目标	控制范围	断面性质
伊洛河	七里铺	伊洛河	Ⅲ	山化—入黄口	国控、省控
洛河	洛宁长水	洛河洛宁段	Ⅱ	故县水库入口—洛宁王范	省控
	高崖寨	洛河洛阳市区上段	Ⅲ	洛宁王范—高崖寨	国控、省控
	白马寺	洛河洛阳市区下段	Ⅲ	高崖寨—偃师杨村	省控
伊河	栾川潭头	伊洛河洛阳段	Ⅲ	栾川水文站—陆浑水库入口	省控
	陆浑水库	陆浑水库	Ⅱ	陆浑水库入口—陆浑水库出口	省控
	龙门大桥	伊河洛阳龙门段	Ⅲ	陆浑水库出口—洛阳西石坝	国控、省控

8.1.2　水资源、水环境保护有关要求

为缓解流域经济社会的快速发展给水环境带来的巨大压力，伊洛河流域开发应围绕《国务院关于实行最严格水资源管理制度的意见》，实施流域区域分级管理，进一步强化水资源保护监督管理，完善流域水质监测系统，实施流域水环境综合整治，加强特征污染物的防控及风险防范能力建设，严格控制入河污染物总量，以保障伊洛河入黄水质目标实现，保障黄河下游供水安全。

8.1.2.1　强化流域水资源保护监督管理

1.加强伊洛河流域水功能区监督管理

实施伊洛河流域水功能区确界立碑工程，建立水功能区管理系统。加强豫陕两省水资源保护监督管理能力建设，强化省区水资源保护专职执法队伍，完善流域机构省界缓冲区水资源保护管理机制，实施水功能区水质监测，定期公布水功能区质量状况。

完善豫陕两省突发性水污染事件快速反应机制和重大水污染事件应急预案，建立流域与区域突发性水污染事件信息互通机制，提高水污染事件应急监测能力，全面提升水污染应急预警预报水平。

2.完善入河排污口设置同意制度

以沿河城镇及工业园区为重点，加强入河排污口监测能力建设，建立入河排污口台账管理系统。完善入河排污口统计与信息发布制度。建立完善入河排污口设置同意制度。加强入河排污口监管，设立明显标志，设施建成并经县级以上地方人民政府水行政主管部门或黄河水利委员会验收合格后，方可投入使用。严格入河排污口设置审批，对严重超出水功能区纳污红线的区域，实施核减取水量或限制审批新增取水，限制审批入河排污口。

加强入河排污口布设分区管理。伊洛河主要河流共划分入河排污口禁止区 2 个、限制区 12 个。洛河源头至尖角 48.6 km 的河段、伊河源头至陶湾镇 19 km 的河段设置禁止区，此范围内禁止设置入河排污口。洛河洛阳市高新区东起张庄、西至马赵营长约 12.5 km 的河段，洛河康店镇伊洛河大桥至河洛镇七里铺伊洛河入黄口 8 km 的河段，伊河北岸的吴村至南岸牛寨并上溯至八里滩之间的河段设置限制区，此范围内限制设置入河排污口。洛河卢氏、洛宁、洛阳、偃师、巩义，伊河伊川、洛阳、偃师，涧河全河段现状污染物入河量已超出水功能区限制排污总量，这些区域限制审批入河排污口，在未削减到水域纳污能力范围内之前，该水域原则上不得新建、扩建入河排污口。

严格入河排污口的审批管理。洛河豫陕缓冲区内设置入河排污口，应按照相关入河排污口监督管理权限的要求进行入河排污口设置审查。

3.严格实施水功能区限制纳污考核制度

实行水功能区保护目标责任制，将水功能区保护目标纳入地方考核目标，建立水功能区水质达标评价体系，省区负责所辖区域的监督和考核，实行省界目标考核制，建立健全水环境补偿机制。

8.1.2.2　完善流域水质监测体系

完善伊洛河流域水质监测站网，提高常规水质监测断面监测频率。重点强化陕西省洛河及 4 条支流的水功能区水质监测断面设置；建设陆浑水库、豫陕省界水质自动监测站，加快伊洛河入黄口七里铺水质自动监测站建设。在伊洛河上游、涧河等区间，重点加强重金属、有毒有害物质的监测，在故县、陆浑水库重点开展富营养化监测。

重点强化河南省洛阳市水质分中心水质标准实验室和移动实验室建设，完善水质监测队伍建设。强化重点入河排污口监管，在工业园区入河排污口及规模以上排污口安装在线自动监测仪器、监控设备等，逐步开展重要入河排污口计量监控能力建设，提高监测覆盖率和监视性监测频次。建设水环境信息管理系统、流域入河排污口数据库和实时监控平台，实现监测信息的远程传输和管理。

8.1.2.3 实施流域水环境综合整治

1.提高流域污染治理水平

完善流域城镇污水处理配套管网建设，推动宜阳以下河段洛阳、偃师等沿河城镇的污水处理厂升级改造，强化污水有效处理能力，进一步提高中水回用率，保证城市生活污水收集率达到 80%以上、2030 年达到 90%以上、城市污水处理厂尾水达到一级 A 排放标准（GB 18918—2002）、2030 年中水回用率达到 50%以上的目标。

根据流域限制纳污总量的要求，优化工业园区布局。流域内所有制浆造纸企业、焦化企业，直排伊河、洛河干流的化工、采选矿、金属冶炼加工及其他存在严重污染隐患的企业，要依法实行强制清洁生产审核。流域内采选矿、冶炼、化工、电解铝等行业，强化清洁生产，实施清洁生产技术改造。推进重点工业园区、企业废水深度处理，实施重点区间的废水深度治理和回用工程，进一步提高工业废水回用率。

2.深化重点区间水资源保护综合治理

实施伊洛河干流，涧河沿岸洛南、卢氏、洛宁、洛阳等城镇河段水资源保护综合整治工程。以涧河等中小河流为重点，实施河道清淤，减少内源污染；进行入河排污口截污、改造和调整工程，沿河入河排污口全部截流进入城镇污水处理厂达标处理。发展伊河、洛河、涧河沿岸城市污水处理厂尾水生态处理工程。推进洛阳市中州渠入河口人工湿地污水处理系统示范工程建设，以坞罗河、后寺河为重点建设中小城镇人工湿地处理工程。

3.全面加强面污染源及河道内源污染的治理与控制

加强农业面源污染治理，加大规模化养殖污染治理力度。大力推行清洁养殖，严格控制畜禽养殖污染排放，合理确定养殖规模。开展畜禽养殖业污染治理，调整优化养殖场布局，适度集中、规模化发展。鼓励养殖小区、养殖专业户污染物统一收集和治理，完善雨污分离污水收集系统，推广干清粪，实施规模化畜禽养殖场有机肥、沼气生产利用。

进行农村环境综合整治。推进农村分散式污水处理，减小农村面源对水体的污染。重点开展农业面源治理和控制。制订农业节水方案，加快农业灌溉系统节水改造，提高农业用水效率，减少农田径流。以农业面源污染防治核心基地为示范，扩大有机绿肥种植，控制农药、化肥污染。

实施伊洛河干流河道底泥、河岸边固体废物堆存场所等内源调查评价项目，分析研究内源对水环境的影响，编制内源治理实施方案并逐步清理。

4.全面加强水源涵养工作

以伊河陆浑水库以上、洛河灵口以上等区间为重点，全面开展伊洛河流域水源涵养工作。加强伊洛河上游矿产资源开发的监管，降低矿产资源开发对陆面植被的破坏、减少对水土流失的影响。在现有林地周边以及荒山、荒沟、荒坡的宜林地，通过整地措施，进行水源涵养林建设。在现有林草地条件下，对退化比较严重的草地进行补播和病虫鼠害防治。对水土流失比较严重的沟道、开发建设项目产生的弃渣等进行水土保持综合治理。

8.1.2.4 特征污染物的污染防控

以栾川、义马、洛南县为重点防控区，建立和完善落后产能退出机制，逐步提高行业准入门槛，严格限制涉重金属项目，执行严格的环境准入政策。采取有效措施积极推进栾川、义马、洛宁、嵩县、偃师等地涉重金属企业淘汰退出；对栾川的重点防控企业实施废水深度处理与回用,在义马开展无害化处理后铬渣综合利用;开展义马市植物修复技术集成试点项目,解决突出历史遗留重金属问题;加强尾矿库出水治理,尾矿库出水必须经过处理后入河,增设尾矿库事故坝、事故池,严禁事故废水入河。在涉重金属废水企业安装主要重金属污染物在线监控设施,促进污染源稳定达标排放;加强栾川、义马、洛南等河段水质重金属监测机制,建立定期监测机制;建立突发性重金属污染预警应急体系。

8.1.2.5 加强河道内建设项目环境水量管理

保障伊洛河干流自净用水量。流域取用水应考虑保证白马寺、黑石关、龙门、陆浑水库几个重要断面的下泄水量满足基本的自净水量要求;适度提高重要河段的自净水量和纳污能力。重点加强枯水期重要断面的水量监管,严格监督水电站发电下泄流量。

优化橡胶坝运行方式,保证橡胶坝上下游有持续水流,保证下泄自净水量。优化伊洛河干流尤其是城镇河段水电站布局,协调水电站与取水口、排污口布局的关系。开展已建小水电站群开发对伊洛河流域尤其是伊洛河干流水环境的影响评估;系统评价小水电站开发对伊洛河干流水力学、水域纳污能力及水质的影响。对流域干支流水电站进行优化和统一调度,建立重要水利枢纽工程统一调度管理运行机制。

8.1.2.6 加强风险防范能力建设

建立伊洛河流域水污染风险防范体系,强化流域突发水污染事件预警及应急措施。开展矿产、化工等涉重金属企业环境风险调查与评估,识别流域高风险源,编制流域重大风险源防范手册。逐步建立工业企业、工业园区和河流的三级流域水环境风险防范制度。强化工业企业、工业园区故障及事故排水储存和处置设施,严禁事故水排入污水管网和地表水体;加强对尾矿库的规划和监督管理,实施尾矿库风险防范工程。开展尾矿库排查,严格实施重大风险源环境监督监控。加强涧河、石门河、洛河上游、伊河上游河段水体中的重金属监测。加强嵩县入河排污管理,严禁污染物进入陆浑水库。以故县、陆浑水库为重点,实施水库突发性水污染事件风险防范工程,建立水库应急防范制度。在伊洛河入黄口、涧河入洛口、石门河入洛口等重点河段布置突发性水污染事件风险防范应急物资库。开展流域重大突发性水污染事件应急处置措施研究。

8.1.3 研究实现入河污染物总量控制目标的可行性方案

根据本书第6章分析,流域在2030年伊洛河流域COD、氨氮的入河量远仍高于其纳污能力,流域存在较大的水环境风险。

为落实水污染物入河总量控制方案、防范流域水环境风险,流域需进一步进行水污染物的削减,以改善流域整体水环境,保证规划水质目标的实现。

将预测的流域污染物入河总量与入河污染物控制总量目标相比,可以看出,流域2030年在所有工业点源稳定达标排放、城镇生活污水处理率达到90%、中水回用率达到50%的情况下,污染物COD、氨氮还需要再削减0.9万t和2 806 t,削减量主要分布在洛阳市和涧河沿岸的渑池、义马、新安等城市,占削减总量的70%左右。

经进一步分析,如果进一步加大水污染处理水平,在2030年将洛阳市区、巩义、偃师、宜阳、伊川等县(市)的工业达标废污水集中收集进入污水处理厂继续二次处理。处理后生活、工业废污水COD浓度达到40 mg/L,氨氮浓度达到2 mg/L,中水回用率达到70%~

80%,污水处理水平达到国际先进水平。经测算,2030 年污染物 COD、氨氮还需要再削减率 18%和 70%左右,方能达到规划提出的污染物总量控制要求。因此,从计算结果可以看出,在将污水处理水平提高到国际先进水平后,规划水平年伊洛河尤其是洛阳、巩义、偃师等城市河段水质仍然难以达到入河污染物控制总量目标。

因此,评价建议开展水环境保护相关研究工作,开展污染物控制、水环境保护手段和方法研究工作,研究实现水资源保护总量控制目标的可行性方案。

8.2　水生生态环境保护对策措施

8.2.1　落实规划提出的控制性指标要求

河道内生态环境用水量包括汛期输沙水量和非汛期河道生态基流两部分。本次规划统筹协调了经济社会发展用水和河道内生态环境用水关系,提出灵口、白马寺、龙门镇、黑石关等 4 个主要控制断面下泄水量控制指标,2030 年伊洛河黑石关断面下泄水量不低于 17.90 亿 m^3,见表 8-5。

表 8-5　河道内生态环境用水及断面下泄水量控制指标　(单位:亿 m^3/a)

控制断面	河道内生态环境用水量(下限)	断面下泄水量(2030 年)
灵口	2.27	6.02
白马寺	7.52	11.85
龙门镇	4.22	6.15
黑石关	12.89	17.90

8.2.2　落实水生生态保护规划提出的生态水量保障措施

8.2.2.1　水生生态保护规划提出的生态水量

1.重要断面生态需水量

根据伊洛河水资源开发利用及河流生态保护目标情况,伊洛河 4~6 月主要保证鱼类等水生生物敏感生态需水,7~10 月在保证防洪安全的前提下,满足河流自然生态基本需求的一定量级洪水过程,11 月至次年 3 月主要是保证河流生态基流。

在伊洛河主要断面天然径流量与实测径流量分析基础上,选择流域尚未大规模开发的 1956~1975 年的天然流量作为基准,以 Tennant 法为基础,根据各河段保护目标分布,选择 4~6 月平均流量的 30%~50%作为该期生态流量初值、7~10 月平均流量的 40%~60%作为该期生态流量初值、非汛期 11 月至次年 3 平均流量的 20%~30%作为该期生态流量初值。在此基础上,分析需水对象繁殖期和生长期对水深、流速、水面宽等要求,选择满足保护目标生境需求的流量范围,考虑水资源配置实现的可能性,结合自净需水,综合提出伊洛河重要控制断面生态环境需水量(见表 8-6)。

2.重要断面生态基流

除上述满足各河段生态保护目标的生态需水外,以维持洛河、伊河基本形态和基本生态功能为目标,提出伊洛河的最小流量,即生态基流。考虑到水文数据的统一和计算结果的可对比,生态基流也采用 Tennant 法进行计算,采用各断面多年(自然状态)平均流量的10%~30%作为生态基流,计算结果见表 8-6。

表 8-6 伊洛河主要断面生态需水计算

(单位:流量,m^3/s;水量,亿 m^3)

河流	河段	代表断面	需水对象	时段	生态基流		生态需水量			水质要求
					流量	水量	流量	水量	流量过程	
洛河	源头至灵口	灵口	土著鱼类 河谷植被	4~6月	4.9	1.78	6.0	2.27	维持河流自然流量过程	Ⅱ
				7~10月	10.7		14.5			
				11月至次年3月	2.0		2.0			
	灵口至杨村	白马寺	土著鱼类 植被需水 生态基流 自净需水 景观需水	4~6月	11.7	5.83	16.6	7.52	4~6月有淹及岸边的流量过程,其他时段保证河道生态基流	Ⅲ
				7~10月	34.0		48.3			
				11月至次年3月	10.0		8.2			
伊河	源头至杨村	龙门镇	土著鱼类 植被需水 生态基流 自净需水 景观需水	4~6月	7.3	3.15	10.3	4.22	4~6月有淹及岸边的流量过程	Ⅲ
				7~10月	19.6		27.4			
				11月至次年3月	3.8		3.8			
伊洛河	杨村至入黄口	黑石关	土著鱼类 植被需水 生态基流 自净需水	4~6月	19.7	9.26	28.0	12.70 (12.89)	4~6月有淹及岸边的流量过程	Ⅲ
				7~10月	55.4		80.5			
				11月至次年3月	14.0		14.9			

注:括号中数据为《黄河流域水资源综合规划》成果。

3.不同河段生态需水量

小水电大规模开发、橡胶坝的密集布设造成的河道减流、脱流是目前伊洛河河道生态存在的主要问题之一。根据伊洛河河流生态系统保护要求,考虑水生态保护目标分布与水电站布局之间的位置关系、水电站和橡胶坝脱流情况,结合重要控制断面生态水量要求,根据《水工程规划设计生态指标体系与应用指导意见》(水总环移〔2010〕248 号)对生态基流的相关规定及水电站坝址处多年平均流量,以 Tennant 法为基础,综合确定各河段最小下泄水量(见表 8-7)。

表 8-7 伊洛河不同河段下泄生态水量

河流	河段		下泄生态流量(m^3/s)	保障措施
洛河	源头至灵口		维持自然状态	禁止开发河段,维持天然流量及其过程
	灵口至长水	灵口至故县水库	4~6月:4~6 11月至次年3月:2~3	1.挡水坝上设置泄水洞或建设基流管道或取水口建设基流墩,确保下泄流量。 2.安装下泄流量在线监控装置,确保下泄流量
		故县水库	4~6月:6 11月至次年3月:4	故县及崇阳河、禹门河水库等坝式水利设施应利用泄水洞等措施保证枯水期生态流量
		故县水库至长水	4~6月:6 11月至次年3月:4	
	长水至杨村	长水至宜阳	4~6月:8 11月至次年3月:4	1.在挡水坝上设置泄水洞或建设基流管道或取水口建设基流墩,确保下泄流量。 2.在引水渠渠首加设控制闸,在河道流量小于规定下泄流量时,适时关闭、降低阀门,减少引流量,直至满足下泄流量
		宜阳至杨村	4~6月:11~16 11月至次年3月:8~12	在引水渠渠首加设控制闸,在河道流量小于规定下泄流量时,适时关闭、降低阀门,减少引流量,直至满足下泄流量
伊河	源头至陆浑水库		4~6月:1.6 11月至次年3月:0.8	1.挡水坝上设置泄水洞或建设基流管道或取水口建设基流墩,确保下泄流量。 2.安装下泄流量在线监控装置,确保下泄流量。 3.位于伊河特有鱼类国家级水产种质资源保护区核心区,规划建议上述工程进行水产种质资源保护区影响评价,并实施具体的补偿措施
	陆浑水库		4~6月:7 11月至次年3月:4	陆浑水库水利枢纽应利用泄水洞等措施保证枯水期生态流量下泄
	陆浑水库至杨村		4~6月:7~10 11月至次年3月:4~6	开展铺沟电站回顾性评价,明确并落实生态水量保护措施的设计、建设、运行与调度等
伊洛河	杨村至入黄口		4~6月:18~26 11月至次年3月:12~18	对位于种质资源保护区核心区与缓冲区的电站进行环境合理性论证

8.2.2.2 生态水量保障措施

1.河流重要断面生态水量保障措施

以河道内生态用水量为控制指标,严格实行用水总量控制,控制流域供需水在用水指标之内,确立用水效率红线,提高流域农业、工业节水技术水平,限制新增灌区面积,提高用水效率,以陕西省及河南省黄河取水许可总量控制指标为约束,科学论证流域外调水规模；加强伊洛河流域水资源的统一调度与管理，将河道内生态环境用水及过程纳入流域水资源统一配置，确保不同规划水平年伊洛河水生态保护重点河段生态水量、过程，以及伊洛河入黄水量需求。

2.水电站下泄生态水量保障措施

制订基于生态环境保护的水电站运行调度方案，将水电站下泄生态水量纳入水电站日常运行管理，优化水电站的运行方式，确保水电站下泄生态流量；整顿伊洛河水电站群建设，对不符合生态环境保护要求的小水电站，按照相关法律法规规定处理，保持重点河段河道水流自然连续性；对于协调开发与保护关系河段，因地制宜采取引水口建立基流墩、挡水建筑物设置泄水装置、建设基流管道、安装下泄生态流量在线监控和远程传输装置等措施，确保水电站下泄生态流量；枯水年份，当实际来水量小于下泄生态流量时，电调服从水调，禁止水电站引水发电，来水全部下泄。

8.2.3　落实水生态保护规划提出的河流生态保护与修复措施

8.2.3.1　重要水生生物栖息地保护措施

1.对重要水生生物栖息地实施重点保护

伊洛河重要水生生物资源的保护对维系黄河中下游及伊洛河流域的生物多样性资源具有重要作用。伊洛河流域目前开发利用强度大，对河流重要水生生物栖息生境已构成较大破坏或胁迫，根据《野生动植物保护法》《自然保护区管理条例》等相关法律法规要求，对伊洛河重要水生生物栖息地实施重点保护，禁止或限制河流水电开发，保存与修复水生生物多样性资源。需重点保护的水生生物栖息地如下。

1）洛河源头及上游大鲵栖息生境

洛河上游灵口河段（柏峪寺至徐家湾）和支流西峪河、文峪河、官坡河、索峪河等及支沟马龙沟、岔马沟、北沟等为大鲵栖息生境，洛河源头及支流是大鲵潜在生境，作为水生生物栖息地重点保护河段，依据《自然保护区管理条例》等有关规定，禁止与生态保护无关的一切开发建设活动，切实保护好大鲵及其生境。

2）伊河陆浑水库尾端鲂鱼栖息生境

伊河鲂鱼是伊洛河主要土著鱼类，为我国历史上著名经济鱼类，伊河鲂鱼资源的恢复与保护对伊洛河种质资源保护具有重要意义。目前，陆浑水库库尾段已划定为伊河特有鱼类国家级水产种质资源保护区，对该河段应进一步限制河流开发，优化已有水电站的运行方式，确保河流生态水量及连通性，同时对陆浑水库以下河段改善水环境质量，为伊河鲂鱼资源恢复创造良好生境。

3）伊洛河口黄河鲤栖息生境

伊洛河口是目前黄河鲤保存较好的产卵场之一，而洛河干流由于水电开发、污染等原因，黄河鲤栖息地已受到很大破坏。因此，将伊洛河口作为黄河鲤等鱼类重要栖息与替代生境重点保护，黑石关以下河段禁止水电开发，拆除五龙水电站，保证河道连通性及水流连续性，改善水环境质量，河防工程建设应充分考虑河滩湿地需水要求，严格控制人工湿地景观建设，维持河流自然栖息地的完整。

2.加强水电开发统一规划与管理,维护河流连通性,修复被破坏的河流生境

在重要水生生物栖息地保护的同时,对水电过度开发的其他河段,加强水电开发的生态环境保护及运行管理,对受损严重栖息地进行修复,确保河流生态用水及河流生境连通性。其中洛河灵口至故县水库河段,限制水电开发,调整河段内电站运行方式,保护瓦氏雅罗鱼等鱼类自然栖息地;中游河段采取增殖放流、过鱼设施建设等修复措施,同时应限制河道挖沙采石,改善水环境质量,逐步修复破坏的鱼类栖息地。伊河上游以保障鱼类栖息、繁殖、育幼所需水流和河流廊道条件为主,限制水电开发,采取增殖放流、过鱼设施建设等措施修复因水电站建设破坏的鱼类栖息地;伊河中下游改善水体环境质量,限制水电进一步开发,规范河道内挖沙采石行为,保证河道连通性及水流连续性。

加强伊洛河内橡胶坝建设规划和管理。对已建橡胶坝开展影响回顾性分析,对规划橡胶坝开展环境影响研究,综合预测对地下水、水体自净能力、河道生境、水生生物栖息地等的影响,论证规划可行性和合理性,综合河道内生态需水和城市景观需水,制定弹性蓄水目标,采取降低坝高等有效措施,保证河道连通性和水流连续性。

8.2.3.2　重要水源涵养林与湿地保护措施

加强伊洛河源区及上游的水源涵养功能,落实相关规划对国家森林公园、天然林等的定位与要求,以及源头区卢氏、栾川等生态县建设规划。严格保护森林资源,对天然林进行封禁保护;禁止生产型经营活动,禁止改变林地用途;禁止新建各种小型水电开发设施,切实保护河流生态和森林景观资源;限制并合理规划矿产开发,做好植被恢复工作;加大退耕还林力度,做好封山育林、生态移民等工作,有效控制水土流失。

伊洛河流域湿地保护以干流河道及河漫滩湿地保护为核心,以自然保护为主,人工修复及生态建设为辅,逐步恢复破坏的河道湿地,确保现有湿地规模不再萎缩,保障湿地水源涵养等生态功能正常发挥。洛河源头河段为陕西省重要湿地,对源头区湿地,通过加强河道管理,规范河道采砂,退还被侵占的河道,逐步恢复河道自然形态;中下游河段,通过优化水电站运行与管理,保证生态下泄流量,防止河道脱流,满足河道湿地生态用水需求;河防工程及沿岸生态景观建设,应在确保防洪安全的前提下,尽可能保持河流湿地自然地貌,减少或不占用河漫滩湿地;在 4~6 月植被生长期,加大河道下泄流量,逐步恢复河道自然形态,修复河岸湿地;伊洛河口为重要的水生生物栖息地,减少人类干扰活动,保持一定的浅滩宽度和植被带,保护黄河鲤重要产卵场。

8.2.4　协调河段水电开发与生态保护的关系

伊洛河现状水电无序开发已造成河流生境连通性破坏、自然栖息地破坏等严重生态问题,威胁河流与流域的生态安全。本次规划应从维持伊洛河生态安全的角度出发,协调河段水电开发与生态保护的关系,保护河流基本的生态功能,维持河流水生态健康。

(1)对《建设项目环境保护管理条例》(1998 年)颁布后建设且未取得环境影响评价审批文件的水电工程,由当地政府依法进行整改。

(2)对 1998 年之前建成的水电站,以及 1998 年后建设且已取得环境影响评价审批文件的水电站,应由当地政府开展环境影响回顾性评价,并根据环境影响回顾性评价结果对各电站进行整改和调整。水电站整改工作主要包括:要求各电站采取必要措施保障下泄

生态流量、消除脱流河段,并采取合理措施保护鱼类资源和生境。整改完成后,当地政府应加强对各水电站的监督管理工作。

环境影响回顾性评价工作主要包括:调查和评估各水电站的服役期限、运行方式以及环境影响等,并提出各水电站应保障的下泄生态流量和鱼类影响减缓措施。对位于水产种质资源保护区范围内的已有水电站,还应调查及评估对鱼类及其生境的影响,并提出有效措施保护鱼类生境。

(3)鉴于伊洛河水生态系统严重破坏的现状,评价建议取消本次规划新建的水电站。

(4)应适时开展伊洛河流域水电开发专项规划编制及规划环境影响评价工作,规范伊洛河的水电开发,落实环保部关于水电开发"生态优先、统筹考虑、适度开发、确保底线"的原则,将生态环境保护纳入流域水电规划、审批、工程设计、建设、管理等全过程。

伊洛河流域水电梯级布局及新的水电开发项目,应以正式批复的流域水电开发专项规划及规划环境影响评价为准。

8.3 环境监测计划

根据规划内容及规划的环境影响分析,规划实施的主要环境影响为对水环境和水生态的影响,因此评价主要针对水环境和水生态拟定了环境监测计划。

8.3.1 水环境监测

(1)监测内容:规划区水功能区达标状况。

(2)监测技术要求:满足《地表水和污水监测技术规范》(HJ/T 91—2002)、《地表水环境质量标准》(GB 3838—2002)等的要求。

(3)监测断面:选择重要水功能区水质监测代表断面共23个,其中陕西省1个、河南省22个,分别为:

洛河干流:洛南桥(陕西省)、曲里、卢氏西赵村、范里、故县水库、长水、韩城镇、宜阳、高崖寨、定鼎路桥、偃207桥、杨村、山化、七里铺。

伊河干流:陶湾、栾川、大青沟、东湾、陆浑水库、平等、西草店、龙门、岳滩。

(4)监测项目:水温、pH、悬浮物、溶解氧、高锰酸盐指数、COD、BOD_5、氨氮、总磷、总氮、铜、锌、氟化物、硒、砷、汞、铬、镉、铅、氰化物、挥发酚、石油类、阴离子表面活性剂、硫化物、粪大肠菌群等。

(5)监测时段与频次:每月监测1次。

(6)监测目的:通过对连续周期的监测数据进行综合分析,掌握水环境的变化趋势。

8.3.2 水生态监测

为监测伊洛河流域综合规划的实施对水生态环境的影响,需建立流域内水生态保护监测系统,重点监测珍稀水生生物及重要土著鱼类、湿地、天然林,监测生态下泄流量和生态流量过程。具体监测内容见表8-8。

表 8-8　伊洛河水生态监测计划

序号	监测项目	监测位置	监测内容	监测频率
1	水文要素	灵口断面 长水断面 白马寺断面 龙门断面 黑石关断面	降雨、流量、水位、流速、含沙量、洪水历时、淹没范围	监测频率同断面水文站监测频率
2	水环境要素		氨氮、COD 等常规水质要素	
3	水生生物	洛河灵口河段 故县水库尾端 洛河洛阳河段 伊河潭头河段 陆浑水库尾端 入黄口段	浮游植物(藻类)、浮游动物、底栖动物的种类、数量、生物量等,大鲵、瓦氏雅罗鱼等保护对象的产卵场数量、分布、长度、面积等	每年监测 2 次,包含 4~6 月鱼类产卵期 1 次
4	河流生态功能	洛河、伊河干流	河道生态流量、断面生态流量、河道水流连续性	11 月至次年 6 月每月 1 次
5	湿地	全流域	面积、类型、分布、土壤含水量	1 年 1 次

8.4　跟踪评价计划

8.4.1　跟踪评价的内容

跟踪评价主要包括以下方面的内容:

(1)评价规划实施后的实际环境影响;

(2)规划环境影响评价及其建议的减缓措施是否得到贯彻实施,是否有效;

(3)确定为进一步提高规划的环境效益所需的改进;

(4)确定本规划引发的规划或项目是否需要评价;

(5)总结该规划环境影响评价的经验和教训。

8.4.2　跟踪评价方案

(1)收集相关资料。

本书规划实施后,编制机关应当及时组织环境影响的跟踪评价。收集相关的资料,包括规划环境影响评价审查阶段所确定的条款与主管部门附加的环境条件;周期或连续的环境监测记录;环境缓解措施的运行和维护记录;规划项目日常环境管理的记录等。

(2)公众意见调查。

规划项目完成并实施后,要定期进行公众意见的调查,了解受规划项目影响的公众对该项目的感受和要求等,确定为进一步提高规划的环境效益所需的改进,总结该规划环境影响评价的经验和教训，使跟踪评价工作的内容与范围更具有针对性。公众的反馈意见是跟踪评价工作中推荐环境改进措施的重要依据。

（3）环境影响跟踪评价与环境保护对策措施实施效果评价。

依据环境监测的结果、相关资料及公众意见的调查等，从以下几方面开展环境影响跟踪评价与环境保护对策措施实施效果评价：

①达标符合性评价。评价环境监测数据是否符合规划项目应满足的环境质量要求，是否符合本次规划拟定的环境保护目标。

②预测一致性评价。评价实际环境影响监测数据与环境影响评价预测结果的一致性，判定预测的环境影响是否真实地发生，真实环境影响的程度是否与预测结论一致；对于环境影响评价没有预测到却发生的实际环境影响，应分析其产生的原因，进而提出可行的缓解措施。

③环境保护对策措施的有效性评价。评价环境保护对策措施是否按照规定条件正常及有效运作。依据监测数据，结合对环境保护措施运行、维护与管理记录的审查，评价缓解措施在技术上及维护管理上的可靠性和有效性。如果缓解措施不能有效地缓解实际发生的环境影响，分析问题产生的环节与原因，进而提出可行的缓解措施并加以落实。

（4）形成跟踪评价文件，报审批机关。

通过收集的资料、公众意见和环境影响跟踪评价与环境保护对策措施实施效果评价工作的结果，分析和评价规划实施后的实际环境影响；评价建议的环境保护措施是否得到贯彻实施，是否有效；确定为进一步提高规划的环境效益所需的改进；总结该规划环境影响评价的经验和教训；形成完整的跟踪评价结论，并将评价结果报告审批机关。

8.5　规划具体项目的环境影响评价要求

规划的具体建设项目，在可行性研究阶段必须严格按照环境影响评价法和建设项目保护管理的规定，进行各单项建设项目的环境影响评价，提出项目实施具有可操作性的环境保护措施，将项目实施产生的不利影响减小到最低。

根据规划项目的特点，规划中具体项目环境影响评价关注点建议如下：

（1）防洪规划。

防洪规划中的主要建设工程包括堤防及护岸工程、险工工程、卡口河段治理、病险水库除险加固等。在防洪规划中的具体项目建设时，需对具体项目进行环境影响评价，建议具体项目环境影响评价应重点关注以下几点：

①堤防、护岸、险工工程、病险水库除险加固等应重点关注施工期对水环境、水生生态、陆生生态、环境敏感区的影响。

②卡口河段治理项目环境影响评价重点关注项目建设对河势、水文情势、水生生态、环境敏感区的影响。

（2）水资源利用规划和灌溉规划。

水资源利用规划中的主要建设项目是供水水库、调水工程等水资源配置工程。这些工程将对水资源分配、水文情势、水生生态、鱼类“三场”等产生一定影响，应在项目环境影响评价阶段重点关注。

灌溉规划中的灌溉工程的实施将提高水资源利用率，但由于灌溉水平的提高将导致区域化肥、农药用量增加，灌溉退水量增加，灌溉退水污染负荷增加，建议具体项目环境影响评价时应特别关注农业面源污染问题，制订灌溉和退水渠道的跟踪评价计划。

第 9 章　公众参与

9.1　公众参与的目的与意义

伊洛河流域面积 18 881 km^2,涉及陕西、河南两省 21 个县(市、区)。鉴于伊洛河流域综合规划影响范围广、涉及环境要素多,对自然、生态、社会环境的作用具有累积性、长期性和区域性的特点,其可能带来的环境影响是社会公众广泛关注的问题,特别是规划涉及区域,其社会经济发展、居民生活利益等与规划方案密切相关,区域各行业及广大公众不仅对本规划有知情权,也有积极的参与权。公众参与是环境影响评价的重要组成部分,也是完善民主、科学决策的一种有效途径。按照《中华人民共和国环境影响评价法》《环境影响评价条例》《环境影响评价公众参与暂行办法》等相关法律法规要求,公众参与主要以专家咨询、部门协调、信息公开等方式进行,以专家咨询的方式为主。规划环境影响评价工作在我国开展的时间不长,很多具体的技术问题有待进一步深入研究,专家咨询及部门协调是缓解这些困难,并保证规划和规划环境影响评价工作科学性的有效手段之一。

根据伊洛河流域综合规划的宏观性、前瞻性、专业性、不确定性的特点,公众参与着重采取专家咨询和相关部门间沟通协调的方式开展,这将对实现规划环境影响评价的目的起到重要的保障作用。

9.2　公众参与的概况

伊洛河综合治理规划的公众参与工作贯彻了“早期介入、全程参与”的原则,贯穿于规划编制及规划环境影响评价工作的始终。公众参与采取了专家咨询、省区协调、现场走访等多种方式,其中以专家咨询为主,充分发挥规划编制单位、环境影响评价单位与公众之间的桥梁纽带作用,及时了解、反映公众关心的规划及环境相关问题,征询解决方法,以确保规划编制及规划环境影响评价工作更加全面、客观、公正。

此外,规划编制及环境影响评价编制过程中还要通过网络媒体对公众公开本次规划的基本信息,并公开征求公众的意见和建议。

9.3　专家咨询

专家咨询是公众参与的主要方式。在规划任务书、大纲、规划报告初稿、规划报告征求意见稿、规划报告送审稿及规划环境影响评价任务书、规划环境影响评价篇章、规划环境影响评价初稿等各个阶段开展了多轮、多层次、多学科的专家咨询与技术研讨工作。

9.3.1　规划报告的专家咨询

黄河水利委员会作为伊洛河流域综合规划编制的组织部门，非常重视规划的编制和规划环境影响评价工作，多次组织专家就规划报告及规划环境影响评价各阶段的成果进行咨询和审查。

历次专家咨询意见汇总如下：

(1)伊洛河是黄河重要的一级支流，也是黄河下游洪水的主要来源之一，目前流域依然存在防洪形势严峻、部分重点河段防洪标准不足的问题，基本同意规划提高部分城市河段防洪标准的观点。但是，鉴于伊洛河夹滩地区历史上为自然漫溢区，涉及黄河下游防洪，在考虑区域经济发展要求实际情况的同时，应进一步分析论证提高该地区防洪标准对黄河下游防洪的影响，以及在伊洛河修建防洪水库作为替代方案的可行性；客观分析伊洛河已建橡胶坝对防洪的影响，提出橡胶坝统一运行调度与管理建议。

(2)伊洛河流域水资源时空分布不均，水资源开发利用应严格执行有关分水指标，协调经济发展与生态环境保护用水需求，合理利用水资源。同时，水资源保护规划应严格按照水功能区水质目标，进一步落实污染严重河段的治理保护措施。

(3)进一步论述灌溉面积发展的可行性和必要性。按照以水定灌的原则，根据伊洛河水量分配指标及未来灌溉发展需求，预测各规划水平年新增灌溉面积，严格控制扩大灌溉面积。

(4)总结伊洛河流域水土保持成功经验和存在的主要问题，充分考虑伊洛河流域环境特点，进一步论证淤地坝规划布局及规模合理性。

(5)在对水电开发现状进行客观评价的基础上，对不合理的水电开发项目应提出整改意见，对防洪运用和生态下泄流量提出明确要求；对新布局的水电站应充分考虑对生态的影响，提出生态流量要求，并严格按照有关程序报批。

9.3.2　规划环境影响评价的专家咨询

9.3.2.1　专家咨询会

规划环境影响评价是一项跨学科、跨领域，综合性、科学性很强的工作，而且规划环境影响评价工作在我国开展的时间不长，很多具体问题和技术要求有待进一步深入研究。专家咨询是缓解这些困难并保证规划环境影响评价科学性的有效手段之一。

作为伊洛河流域综合规划环境影响评价的承担单位，黄河水资源保护科学研究院多次邀请水利、环境保护、水资源利用与保护、生态环境保护等多方面的专家对规划环境影响评价篇章和规划环境影响评价报告书进行技术咨询，专家就规划环境影响评价框架结构、规划协调性分析、环境影响识别、评价指标体系、水资源和环境承载能力分析、规划方案环境合理性综合论证等内容提出了宝贵的意见，项目组也将上述意见落实于报告书编制过程中。

通过多次专家咨询，规划环境影响评价相关分析和结论的准确性、科学性得到了加强，也使规划环境影响评价的宏观指导性更有针对性。

9.3.2.2　技术协作与技术研讨

伊洛河流域综合规划环境影响评价工作涉及水利、环保、生态等多学科、多部门，为了拓宽眼界，发挥各行业、各学科优势，伊洛河流域综合规划环境影响评价采取了多方合作方式，根据技术专业需要，选择适当技术协作单位，加强规划环境影响评价工作的全面性、客观性、科学性及针对性，同时项目组多次与黄河勘测规划设计研究院有限公司、黄委水文局、黄河流域水资源保护局、河南大学等单位进行技术研讨，加强了规划环境影响评价工作的科学性和针对性。

9.4　省区协调

9.4.1　规划省区协调过程

伊洛河流域综合规划编制项目组及环境影响评价项目组多次与陕西、河南两省地方水利、环保、林业、农业等领域政府部门、公益团体组织进行座谈，了解他们的意愿，并征求他们对规划的意见和建议。

2013 年 4 月，黄河水利委员会向河南省水利厅、陕西省水利厅公开征求对《伊洛河流域综合规划》（征求意见稿）的意见和建议。

省区协调意见汇总如下：

（1）伊洛河流域是中原经济区建设的重要区域，近年来，经济社会的快速发展对流域防洪和水资源合理开发、利用与保护提出新的要求，希望提高流域防洪能力，协调两省之间的用水需求和分水指标，完善生态补偿措施。

（2）在具体问题上，河南省水利厅、陕西省水利厅提出以下建议：

①河南省水利厅要求增加伊洛河内橡胶坝对河道生态状况影响分析，主要增加内容为对河道连通性、水生生物等影响方面加以分析，并分别在相应生态保护措施内加以完善。

②陕西省水利厅建议“远期为保障关中—天水经济区的商州、洛南、柞水、丹凤等丹江沿岸县区的经济社会发展用水，促进国家南水北调中线工程水源涵养保护，在陕西省内部协调好区域间伊洛河耗水指标的前提下，可进一步开展论证引洛济丹工程”。

9.4.2　规划环境影响评价省区会商

根据《关于开展规划环境影响评价会商的指导意见（试行）》的有关要求，2016 年 11 月 25 日，水利部黄河水利委员会邀请陕西、河南两省环保、水利、林业、农业等相关部门代表，就伊洛河流域综合规划环境影响评价进行会商，并形成《伊洛河流域综合规划环境影响评价会商意见》，会商主要意见如下：

（1）规划年省界断面灵口下泄水量可以满足河道生态用水需求，规划实施不会对省界断面下泄水量造成明显影响。

（2）规划的入河总量控制方案实施，流域水质将得到较大程度的改善，省界断面现状年及规划年均可达到水质目标要求，规划实施不会对省界水质造成明显不利影响。

（3）落实水生态保护规划的各项措施，有利于遏制河流水生态恶化趋势。同意“规划”和“规划环境影响报告书”提出的“限制伊洛河水电无序开发，对现有水电站进行环境影响回顾性评价和依法整改，逐步恢复河道生境”等意见。

9.5 信息公开

9.5.1 第一次信息公开

2012 年 8 月 22 日至 2012 年 9 月 4 日，共 10 个工作日分别在黄河网、河南省水利厅、陕西省水利厅以及商洛、三门峡、洛阳、郑州等地方政府官网发布本项目进入环境影响评价程序的信息。

第一次信息网络公示期间，未收到公众反馈意见。

9.5.2 第二次信息公开

《关于印发〈环境影响评价公众参与暂行办法〉的通知》（环发〔2006〕28 号）要求，规划环境影响评价形成初稿后，针对环境影响评价的工作成果开展了第二次信息公开。

第二次网络信息公示期间，未收到公众反馈意见。

9.6 现场走访

伊洛河流域综合规划及规划环境影响评价编制工作自启动以来，规划编制项目组、环境影响评价项目组多次赴流域干支流重要河段实地考察，并走访了相关水利、农业、环保等政府主管部门以及部分企事业单位，寻访了大量民众。

9.7 公众参与小结

本次公众参与工作贯穿于规划编制和规划环境影响评价工作的始终。采取了专家咨询、省区协调、现场走访等多种方式征求和收集公众意见，同时进行了信息公开工作，及时了解和反映了公众关心的规划及环境相关问题。

第 10 章 研究结论及建议

10.1 规划背景

伊洛河是黄河重要的一级支流,也是黄河下游洪水的主要来源之一,流经陕西、河南两省,流域面积 18 881 km^2,涉及河南、陕西两省的 21 个县(市)。干流洛河河长 446.9 km,支流伊河河长 264.8 km。伊洛河流域多年平均水资源总量 32.31 亿 m^3,平均含沙量 4.4 kg/m^3,是黄河流域水资源相对丰富、含沙量较少的支流之一。

目前,伊洛河流域已有治理开发在减免洪水灾害、综合开发利用水资源、防治水土流失等方面取得了一定的经济效益和社会效益,促进了流域经济发展和社会进步。但是,在治理开发中仍面临一系列问题,突出表现在防洪形势依然严峻、水资源开发利用难度大、局部城市河段水污染严重、水生态系统日趋恶化、流域水土流失治理度不高以及水电开发缺少统一规划等方面,从而制约了流域经济社会的发展和生态环境的良性维护。

同时,随着流域经济社会的快速发展,各地区、各部门对水资源开发利用、防洪保障体系、生态环境建设等提出了新的更高的要求。而且,伊洛河作为黄河的重要支流,在黄河下游防洪体系、流域水资源配置以及水沙调控体系中具有重要的地位。

在上述背景下,水利部、黄河水利委员会组织开展了《伊洛河流域综合规划》的编制工作,以解决伊洛河流域治理开发现状存在的问题,协调伊洛河治理开发与区域经济社会发展和资源环境保护以及黄河治理开发的关系。

10.2 规划任务与规划目标

规划的主要任务是:根据伊洛河流域人口、资源、环境和社会协调发展的客观需要,在以往工作的基础上,分析流域治理开发存在的突出问题,研究制定流域防洪减灾、水资源利用、水资源和水生态保护等规划的目标和总体部署,研究提出加强流域综合管理的政策措施,并对规划方案实施效果进行评价。

规划重点:防洪减灾、水资源开发利用、水资源和水生态保护等规划。

规划范围:伊洛河流域,流域面积 18 881 km^2。

规划水平年:规划以 2013 年为现状水平年,规划水平年为 2030 年。

规划治理目标见表 10-1。

表 10-1　伊洛河流域综合规划目标

规划名称	规划目标(2030 年)
防洪规划	基本建成防洪体系,有效控制和科学管理洪水,建设完善干流及主要支流的防洪工程,在协调好本流域防洪与黄河下游防洪关系的基础上,使重点防洪治理河段防洪标准达到国家规定要求,实施病险水库除险加固,完成山洪灾害治理
水资源利用及灌溉规划	解决农村饮水安全问题,加大现有灌区的节水力度,使灌区的节水面积由现状的 37.6%达到 90.8%,灌溉水利用系数由现状的 0.55 提高到 0.64,工业用水重复利用率由现状的 68.8%左右提高到 92%左右;合理安排生活、生产和生态用水,供水保证率有所提高,新发展灌溉面积 153.1 万亩
水资源保护规划	主要城市河段水质明显改善,伊洛河干流水功能区水质达标率河南达到 93%、陕西达到 100%,全面保障城镇饮用水水源地水质安全,建立完善水资源保护监督管理体系
水生态保护规划	河流基本生态水量得到初步保证,河流重要涉水生境得到基本保护,水电站下泄生态水量得到基本保证,河流重要湿地得到基本保护
水土保持规划	开展坡面治理和生态修复工作,加大沟道治理工作力度,新增水土流失治理率 17.61%、林草覆盖率 39.49%,有效减少入河泥沙,新增人为水土流失得到全面遏制
水力发电规划	合理开发流域水能资源,适时建设干流和主要支流上的水电站
流域综合管理	形成完善的流域综合管理机制

10.3　流域资源与环境现状

10.3.1　水文水资源

伊洛河径流量的主要特点为:

(1)年内分配不均,来水主要集中在汛期,汛期(7~10 月)占年值的 56.9%;

(2)年际变化较大,近 10 年径流量有减少趋势,减少比例为 14.4%;

(3)径流量地区分布不均,伊洛河流域来水主要集中于伊河的陆浑水库以上、洛河的灵口(省界)以上和洛河的故县水库—白马寺区间。

伊洛河流域多年平均水资源总量为 32.31 亿 m^3。现状年伊洛河流域各部门总用水量、耗水量分别为 15.96 亿 m^3、11.43 亿 m^3,耗水河段主要集中在伊河的陆浑水库—龙门镇、洛河的故县水库—白马寺,以及伊洛河的龙门镇、白马寺—入黄口三个河段。现状年伊洛河流域地表水开发率为 30.1%,地表水消耗率为 19.1%。现状年流域地表水资源开发利用程度处于较低水平。现状年平原区浅层地下水开采量占可开采量的 132%,部分地区地下水已经超采,主要集中在伊洛河的龙门镇、白马寺—入黄口河段。

10.3.2　水环境

2013年伊洛河流域评价水功能区52个，Ⅱ类以上水质的水功能区占55.8%，所占比例最大；Ⅲ类水质的比例为3.8%；Ⅳ类水质的比例为9.6%；Ⅴ类水质的比例为13.5%；劣Ⅴ类水质的比例为17.3%。全流域Ⅲ类以上水质和Ⅲ类以下水质的水功能区基本相等。洛河Ⅲ类以下水质的水功能区略多于Ⅲ类以上水质的水功能区，伊河Ⅲ类以上水质的水功能区明显多于Ⅲ类以下水质的水功能区。

10.3.3　生态环境

10.3.3.1　生态环境特点

（1）伊洛河流域上游地区多为土石山区，山高坡陡，河道行于深山峡谷之间，人为活动和干扰相对较少，是自然植被主要分布区域，是流域森林资源主要分布地区，森林覆盖率高，生态环境良好。

（2）流域中游地区多为丘陵浅山区，人类活动和干扰逐渐加剧，耕地为主要土地利用类型。流域下游地区是河谷平原主要分布区域，也是人类活动和干扰最大的区域。

（3）洛河干流灵口以上河段处于相对自然状态，保留了鱼类生存较好的栖息生境，水生环境相对良好。其中我国特有珍稀濒危动物大鲵、秦巴拟小鲵的栖息地主要分布于上游水流较为清澈的支沟。

（4）除灵口以上河段外，伊洛河干流其他河段均存在水电无序开发的现象，尤其是洛河干流故县水库至洛阳西河段（集中分布30多座电站）、伊河干流上游河段（分布11座电站），河流纵向连通性遭到严重破坏，枯水期及平水期多个河段存在断流、脱流现象，水生生物数量锐减、生境面积萎缩且片段化。

10.3.3.2　陆生生态现状

伊洛河流域土地利用现状状况以耕地、林地和草地为主。其中，耕地面积最大，面积为7 805.21 km^2，占评价区总面积的比例为41.34%；林地次之，面积为6 845.32 km^2，占评价区总面积的比例为36.26%。耕地和林地为优势土地利用类型。从分区来看，伊洛河流域上游地区土地利用类型以林地为主，中下游地区土地利用类型以耕地为主。

伊洛河流域位于我国暖温带和北亚热带的分界地带，植物区系过渡特征明显，体现出南北过渡、东西交汇的特征。区域内植被类群丰富，广泛分布有南北过渡带物种。区域内分布的植被类型有以栎类为主的落叶阔叶林、针叶林植被、针阔混交林、灌丛植被、草甸以及人工栽培植被等。总体来看，流域上游地区人为活动和干扰相对较少，是自然植被主要分布区域，特别是天然林集中分布区。流域中下游地区，人类活动和干扰比较严重，植被类型以农田植被为主。

10.3.3.3　水生生态现状

1.干流河道水生生境现状

各河段水生生物生境现状见表10-2、表10-3。

表 10-2　洛河干流各河段水生生物生境现状

河段		水电站分布	水质情况	水生生物生境状况	环境敏感区
上游	源头至灵口	无	水质在Ⅱ类及以上,水质良好	1.河流处于相对自然状态; 2.保留了鱼类生存较好的栖息生境	洛河洛南源头水保护区、陕西省洛南大鲵省级自然保护区
	灵口至长水	石墙跟、曲里、火炎、故县水库、崇阳河(在建)、黄河(左岸)、禹门河、长水	水质在Ⅱ类及以上,水质良好	1.水电无序开发; 2.非汛期河段存在脱流、减流现象; 3.水生生物生境片段化	
中游	长水至杨村	张村、富民、崛山、温庄、金海湾、龙泉、龙腾、乘祥、辉煌、宜发、洪发、龙祥、鑫水源、忠诚、兴宜、乘龙、灵山(在建)、高峰、锦山、河下、龙祥李营上(在建)、龙祥李营下(在建)、亚能、龙源、金水堰等	宜阳水文站—宜阳官庄河段为劣Ⅴ类;高崖寨—偃师市杨村河段多为Ⅴ类及劣Ⅴ类水质;其余水功能区水质断面基本满足水质要求	1.水电无序开发程度严重,26 座引水式电站分布在 110 km 河段内,平均每 4.2 km 就有 1 座水电站,密集处平均每 3 km 就有 1 座水电站,每座水电站下游脱流长度 3~5 km; 2.洛河规划有橡胶坝 22 座,已建成 11 座,主要集中在洛阳市区段; 3.非汛期大部分河道基本无水,水生生物生境严重破碎化	洛河鲤鱼水产种质资源保护区: 1.金海湾至亚能共 19 座电站分布在洛河鲤鱼水产种质资源保护区实验区; 2.龙源、金水堰分布在洛河鲤鱼水产种质资源保护区核心区
下游	杨村以下	五龙	干流水质从Ⅳ至劣Ⅴ类不等	受水污染、采砂等影响,生境状况较差	郑州黄河鲤鱼种质资源保护区

表 10-3　伊河干流各河段水生生物生境现状

河段		水电站分布	水质情况	水生生物生境状况	环境敏感区
上游	源头至陆浑	黄石砭、金牛岭(在建)、龙王庄、松树岭、月亮湾、马路湾、拨云岭、前河、栗子坪、新城、山峡(在建)、陆浑	除陆浑水库水质达标外,其他河段水质均超标	1.水电无序开发程度严重,水电站集中处约 50 km 河段分布了 7 座引水式电站,平均每 7 km 就有 1 座水电站; 2.非汛期河道基本无水; 3.水生生物生境破碎化严重	洛阳市陆浑水库饮用水水源保护区、伊河栾川源头水保护区、伊河鲂鱼水产种质资源保护区
中下游	陆浑以下	铺沟	水质达标	伊河流经城区的河段共规划 16 座橡胶坝,已建成 11 座。城市河段橡胶坝的建设对河流自然连通性造成了影响	

2.鱼类资源及潜在“三场”分布

据调查,目前伊洛河共有鱼类5目10科50种,其中鲤科37种,占总数的74%;鳅科4种,占8%。在分布上,以上游河段鱼种类最多,下游次之,中游最少。

洛河干流卢氏徐家湾乡以上河段处于相对自然状态,保留了鱼类生存较好的栖息生境,灵口至徐家湾河段分布有鱼类潜在产卵场;故县水库以下,由于密集水电开发、城市亲水景观建设、水环境污染等影响,鱼类生境受到严重破坏,仅在故县水库库尾约13 km河段和洛河洛阳市高新区约12 km河段可能存在鱼类潜在的产卵场。

伊河栾川至陆浑水库河段水电无序开发严重,河道水流连续性和鱼类栖息生境受到破坏,仅在伊河旧县镇至潭头约10 km河段、伊河嵩县水库库尾约12 km河段分布有鱼类潜在的产卵场。

伊洛河口段由于水量充足、营养物质丰富,一直为伊洛河流域的传统产卵场,但近年来由于受水污染等影响,生境状况质量较差。

3.鱼类资源变化情况及其原因

伊洛河流域鱼类资源现状表现为:种类组成减少,资源量降低,个体小型化明显,小型鱼类增多,鲤科鱼类占优势。分析导致这种变化的原因,主要是河道生境的变化,表现在以下方面:

(1)河段水电开发程度高;

(2)拦河橡胶坝建设过多;

(3)河床采石挖沙;

(4)水质污染等。

10.3.4 流域存在的主要环境问题:

(1)水电无序开发严重,水生生态环境恶化;

(2)中下游城市河段水环境超载严重,水污染事件时有发生;

(3)防洪体系尚不完善,洪水灾害威胁依然存在;

(4)流域用水区域集中,平原区浅层地下水存在超采现象;

(5)局部地区水土流失治理进度缓慢,人为新增水土流失较严重。

10.4 规划的环境影响

10.4.1 社会环境

规划实施后,对社会环境的影响主要包括以下几个方面:

(1)保障流域及相关地区防洪安全。

伊洛河防洪规划的实施,将全面提高流域的防洪能力。①城市河段及干流城镇防洪工程全面达标,防洪问题基本解决,为城镇的治理开发奠定了防洪安全基础。②通过对20条主要支流、山洪沟进行全面治理及病险水库除险加固,基本解决流域洪灾问题。

规划的实施,将保障流域及相关地区人民生命财产的安全,避免城镇、工业、交通干线、生产生活设施遭到洪灾威胁，为国民经济的持续发展和社会安定提供防洪安全保障。

（2）改善流域生产生活供水条件，保障流域供水安全。

规划实施后，将优化伊洛河流域水资源配置、促进节水型社会建设、改善城乡生活与工农业生产供水条件，改善水环境质量，促进水功能区达到水质目标要求，保障流域供水安全。

（3）增加流域有效灌溉面积，为保障粮食安全提供有利条件。

灌溉规划实施后，2030 年比基准年新增灌溉面积 75.0 万亩，对保障流域及国家粮食安全具有重要意义。

10.4.2　水文水资源

10.4.2.1　水资源

规划实施后，2030 年伊洛河流域耗水量符合陕西省《关于调整陕西省黄河取水许可总量控制指标细化方案的请示》和河南省《关于批转河南省黄河取水许可总量控制指标细化方案的通知》对两省、四地市耗水指标的要求，耗水量没有超过耗水总量控制指标。

伊洛河流域地表水开发率（包括流域外供水）由现状年的 30.1%提高至 2030 年的 47. 5%，流域整体地表水资源开发利用程度偏高，2030 年地下水开采率由现状年的 132%下降至 100%，平原浅层地下水超采现象得到遏制。

规划实施后，根据水资源配置方案，2030 年流域国民经济配置水量由基准年的 16.38 亿 m^3增加至 23.78 亿 m^3，用水增加河段主要集中在洛河的故县水库—白马寺河段和伊洛河的龙门镇、白马寺—入黄口河段。用水量的大量增加在支撑区域经济社会发展的同时，将加大伊洛河流域的水资源开发利用程度，并给水环境带来较大压力，增大了水资源保护的难度。

10.4.2.2　水文

规划水资源配置方案实施后，在多年平均来水条件下，洛河白马寺断面、伊河龙门镇断面和伊洛河黑石关断面下泄水量在 2030 年减少幅度较大，这主要是由于规划年，流域用水量增加河段主要集中在洛河故县—白马寺和伊洛河龙门镇、白马寺—入黄口，用水量的增加导致了重要断面下泄水量的大幅度减少。

规划实施后，多年平均来水条件下，2030 年伊洛河入黄水量为 17.90 亿 m^3，比 2013 年减少了 21.2%。

10.4.3　水环境

在落实水资源保护规划提出的水资源保护要求及措施的基础上，污染物 COD、氨氮 2030 年入河控制量较现状入河量需分别削减 63%和 85%左右，但流域 COD、氨氮入河量仍需进一步削减，COD、氨氮入河量控制量方可达到纳污能力的控制要求，规划年流域污染物入河总量控制目标方可实现。

由于实现流域污染物入河总量控制目标的 COD、氨氮入河量削减比例较大，流域存在较大的水环境风险，风险较大的河段集中在伊河的陆浑水库以上和陆浑水库—龙门镇河段，以及洛河的故县水库—白马寺河段（包括涧河）。主要集中在：①伊河的栾川及伊川河段；②洛河的洛宁、宜阳、洛阳、偃师河段；③涧河的渑池、义马、新安、洛阳河段。

10.4.4　陆生生态

从宏观层面来看，规划实施不会改变伊洛河流域生态系统的结构和功能，不会对流域现状土地利用和植被分布产生明显影响，且规划实施对流域陆生生态的影响有一定的有利影响，不利影响是局部的、暂时的。

规划实施对陆生生态的有利影响主要为水土保持规划对水土流失及植被覆盖率的有利影响；不利影响主要为规划的具体工程导致，主要是防洪工程、水资源配置工程在实施中所引发的施工、占地等可能对局部地区的陆生动植物产生一定的不利影响，在工程环境影响评价阶段可以通过环境保护措施对不利影响进行减免和减缓。

本次水土保持规划通过人工造林种草和依靠自然修复能力恢复植被等措施，可以在一定程度上提高伊洛河流域的植被覆盖率，改善区域的生态环境，但影响比例较小，不会对流域土地利用和植被分布产生明显影响。水土保持规划通过对流域内不同区域分别实施重点治理、预防保护等措施，可有效减缓土壤面蚀，逐步控制流域水土流失，保护流域生态环境。

本次规划将适当发展部分灌溉规模。但新增灌溉面积主要是将无灌溉条件的耕地发展为灌溉地，并不会造成土地利用性质的改变。因此，灌溉规划的实施对流域土地利用不造成影响。

10.4.5　水生生态

本次规划包含的“水生生态保护专项规划”对现有水电站提出了“整顿违法水电站、对已建合法水电站增设基流下泄设施、逐步恢复河道生境”等要求，同时对各河段的开发与保护也提出了明确要求。因此，水生生态保护规划的实施，在一定程度上有利于保障河道生态基流、消除脱水河道，为鱼类的生长繁育、水生生态系统的维持创造一定的水资源条件。在落实水生态保护规划的各项措施后，规划提出的水生态保护目标基本可以实现，有利于遏制河流水生态恶化趋势。此外，水资源保护规划的实施，可改善水环境，为水生生态系统提供适宜的水环境条件。但是，由于干流现有 46 座电站的存在，伊洛河干流依然存在河流连通性破坏、水生生物生境片段化的问题。

规划中水电规划的实施，将进一步破坏河流连通性，破坏水生生物生境。此外，规划年河道外配置水量尤其是中下游供水量增幅较大，对于伊洛河干流中下游生态需水的保障程度有一定的不利影响。

本次规划对伊河及洛河干流规划了 7 座新建电站，均为引水式电站，且电站大多库容小、装机规模小。洛河干流规划的 3 座电站，全部位于上游河段。上游河段现状水电开发强度相对较弱。规划实施后，洛河干流共布局 37 座水电站（干流全长 446.9 km），全部位于河南省境内（河南省境内河段长 335.5 km）。其中，上游河段将由目前的 8 级电站增加到 11 级电站。伊河干流规划的 4 座电站，3 座位于上游河段，1 座位于中游河段。规划实施后，伊河干流共布局 16 座水电站（干流全长 265 km），其中上游河段（169.5 km）将由目前的 11 级电站增加到 14 级电站。规划中水电规划的实施，挡水建筑物的连续建设，将进一步破坏河流连通性，加剧河段脱流、减流问题，鱼类栖息环境将遭到进一步破坏。

规划年河道外配置水量尤其是中下游配置水量增幅较大，对于伊洛河干流中下游生态需水的保障程度有一定的不利影响。

10.5　规划的环境合理性及优化调整建议

10.5.1　规划的协调性

本次规划以水资源的合理配置、防洪保障、水资源及水生态保护作为规划的重点，协调流域开发、经济社会发展与环境和生态保护的关系，在规划方案支撑流域开发与区域经济社会发展的同时，考虑对河流水环境和基本生态功能的保护，符合《全国主体功能区规划》《全国重要江河湖泊水功能区划》《中原经济区规划》《重金属污染综合防治"十二五"规划》的相关要求和功能定位，与河南、陕西省相关环保、生态保护规划基本协调。

规划内部各专项规划方案之间总体上具有良好的协调性和互补性，但也存在一定的不协调因素，主要为水资源配置方案未能充分考虑水环境承载能力，水资源保护规划目标实现难度较大。

10.5.2　规划布局的环境合理性

10.5.2.1　防洪规划布局与相关功能区划对伊洛河流域发展定位要求的相符性

在防洪规划布局中，将《全国主体功能区规划》《陕西省主体功能区规划》《河南省主体功能区规划》等相关功能区划确定的伊洛河流域重点建设区域，包括中原经济区的洛阳市地区、黄淮海平原主产区（主要包括伊洛河洛阳市至偃师东境的河谷平原等），布局为防洪重点区域，保障这些区域的防洪安全、经济发展与重点建设，与相关功能区规划对伊洛河流域发展定位及要求相符合。

10.5.2.2　环境敏感区对防洪规划布局的制约和影响

洛河长水以下河段的防洪工程规划，将涉及洛河鲤鱼国家级水产种质资源保护区、黄河鲤鱼国家级水产种质资源保护区；洛河灵口段防洪工程涉及陕西省洛南大鲵省级自然保护区；洛河洛南段防洪工程的建设，将涉及洛河洛南源头水保护区、陕西洛南洛河湿地等环境敏感区；伊河干流嵩县下箭河口至陆浑库区河段防洪工程的建设，将涉及伊河特有鱼类国家级水产种质资源保护区。

涉及自然保护区的项目，不能在自然保护区核心区及缓冲区设置工程，若涉及自然保护区的实验区，则须取得自然保护区管理机构及行政主管部门的同意，并在项目环境影响评价阶段编制项目对自然保护区影响的专题报告，专题报告须通过自然保护区行政主管部门组织的专家论证。同时，项目也不能在保护区内设立取弃土场、施工场地和施工营地。

涉及水产种质资源保护区的项目，在项目环境影响评价阶段，需由业主委托专业机构编制项目对水产种质资源保护区的影响专题论证报告，并通过渔业行政主管部门组织的专家审查。同时，业主必须征得水产种质资源保护区主管部门出具的书面同意意见。

10.5.2.3　水资源利用及灌溉规划布局与相关功能区划的相符性

本次水资源利用规划中的主要用水增加河段为洛河的故县水库—白马寺河段和伊洛河的龙门镇、白马寺—入黄口河段。这两个河段均为《全国主体功能区规划》确定的中原经济区的洛阳市地区、黄淮海平原主产区（主要包括伊洛河洛阳市至偃师东境的河谷平原等）等重点发展区域，规划布局与相关功能区划确定的伊洛河流域经济社会发展布局相符合，为流域重点发展区域的经济发展提供了水资源支撑。

同时，规划实施后，2030 年伊洛河流域地下水开采率由现状年的 132%下降至 100%，平原浅层地下水超采现象得到遏制，符合国家相关环境保护的要求。

但是，本次水资源利用规划中的主要用水增加河段，亦是目前水环境承载力超载的河段，规划年用水量的增加，将增加该河段的水环境承载压力，增大了水环境风险，增大了水环境保护的难度。

10.5.2.4　环境敏感区对水资源利用规划布局的制约和影响

规划拟实施的三门峡市洛河—窄口水库调水工程，目前规划的调水线路，将涉及卢氏大鲵省级自然保护区。应在项目环境影响评价阶段详细论证其线路替代方案，避免对卢氏大鲵省级自然保护区产生不利影响。

10.5.2.5　水电规划新建电站布局环境合理性分析

本次规划新建电站布局，未完全考虑环境保护的相关要求，未落实生态环境部关于水电开发“生态优先、统筹考虑、适度开发、确保底线”的原则。评价建议从水生生态保护的角度，取消本次规划新建的水电站。

10.5.3　规划规模的环境合理性

10.5.3.1　水资源配置规模环境合理性分析

规划年伊洛河流域河道外配置水量增幅较大，将导致规划年地表水开发利用率大幅增加、河道内生态需水满足程度降低、水环境严重超载等环境问题。基于此，评价建议规划进一步优化水资源配置方案。

10.5.3.2　水力发电规模的环境合理性

规划实施后，洛河干流共布局 37 座水电站（干流全长 446.9 km），全部位于河南省境内（河南省境内河段长 335.5 km）。其中，上游河段将由目前的 8 级电站增加到 11 级电站。按河流纵向连通性评价标准，洛河全河段若超过 5 座梯级，河流连通性即为劣，若想达到纵向连通性为良，河南境内洛河河段电站数不能超过 2 座。规划后，洛河干流河南省境内共分布 37 座电站，每 100 km 河长水电站数为 11 座。评价认为洛河干流水力发电布设梯级数量过多，应予以优化调整，取消本次规划新建的水电站。

规划实施后，伊河干流共布局 16 座水电站（干流全长 265 km），其中上游河段（169.5 km）将由目前的 11 级电站增加到 14 级电站。河流纵向连通性指数由每 100 km 河长 6.5 座电站达到 8.3 座，将进一步破坏河流的纵向连通性。评价认为伊河干流水力发电布设梯级数量过多，建议进一步优化调整，取消本次规划新建的水电站。

10.5.4　规划方案优化调整建议

10.5.4.1　水资源利用规划调整建议

规划年伊洛河流域河道外配置水量增幅较大，导致规划年水环境严重超载、水环境风险极大、河道内生态需水满足程度降低等问题。因此，评价建议规划应协调经济发展与环境保护的矛盾，在支撑区域经济社会发展提高河道外配置水量的同时，也应考虑流域水环境承载能力和河道内生态用水的需求，同时根据“最严格水资源管理制度”的要求，进一步优化水资源配置方案，适当减少规划年配置水量，以实现水环境保护目标和流域水资源的可持续利用。

10.5.4.2　水力发电规划调整建议

鉴于伊洛河水生态系统严重破坏、河道脱流减流现象严重的现状，评价建议从水生生态保护的角度，取消本次规划新建的水电站。

10.5.5　规划调整状况

原规划布局的白洛、官桥、柏峪寺、黄塬、灵口、代川 6 个梯级电站涉及环境敏感区，在规划编制过程中，规划根据环境影响评价的建议取消了这 6 座水电站的建设。规划调整后，环境敏感区范围内无规划新建的水电工程。

在规划环境影响评价报告审查后，规划采纳了环境影响评价提出的“取消本次规划新建水电站”的建议，取消了鸭鸠河、黄河(右岸)、磨头、九龙山、任岭、山峡、芦头共 7 座水电站的建设。

10.6　环境保护对策措施

10.6.1　水资源及水环境保护对策措施

(1)落实流域水资源利用上线与水环境质量底线要求：落实流域“地下水开采量、万元工业增加值用水量、大中型灌区灌溉水利用系数、水质目标及水功能区水质达标率控制目标、COD 和氨氮入河控制量”等控制性指标。

(2)落实水资源保护规划提出的对策措施：提高流域污染治理水平、深化重点区间水资源保护综合治理、加强面污染源及河道内源污染的治理与控制、加强河道内建设项目环境水量管理、加强风险防范能力建设等。

(3)研究实现入河污染物总量控制目标的可行性方案：开展水环境保护相关研究工作，开展污染物控制、水环境保护手段和方法研究工作，研究实现规划提出的总量控制目标的可行性方案。

10.6.2　水生生态环境保护对策措施

(1)落实规划提出的河道内生态环境用水及断面下泄水量控制指标；

(2)落实规划提出的河段开发与保护定位；

（3）落实水生态保护规划提出的对策措施：河流重要断面生态水量保障措施、水电站下泄生态水量保障措施、重要水生生物栖息地保护措施、重要水源涵养林与湿地保护措施、水电开发生态保护要求等。

10.6.3　协调河段水电开发与生态保护的关系

（1）对于伊洛河流域现有水电站，应由当地政府进行整改，以恢复河流水流连续性、消除脱流河段为基本整改目标。

（2）适时开展伊洛河流域水电开发专项规划编制及规划环境影响评价工作，伊洛河流域水电梯级布局及新的水电开发项目，应以正式批复的流域水电开发专项规划及规划环境影响评价为准。

（3）鉴于伊洛河水生生态系统破坏、河道脱流减流现象严重的现状，评价建议从水生生态保护的角度，取消本次规划新建的水电站。

10.7　规划方案的综合评述

伊洛河流域综合规划实施后，流域将建成较为完善的防洪减灾体系，提高流域的防洪能力，保障流域人民生命财产安全，为流域国民经济的持续发展和社会安定提供防洪安全保障；流域水资源利用及保护规划的实施，可以在一定程度上协调流域社会经济发展和资源环境保护之间的矛盾，有利于促进流域社会经济的可持续发展；水土保持规划的实施，有利于治理和控制流域水土流失，改善区域生态环境；水生生态保护规划的实施，有利于保障河道生态基流，遏制目前水生生态恶化的趋势。

但规划年水资源配置量有较大幅度增加，加之水污染物总量控制方案及水环境保护措施等的落实存在一定的不确定性，因此规划年水环境污染风险问题较为突出；且河道外配置水量尤其是中下游河道外配置水量增幅较大，对于伊洛河干流中下游生态需水的保障程度有一定的不利影响。

参 考 文 献

[1] 徐鹤.规划环境影响评价技术方法研究[M].北京:科学出版社,2012.

[2] 张玉环,刘晓文.流域综合规划环境影响评价关键技术研究[M].北京:中国环境出版社,2017.

[3] 水利部黄河水利委员会.黄河流域综合规划(2012—2030年)[M].郑州:黄河水利出版社,2013.

[4] 陈庆伟,刘昌明,郝芳华.水利规划环境影响评价指标体系研究[J].水利水电技术,2004(4):8-11.

[5] 潘轶敏,彭勃,何智娟,等.流域规划环境影响评价环境保护目标浅析[J].人民黄河,2013(10):117-119.

[6] 杨美临,朱艺,郝红升.流域水利水电开发环境影响回顾性评价案例分析[J].水力发电,2018,44(5):1-5.

[7] 吴利桥,葛晓霞.流域综合利用规划环境影响回顾性评价研究思路探讨[J].人民珠江,2014(4):1-3.

[8] 王成林,任为,张奕,等.流域水电开发规划回顾性评价技术方法探讨[J]. 环境科学与技术,2016(S1).

[9] 韩龙喜,朱党生,蒋莉华. 中小型河道纳污能力计算方法研究[J].河海大学学报,2002,30(1):35-38.

[10] 李红亮,李文体.水域纳污能力分析方法研究与应用[J].南水北调与水利科技,2006,(B6):58-60.

[11] 张建军,张世坤,徐晓琳,等. 黄河流域纳污能力计算技术难点浅析[J].人民黄河,2006,28(12):30-22.

[12] 张刚,解建仓,罗军刚.黄河龙门—三门峡区间纳污能力计算[J].水资源保护,2013(1):18-21.

[13] 路雨,苏保林.河流纳污能力计算方法比较[J].水资源保护,2011(4):5-9.

[14] 王延辉,牛志强,刘明珠.南水北调对河南省水资源配置格局的影响分析[J].人民黄河,2010(2):60-61.

[15] 傅慧源,张江北.流域综合规划生态环境影响评价内容与方法研究[J].人民长江,2013,44(17):9-13.

[16] 巴亚东,潘德元,雷明军.地理信息系统在流域规划环境影响评价中的应用[J].人民长江,2013(15):77-79.

[17] 荣烨,魏科技,刘斌,等.流域综合规划环评中生态敏感目标识别研究[J].水电能源科学,2014,32(12):114-118.

[18] 姚立英,王伟,李璠,等.规划环评实施空间管制探析[J].环境影响评价,2017(3):27-30.

[19] 闫业庆,胡雅杰,孙继成,等.水电梯级开发对流域影响的评价——以白龙江干流(沙川坝—苗家坝河段)为例[J]. 兰州大学学报(自然科学版),2010,46(Z1):42-47,53.

[20] 杨常青,宣昊. 浅谈我国规划环评现状与问题及对策建议[J].环境与可持续发展,2015,40(6):176-178.

[21] 孙淑清. 规划环境影响评价中的公众参与探讨[J].污染防治技术,2009(2):54-57.

[22] 何景亮. 水利行业类规划环评与项目环评工作方法的差异分析[J].人民珠江,2011(2):55-57.

[23] 李绅豪,龚晶晶,恽晓雪,等.基于利益相关方分析法的规划环评公众参与研究[J].环境污染与防治,2008,30(2):68-76,76.

[24] 陈派超. 论"三线一单"在规划环评中的应用及对项目环评的指导意义[J].环境与发展,2017(8):46-47.

附　图

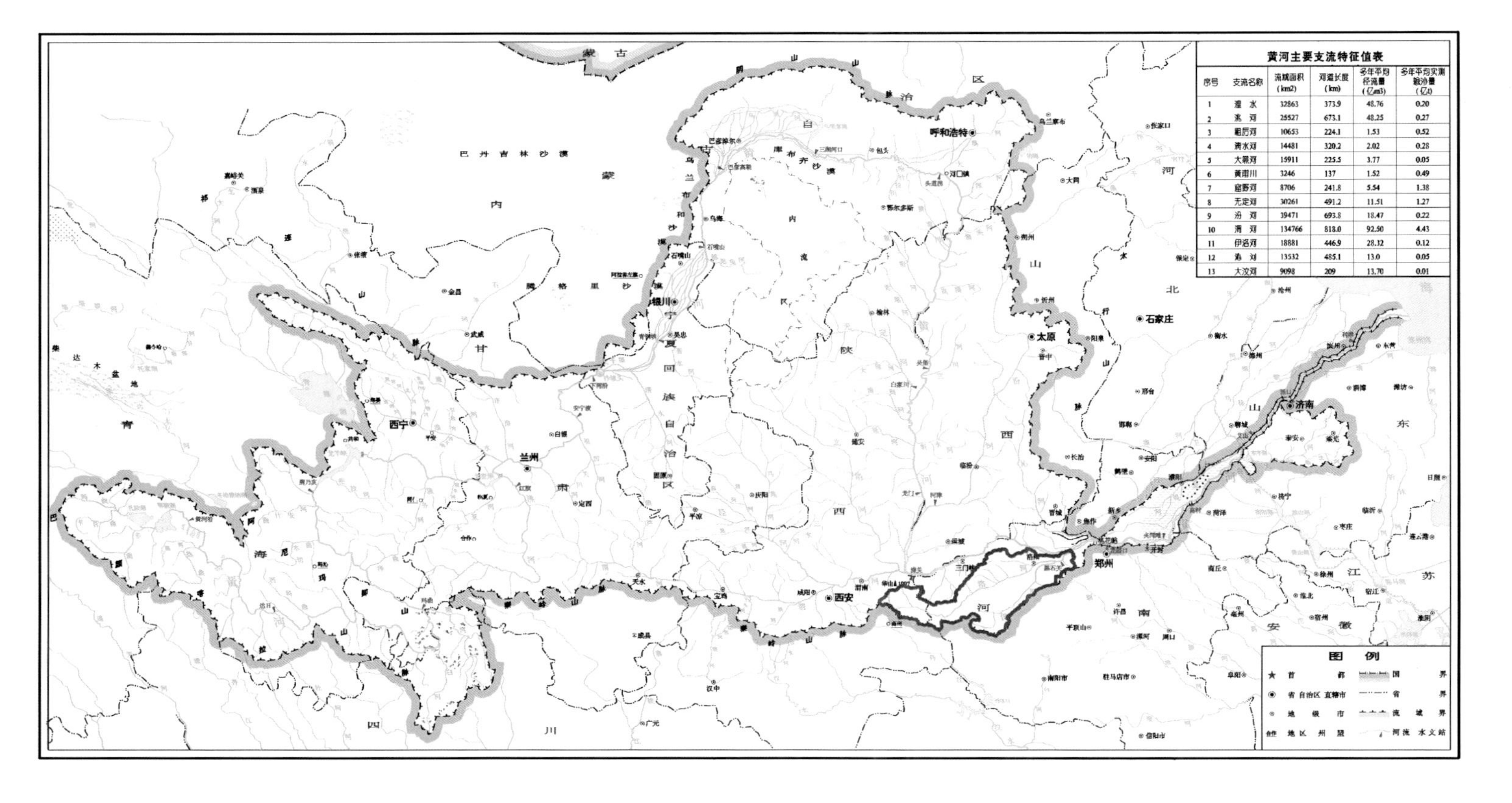

序号	支流名称	流域面积(km2)	河道长度(km)	多年平均径流量(亿m3)	多年平均实测输沙量(亿t)
1	湟　水	32863	373.9	48.76	0.20
2	洮　河	25527	673.1	48.25	0.27
3	祖厉河	10653	224.1	1.53	0.52
4	清水河	14481	320.2	2.02	0.28
5	大黑河	15911	225.5	3.77	0.05
6	黄甫川	3246	137	1.52	0.49
7	窟野河	8706	241.8	5.54	1.38
8	无定河	30261	491.2	11.51	1.27
9	汾　河	39471	693.8	18.47	0.22
10	渭　河	134766	818.0	92.50	4.43
11	伊洛河	18881	446.9	28.32	0.12
12	沁　河	13532	485.1	13.0	0.05
13	大汶河	9098	209	13.70	0.01

附图1　伊洛河流域在黄河流域的位置

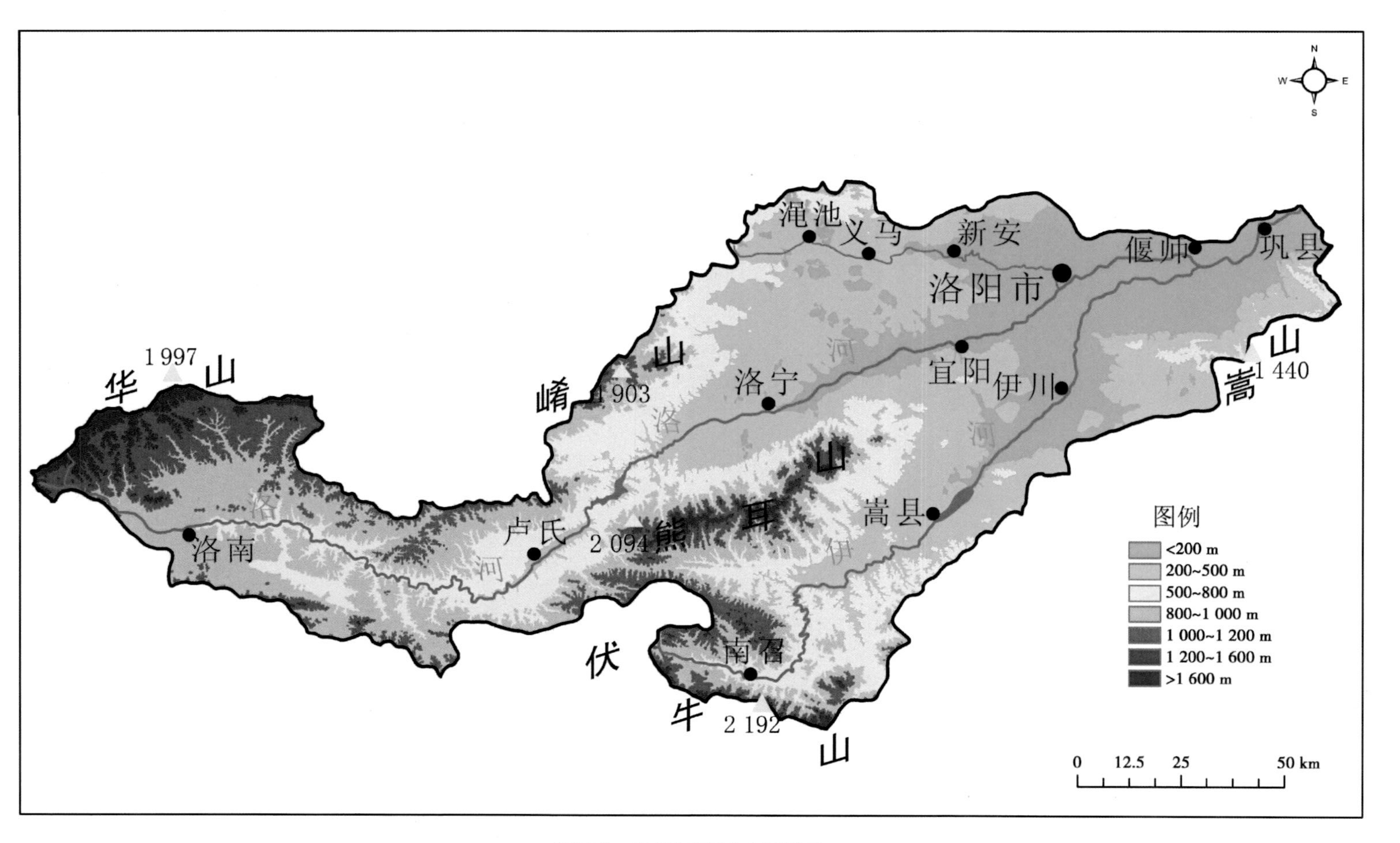

附图 2　伊洛河流域地形地貌

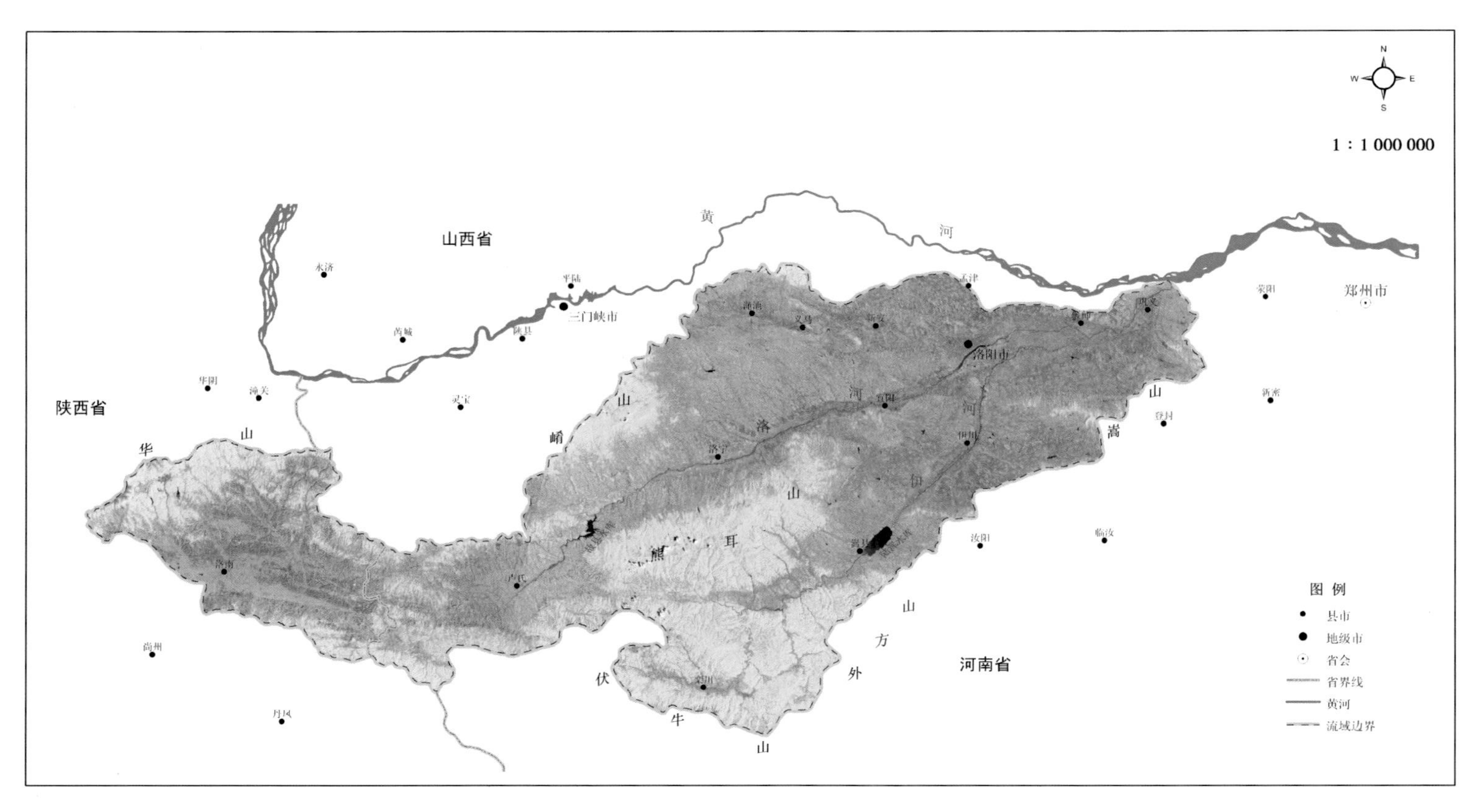

附图3　伊洛河流域遥感影像

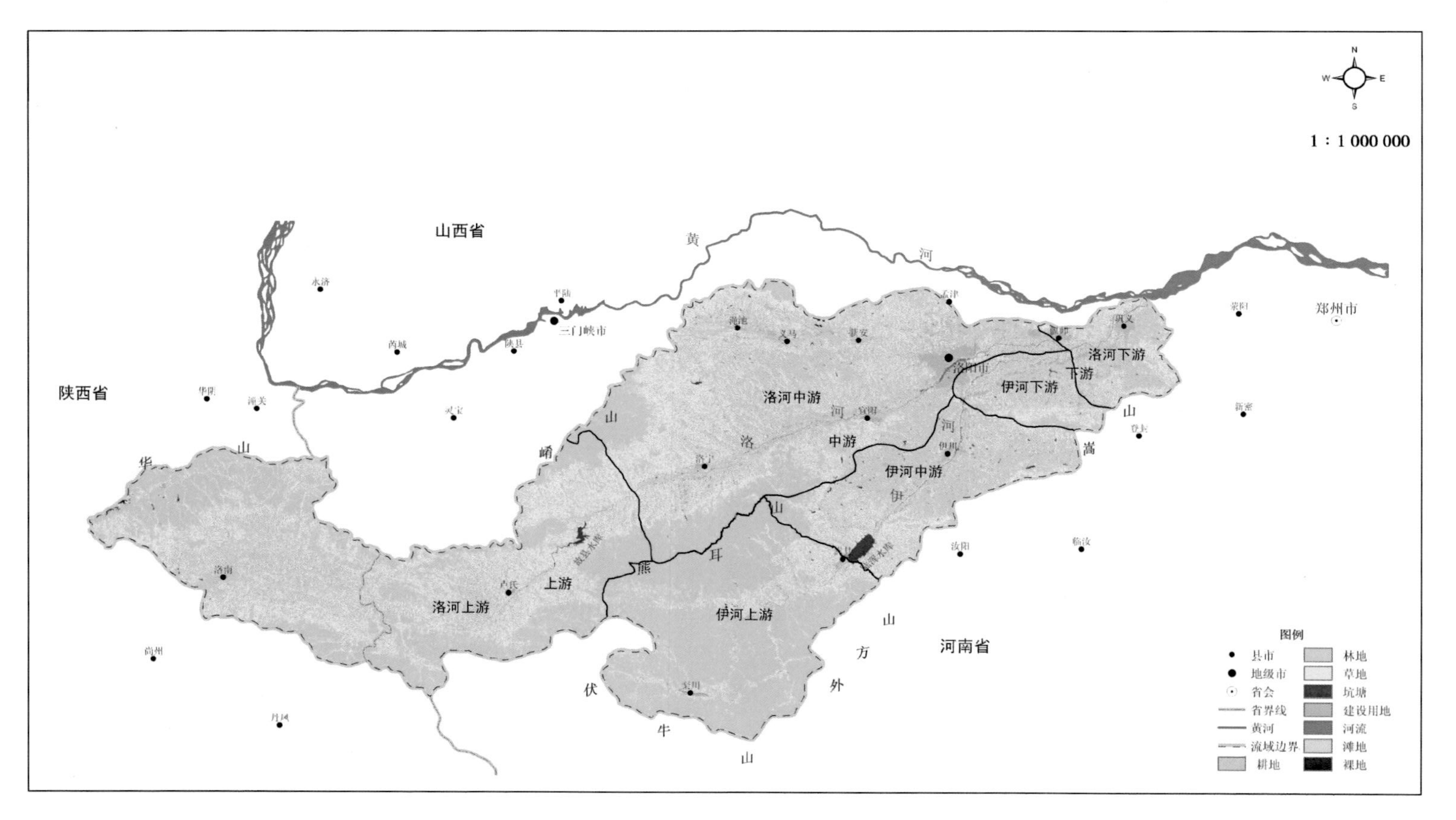

附图 4　伊洛河流域土地利用

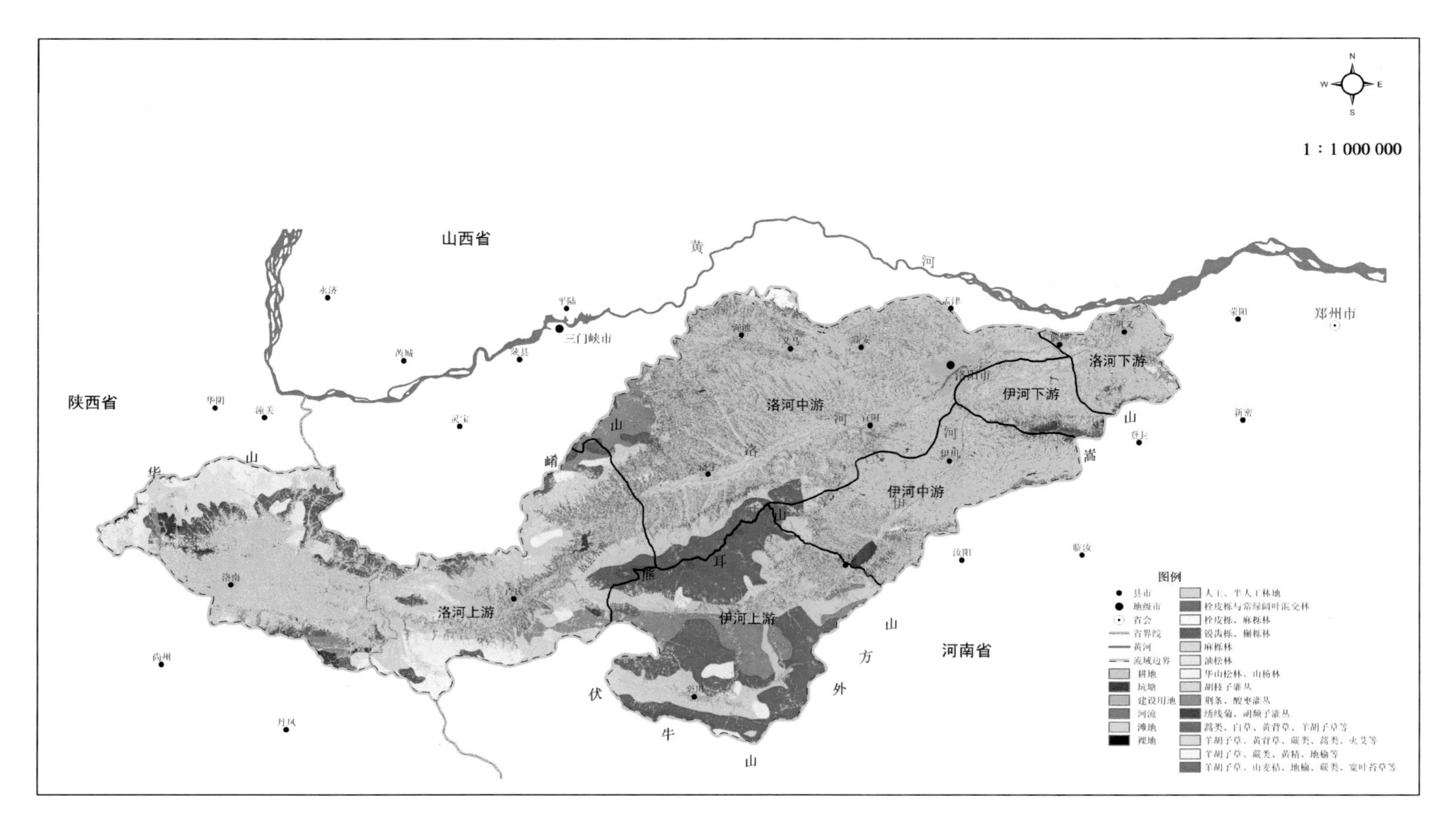

附图 5　伊洛河流域植被分布

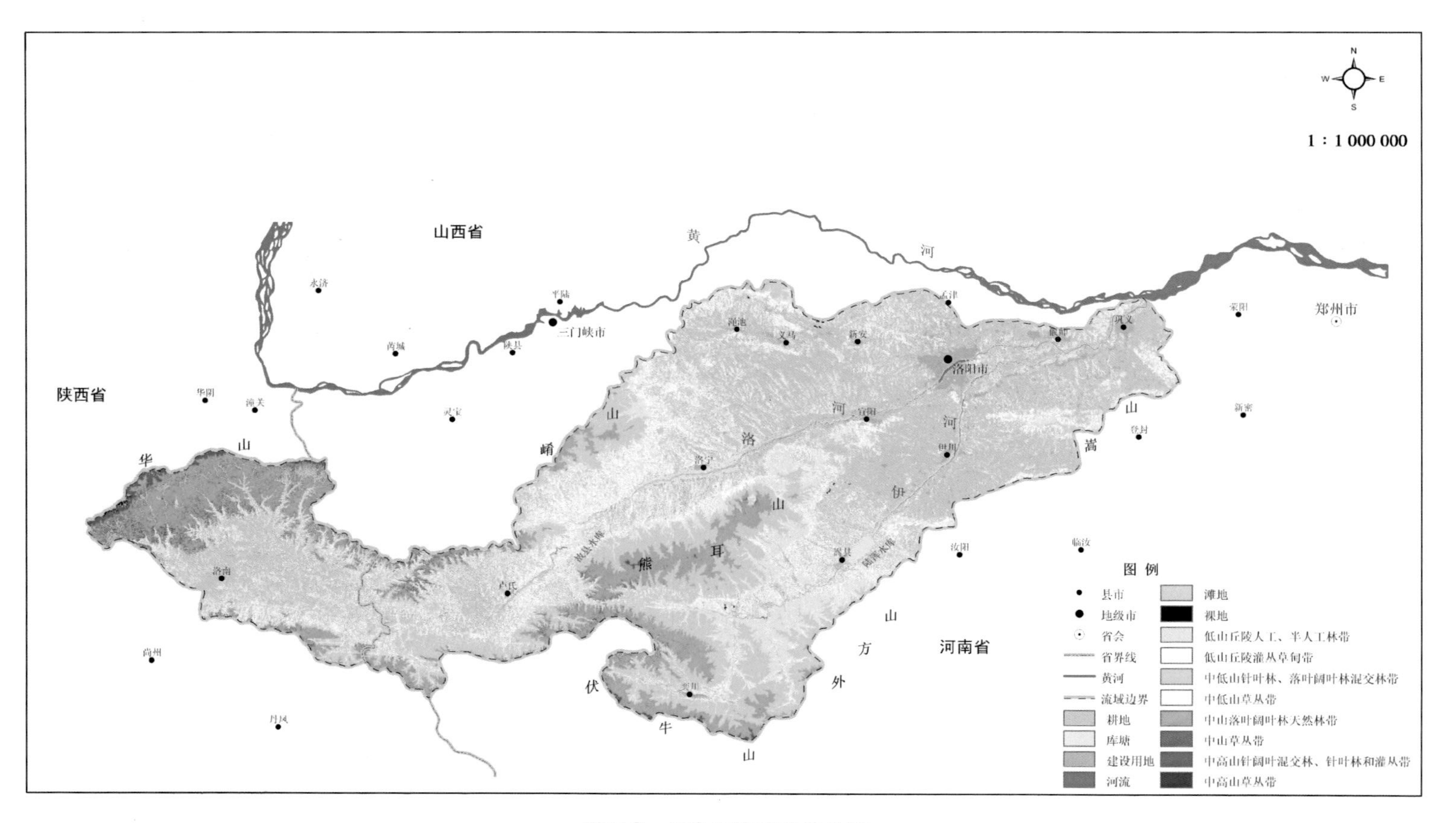

附图 6　伊洛河流域植被分带

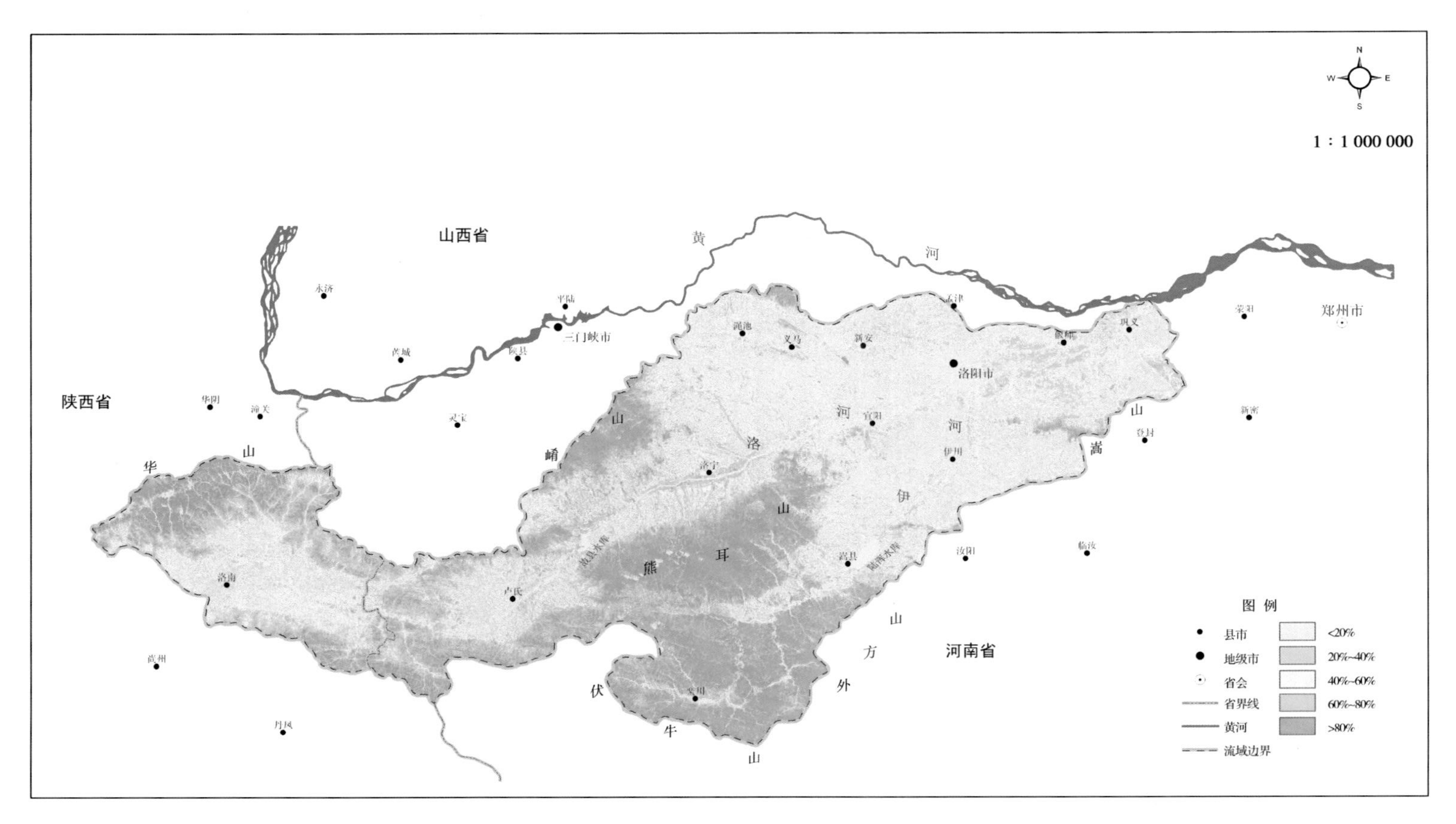

附图7　伊洛河流域植被覆盖率